AF193799

Mecánica Aplicada
Parte 1: Estática

Mecánica Aplicada

Parte 1: Estática

Gorka Urbikain Pelayo

Mecánica Aplicada
Parte 1: Estática

Primera edición: 2024

ISBN: 9788410066533
Depósito legal: SE 1686-2024

© de los textos:
    Gorka Urbikain Pelayo

© de esta edición:
    Editorial Aula Magna, 2024. McGraw-Hill Interamericana de España S.L.
    editorialaulamagna.com
    info@editorialaulamagna.com

Impreso en España – Printed in Spain

Quedan prohibidos, dentro de los límites establecidos en la ley y bajo los apercibimientos legalmente previstos, la reproducción total o parcial de esta obra por cualquier medio o procedimiento, ya sea electrónico o mecánico, el tratamiento informático, el alquiler o cualquier otra forma de cesión de la obra sin la autorización previa y por escrito de los titulares del copyright. Diríjase a info@editorialaulamagna.com si necesita fotocopiar o escanear algún fragmento de esta obra.

«Educar con el ejemplo no es una forma de educar, es la única».

Albert Einstein

«Nada puede traerte paz, excepto tú mismo.
Nada puede traerte paz sino el triunfo de los principios».

Ralph Waldo Emerson

«El hombre moderno no quiere sacrificarse, a pesar de que la verdadera
individualidad solo se alcanza por medio del sacrificio».

Andrei Tarkovski

«*Поехали*»!
(Vamos!)

Yuri Gagarin

Prólogo

La asignatura de Mecánica Aplicada es esencial en la formación de todo ingeniero, sea cual sea su especialidad. En la Escuela de Ingeniería de Gipuzkoa, se imparte de forma anual en 2º curso en el Grado de Ingeniería Mecánica y representa un salto cualitativo para el alumnado por sus notables dificultades. Su dominio implica conocer y aplicar con cierta soltura conceptos de disciplinas varias como el Cálculo (infinitesimal e integral), la Expresión Gráfica (trigonometría) o la Física, entre otros.

Este libro, *Parte 1-Estática*, se corresponde con el contenido relativo al primer cuatrimestre de la asignatura y tendrá su continuación en una *Parte 2 - Cinemática y Dinámica*. Su publicación viene justificada por dos importantes carencias detectadas en el proceso de aprendizaje.

En primer lugar, hay que decir que la bibliografía de referencia es abundante, prolífica... y exhaustiva. Demasiado exhaustiva y poco práctica para un alumnado que demanda una adquisición de conocimientos más rápida y ágil. Los libros de referencia recomendados en las guías docentes son enormemente útiles para el profesorado. Sin embargo, su utilidad es cuestionable para el alumnado, puesto que los contenidos van mucho más allá de los objetivos de una asignatura de 9 créditos (3h/semana durante un curso). Para salir airoso del profundo laberinto que puede llegar a ser la Mecánica, el alumnado requiere de un acercamiento guiado y resumido.

Además, ocurre que, o bien los ejercicios incluidos en las referencias tradicionales tienden a ser abstractos (formas simples, barras, discos, bloques...) volviendo áspera la comprensión, o bien los ejercicios visualizan casos prácticos pero no obstante difíciles de interpretar y resolver con la limitada teoría que se imparte durante el curso.

Por todo ello, este libro constituye una propuesta personal para intentar hacer más fácil el caminar del estudiante a través de la Mecánica. Así, las aportaciones giran en torno a los dos puntos anteriores:

- Un resumen rápido de contenidos teóricos, ideas simples y ejemplos concretos (al estilo de unas transparencias de clase), el cual permite la resolución de todo lo que se plantea posteriormente.

- Ejercicios prácticos de aplicación. Dado que el mundo de la fabricación por mecanizado es mi área de especialización en investigación y dado que imparto también la asignatura de Sistemas de Producción y Fabricación, se incorporan problemas prácticos relacionados con la fabricación mecánica de forma absolutamente intencionada. De esta manera, me gustaría pensar que este libro contribuye a la mejora de la comprensión de ambas asignaturas.

El autor

Agradecimientos

Este libro no existiría sin el apoyo de las personas que están más cerca de mí. Ellos saben quienes son. Gracias por vuestro amor, apoyo…. y por el tiempo sacrificado, que no volverá.

Quiero agradecer a nuestro profesor y compañero, catedrático de Dpto. de Ingeniería Mecánica, a D. Faustino Mujika Garitano por sus aportaciones y sugerencias, por su rigor, generosidad y cariño, durante la elaboración de este trabajo. Es para todos los compañeros de esta sección de Donostia-San Sebastián un auténtico ejemplo a seguir. *Mila esker Faust!*

Tampoco puedo olvidarme de Fran Campa. Para mi, siempre serás una referencia, como compañero y persona, como una *forma de hacer las cosas*. Compartimos temática de investigación, pero más aún preocupaciones de vida y satisfacciones en esta carrera de fondo que es la académica. Gracias por tu ayuda y cercanía, Fran!

Por supuesto, mi pensamiento para los y las estudiantes de Ingeniería, en especial para l@s de nuestra pequeña grande Escuela de Gipuzkoa (EIG). Ell@s son nuestra esperanza. Espero que puedan encontrar este libro de utilidad!

Por último y más importante, este trabajo está dedicado muy especialmente a mi hermano Gaizka.

El autor

Índice

Parte 1: Estática

Sobre el autor

Parte 1

Estática

Tema 1:

Fundamentos de Cálculo Vectorial

Tema 1: Fundamentos de Cálculo Vectorial

1.1. Introducción

1.2. Operaciones con vectores
1.1.1. Suma de vectores
1.1.2. Producto por un escalar y diferencia de vectores
1.1.3. Componentes en un sistema de referencia
1.1.4. Vector unitario y cosenos directores de una dirección
1.1.5. Producto escalar de dos vectores
1.1.6. Producto vectorial de dos vectores
1.1.7. Producto mixto de tres vectores
1.1.8. Doble producto vectorial

1.3. Sistemas de vectores deslizantes
1.3.1. Momento respecto de un punto
1.3.2. Momento respecto de una recta
1.3.3. Sistemas de vectores deslizantes
1.3.4. Clasificación de sistemas de vectores deslizantes

1.4. Sistemas de vectores ligados
1.4.1. Virial respecto de un punto
1.4.2. Sistemas de vectores paralelos ligados

1.5. Problemas

1.1. Introducción

- Tema de introducción a las **herramientas fundamentales** que se usarán en Mecánica Aplicada.

- Definiciones de **producto escalar** y **producto vectorial. Relación de este último con el concepto de momento de un vector** (respecto de un punto y una recta).

- **Virial** e implicación para caso de **sistemas de vectores paralelos ligados.** Obtención de **punto central o centroide C.**

1.2. Operaciones con vectores

1.2.1. Suma de vectores

- **Numéricamente:** se suma componente a componente.

- **Gráficamente:** se coloca el vector *equipolente* de uno de los dos en el extremo final del primero:

$$\vec{v} = \vec{v_1} + \vec{v_2}$$

- La suma de vectores cumple las propiedades **asociativa** y **conmutativa**:

$$\vec{v_1} + \vec{v_2} = \vec{v_2} + \vec{v_1}$$
$$\vec{v_1} + \vec{v_2} + \vec{v_3} = (\vec{v_1} + \vec{v_2}) + \vec{v_3} = \vec{v_1} + (\vec{v_2} + \vec{v_3})$$

1.2.2. Producto por un escalar y diferencia de vectores

- Suponiendo un vector $\vec{v}$ y un escalar p, el producto de un escalar p por un vector $\vec{v}$ es otro vector *proporcional a* $\vec{v}$, de la misma dirección que $\vec{v}$, de módulo el módulo de $\vec{v}$ multiplicado por p y de sentido el mismo que $\vec{v}$ si p es positivo (e inverso si p es negativo).

- Se puede utilizar este concepto para explicar la diferencia de vectores. **Gráficamente:**

$$\vec{v} = \vec{v_1} - \vec{v_2}$$

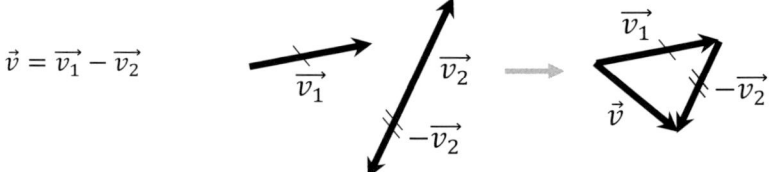

1.2.3. Componentes en un sistema de referencia

- En un sistema cartesiano definido por la base ortonormal $(\vec{i}, \vec{j}, \vec{k})$, los módulos (**con signo positivo o negativo**) de las componentes vectoriales se llaman componentes cartesianas del vector.

- Estas componentes v_x, v_y, v_z, se corresponden con los lados del paralelepípedo que tiene como diagonal al vector:

$$\overrightarrow{OA} = \vec{v} = \overrightarrow{OM} + \overrightarrow{MP} + \overrightarrow{PA} = v_x\,\vec{i} + v_y\,\vec{j} + v_z\,\vec{k}$$

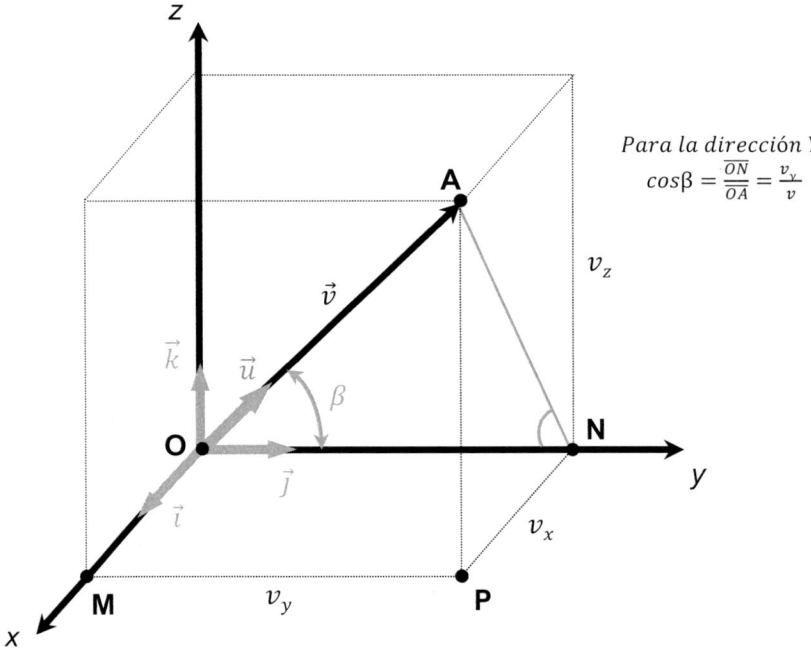

Para la dirección Y:
$$\cos\beta = \frac{\overline{ON}}{\overline{OA}} = \frac{v_y}{v}$$

1.2.4. Vector unitario y cosenos directores de una dirección

- Para un vector unitario $\vec{u}$ de la misma dirección y sentido que $\vec{v}$:

$$\vec{u} = \frac{\vec{v}}{|\vec{v}|} = \frac{v_x}{|\vec{v}|}\,\vec{i} + \frac{v_y}{|\vec{v}|}\,\vec{j} + \frac{v_z}{|\vec{v}|}\,\vec{k} = \cos\alpha\,\vec{i} + \cos\beta\,\vec{j} + \cos\gamma\,\vec{k}$$

siendo el módulo: $|\vec{v}| = \sqrt{v_x^2 + v_y^2 + v_z^2}$

α, β, γ: ángulos de cosenos directores
de la dirección del vector $\vec{v}$

1.2.5. Producto escalar de dos vectores

- Es el **escalar (valor numérico, no vector)** que resulta de multiplicar sus módulos por el coseno del ángulo que forman:

$$\vec{v_1} \cdot \vec{v_2} = v_1 \cdot v_2 \cdot \cos\varphi$$

- Cumple propiedad **conmutativa:** $\vec{v_1} \cdot \vec{v_2} = \vec{v_2} \cdot \vec{v_1}$

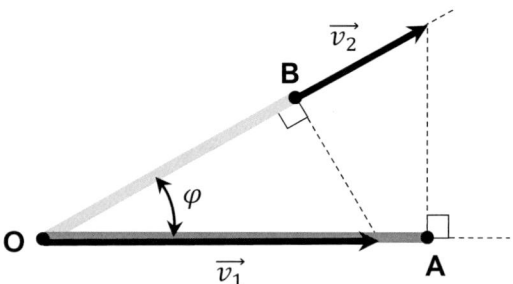

Para ver su significado en forma gráfica, se llevan a un origen común

- **Se puede ver como el producto del módulo de proyección de uno de los vectores sobre el otro** (sobre la recta de acción del otro vector), es decir:

$$\vec{v_1} \cdot \vec{v_2} = v_1 \cdot (\underbrace{v_2 \cdot \cos\varphi}_{\overline{OA}}) = v_2 \cdot (\underbrace{v_1 \cdot \cos\varphi}_{\overline{OB}})$$

- Sabiendo que los productos escalares entre vectores unitarios cumplen las siguientes relaciones:

> **Producto escalar de vectores unitarios**
> $$\vec{i} \cdot \vec{i} = \vec{j} \cdot \vec{j} = \vec{k} \cdot \vec{k} = 1$$
> $$\vec{i} \cdot \vec{j} = \vec{j} \cdot \vec{k} = \vec{k} \cdot \vec{i} = 0$$

- Puede calcularse el producto escalar de dos vectores **en función de sus componentes cartesianas:**

$$\vec{v_1} \cdot \vec{v_2} = (v_{1x}\,\vec{i} + v_{1y}\,\vec{j} + v_{1z}\,\vec{k}) \cdot (v_{2x}\,\vec{i} + v_{2y}\,\vec{j} + v_{2z}\,\vec{k})$$
$$= v_{1x} \cdot v_{2x} + v_{1y} \cdot v_{2y} + v_{1z} \cdot v_{2z}$$

1.2.6. Producto vectorial de dos vectores

- Es otro **vector perpendicular al plano definido por ambos vectores, con sentido de giro el de avance del sacacorchos, del primer vector al segundo:**

$$\vec{v_1} \times \vec{v_2} = v_1 \cdot v_2 \cdot \text{sen}\varphi \, \vec{u}$$

$\vec{u}$ vector unitario perpendicular al plano definido por v_1 y v_2

- Es **anticonmutativo:** $\vec{v_1} \times \vec{v_2} = -\vec{v_2} \times \vec{v_1}$

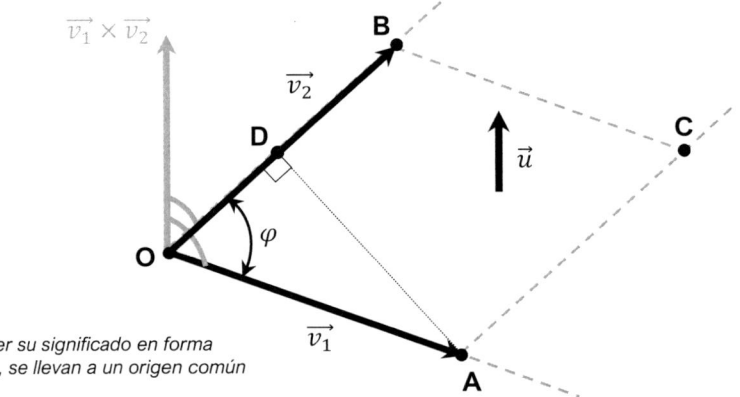

Para ver su significado en forma gráfica, se llevan a un origen común

- Como en el caso anterior, sabiendo que los productos vectoriales entre vectores unitarios cumplen las siguientes relaciones:

> **Producto vectorial de vectores unitarios**
> $$\vec{\imath} \times \vec{\imath} = \vec{\jmath} \times \vec{\jmath} = \vec{k} \times \vec{k} = \vec{0}$$
> $$\vec{\imath} \times \vec{\jmath} = \vec{k}, \; \vec{\jmath} \times \vec{k} = \vec{\imath}, \; \vec{k} \times \vec{\imath} = \vec{\jmath}$$

puede expresarse el producto vectorial a través del determinante:

$$\vec{v_1} \times \vec{v_2} = \begin{vmatrix} \vec{\imath} & \vec{\jmath} & \vec{k} \\ v_{1x} & v_{1y} & v_{1z} \\ v_{2x} & v_{2y} & v_{2z} \end{vmatrix} =$$

$$= (v_{1y}v_{2z} - v_{2y}v_{1z})\vec{\imath} + (v_{2x}v_{1z} - v_{1x}v_{2z})\vec{\jmath} + (v_{1x}v_{2y} - v_{2x}v_{1y})\vec{k}$$

- Interpretación geométrica: **es el área del paralelogramo $OACB$:**

$$\textbf{Área (escalar)} = v_2 \cdot \overline{AD} = v_2 \cdot v_1 \cdot \sin\phi$$

1.3. Sistemas de vectores deslizantes

1.3.1. Momento de un vector respecto de un punto

- Si $\vec{v}$ es un vector deslizante siendo A un punto de su recta de acción y O es otro punto cualquiera respecto al que se toma momento, el momento de $\vec{v}$ respecto al punto O es el vector ligado al punto O definido como el producto vectorial:

$$\overrightarrow{M_O^A} = \overrightarrow{OA} \times \vec{v} \ (= \overrightarrow{M_O})$$

- Para otro punto B **situado en la misma recta de acción de $\vec{v}$:**

$$\overrightarrow{M_O^B} = \overrightarrow{OB} \times \vec{v} = (\overrightarrow{OA} + \overrightarrow{AB}) \times \vec{v} = \overrightarrow{OA} \times \vec{v} + \overrightarrow{AB} \times \vec{v} = \overrightarrow{M_O^A}$$

P pto perteneciente a recta // (r) que pasa por O
P' pto cualquiera

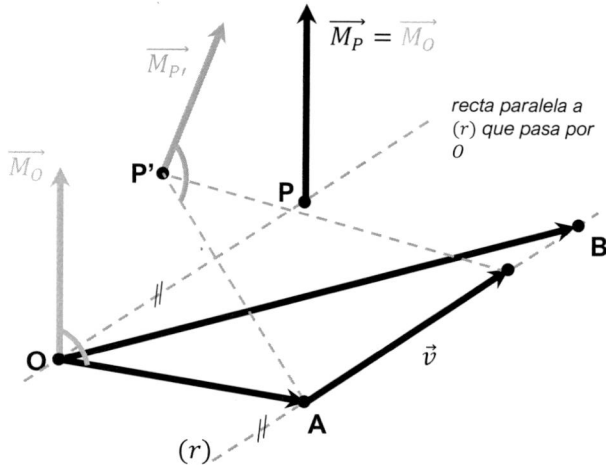

- Para otro punto P, el momento es en general diferente y se calcula de la misma manera:

$$\overrightarrow{M_P} = \overrightarrow{PA} \times \vec{v} = (\overrightarrow{PO} \times \overrightarrow{OA}) \times \vec{v} = \overrightarrow{M_O} + \overrightarrow{PO} \times \vec{v}$$

$$\boxed{\overrightarrow{M_P} = \overrightarrow{M_O} + \overrightarrow{PO} \times \vec{v}} \quad \text{Ec. campo de momentos}$$

> Los momentos $\overrightarrow{M_O}$ y $\overrightarrow{M_P}$ son iguales si los vectores $\overrightarrow{PO}$ y $\vec{v}$ son paralelos, es decir, **el momento no cambia cuando el punto O se desplaza a lo largo de una recta paralela a la recta de acción del vector $\vec{v}$.**

1.3.2. Momento de un vector respecto de una recta

- Se llama así al vector deslizante $\overrightarrow{M_r}$, que resulta de proyectar sobre la recta (r) el momento $\overrightarrow{M_O}$ respeto **a un punto O cualquiera de esta**. Si $\vec{u}$ es el vector director de la recta (r), se define a través del producto escalar:

$$\overrightarrow{M_r^O} = (\overrightarrow{M_O} \cdot \vec{u})\vec{u} \ (= \overrightarrow{M_r})$$

- **Para otro punto cualquiera P de la recta**, se obtiene:

$$\overrightarrow{M_r^P} = (\overrightarrow{M_P} \cdot \vec{u})\vec{u} = [(\overrightarrow{PA} \times \vec{v}) \cdot \vec{u}]\vec{u} = [(\overrightarrow{PO} \times \vec{v}) \cdot \vec{u}]\vec{u} + [(\overrightarrow{OA} \times \vec{v}) \cdot \vec{u}]\vec{u}$$

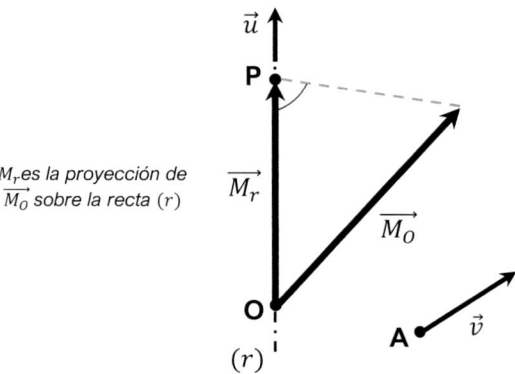

$M_r$es la proyección de $\overrightarrow{M_O}$ sobre la recta (r)

- **Como $\overrightarrow{PO}$ y $\vec{v}$ son colineales, el momento es independiente del punto elegido** sobre la recta:

$$\overrightarrow{M_r^P} = [(\overrightarrow{PO} \times \vec{v}) \cdot \vec{u}]\vec{u} + [(\overrightarrow{OA} \times \vec{v}) \cdot \vec{u}]\vec{u} = \overrightarrow{M_r^O}$$

- Además, el vector $\vec{v}$ se puede descomponer como se muestra en la figura:

$$\vec{v} = \overrightarrow{v_r} + \overrightarrow{v_{\pi//}} + \overrightarrow{v_{\pi\perp}}$$

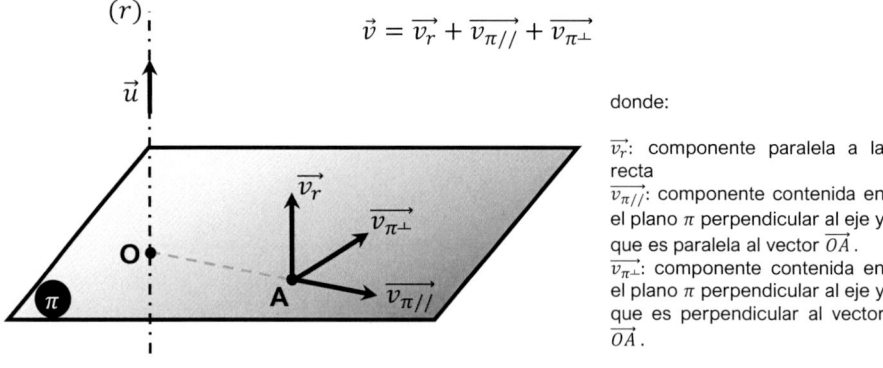

donde:

$\overrightarrow{v_r}$: componente paralela a la recta
$\overrightarrow{v_{\pi//}}$: componente contenida en el plano π perpendicular al eje y que es paralela al vector $\overrightarrow{OA}$.
$\overrightarrow{v_{\pi\perp}}$: componente contenida en el plano π perpendicular al eje y que es perpendicular al vector $\overrightarrow{OA}$.

- La ecuación para obtención del momento respecto de la recta, se puede reescribir (como escalar):

$$M_r = \left(\overrightarrow{PA} \times \vec{v}\right) \cdot \vec{u} = \left(\overrightarrow{PA} \times \left(\overrightarrow{v_r} + \overrightarrow{v_{\pi//}} + \overrightarrow{v_{\pi\perp}}\right)\right) \cdot \vec{u}$$

- Dado que la componente $\overrightarrow{v_r}$ paralela a $\vec{u}$, y $\overrightarrow{v_{\pi//}}$ paralela a $\overrightarrow{PA}$:

$$M_r = \left(\overrightarrow{PA} \times \overrightarrow{v_{\pi\perp}}\right) \cdot \vec{u} = \left|\overrightarrow{PA}\right| \cdot \left|\overrightarrow{v_{\pi\perp}}\right| = \overrightarrow{PA} \cdot v_{\pi\perp}$$

- Por tanto, **la componente del vector que es paralela al eje $\overrightarrow{v_r}$ y la componente que corta el eje $\overrightarrow{v_{\pi//}}$ no dan momento respecto al mismo**.

- Utilizando un sistema de referencia cartesiano con origen en O, $Oxyz$, el **momento respecto del punto O** se puede expresar como:

$$\overrightarrow{M_O} = M_{Ox}\vec{\imath} + M_{Oy}\vec{\jmath} + M_{Oz}\vec{k}$$

- Y siendo O punto perteneciente a los tres ejes, los momentos respecto a los ejes coordenados son precisamente las proyecciones sobre cada uno de ellos del vector $\overrightarrow{M_O}$:

$$\begin{cases} M_x = \overrightarrow{M_O} \cdot \vec{\imath} = M_{Ox} \\ M_y = \overrightarrow{M_O} \cdot \vec{\jmath} = M_{Oy} \\ M_z = \overrightarrow{M_O} \cdot \vec{k} = M_{Oz} \end{cases}$$

- Y los **momentos respecto a los ejes son las componentes del momento respecto al punto O**:

$$\overrightarrow{M_O} = M_x\vec{\imath} + M_y\vec{\jmath} + M_z\vec{k}$$

- Así, el momento respecto de un punto puede realizarse calculando los momentos respecto a tres ejes perpendiculares que concurren en ese punto.

1.3.3. Sistemas de vectores

Resultante y momento

- Para un conjunto de vectores $\overrightarrow{v_1}$, $\overrightarrow{v_2}$, ..., $\overrightarrow{v_n}$, la resultante del sistema $\vec{R}$ (también **primer invariante del sistema o invariante vectorial**) se calcula como la suma de los vectores equipolentes (gráficamente colocando el origen de cada nuevo vector sobre el final del anterior):

$$\vec{R} = \sum_{i=1}^{n} \overrightarrow{v_i}$$
Es un vector libre, no está aplicado en ningún punto en concreto del espacio

- Se llama momento del sistema respecto a un punto O al vector (ligado) **suma de los momentos debidos a cada uno de los vectores que forman el sistema**:

$$\overrightarrow{M_O} = \sum_{i=1}^{n} \overrightarrow{OA_i} \times \overrightarrow{v_i}$$

Es un vector ligado (asociado a un punto concreto, O). En otro punto del espacio, el momento es en general diferente

- **Si se conocen resultante y momento de un sistema respecto a un punto O, es posible determinar el momento respecto a otro punto cualquiera P.** Desarrollando la expresión, se llega a la ecuación de campo de momentos **para un sistema de vectores**:

$$\overrightarrow{M_P} = \sum_{i=1}^{n} \overrightarrow{PA_i} \times \overrightarrow{v_i} = \sum_{i=1}^{n} \left(\overrightarrow{PO} + \overrightarrow{OA_i} \right) \times \overrightarrow{v_i} =$$

$$= \overrightarrow{PO} \times \boxed{\overset{\overrightarrow{R}}{\sum_{i=1}^{n} \overrightarrow{v_i}}} + \sum_{i=1}^{n} \overrightarrow{OA_i} \times \overrightarrow{v_i} = \overrightarrow{PO} \times \overrightarrow{R} + \overrightarrow{M_O}$$

Momento mínimo

- El producto escalar de la resultante por el momento en un punto cualquiera es una magnitud constante (escalar) que recibe el nombre de **segundo invariante del sistema (o invariante escalar)** τ:

$$\tau = \overrightarrow{M_O} \cdot \overrightarrow{R} = \overrightarrow{M_P} \cdot \overrightarrow{R} = \left(\cancel{\overrightarrow{PO} \times \overrightarrow{R}} \right) \cdot \overrightarrow{R} + \overrightarrow{M_O} \cdot \overrightarrow{R} = cte$$

- A partir de esta definición y la noción de producto escalar, se llega a que **las proyecciones de dos momentos cualesquiera sobre la dirección dada por la resultante son iguales**:

$$\tau = M_O \cdot R \cdot cos\varphi_P = M_P \cdot R \cdot cos\varphi_P = cte$$

$$\tau/R = M_O \cdot cos\varphi_O = M_P \cdot cos\varphi_O = cte$$

- De esta manera, el **módulo de la proyección es constante**. El momento de menor módulo que proporciona dicha proyección recibe el nombre de **momento mínimo del sistema**:

Prod. escalar

$$\overrightarrow{M_{min}} = \frac{\tau}{R} \overrightarrow{u_R} = \frac{\boxed{\overrightarrow{M_O} \cdot \overrightarrow{R}}}{R} \overrightarrow{u_R}$$

$\overrightarrow{u_R}$: vector unitario paralelo a la dirección de $\overrightarrow{R}$

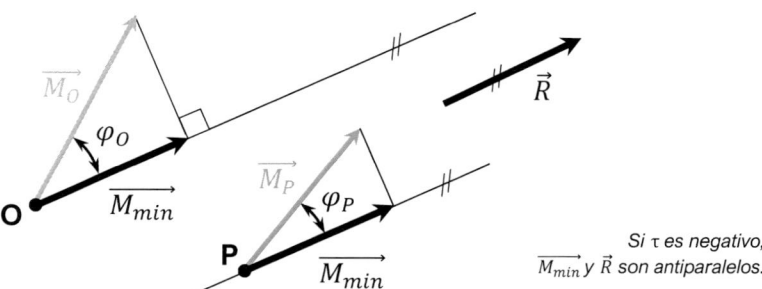

Eje central (EC)

> **Eje central (EC)**: lugar geométrico de puntos en los que el momento del sistema es el mínimo (será una recta paralela a la resultante).

- Se obtiene **planteando la ecuación de campo de momentos** entre un punto O cualquiera y otro punto O_τ perteneciente a este eje central:

$$\overrightarrow{M_O} = \boxed{\overrightarrow{M_{O_\tau}}} + \overrightarrow{OO_\tau} \times \vec{R} = \overrightarrow{M_{O_\tau}} + \vec{R} \times \overrightarrow{O_\tau O}$$

donde $\boxed{\overrightarrow{M_{O_\tau}}}$ corresponde a $\overrightarrow{M_{min}}$.

- Si O es origen del sistema xyz:

$$\overrightarrow{M_O} = \overrightarrow{M_{O_\tau}} + \begin{vmatrix} \vec{\imath} & \vec{\jmath} & \vec{k} \\ x-0 & y-0 & z-0 \\ R_x & R_y & R_z \end{vmatrix} =$$

$$= \overrightarrow{M_{min}} + \left(yR_z - zR_y\right)\vec{\imath} + \left(zR_x - xR_z\right)\vec{\jmath} + \left(xR_y - yR_x\right)\vec{k}$$

- **También puede ser útil expresar matemáticamente que el momento mínimo y la resultante deben ser paralelos.** Se debe cumplir la relación de proporcionalidad entre componentes:

$$\boxed{\dfrac{M_{min,x}}{R_x} = \dfrac{M_{min,y}}{R_y} = \dfrac{M_{min,z}}{R_z}}$$

1.3.4. Clasificación de sistemas de vectores deslizantes

- Se realiza **en función del segundo invariante τ:**

Caso 1: $\tau \neq 0$: sistemas generales. Sistemas que equivalen a una resultante y momento aplicado sobre un punto cualquiera (en general, el origen del sistema). **Existe $\vec{R}$, existe $\overrightarrow{M_O}$, existe τ, y $\overrightarrow{M_{min}}$. Si hay resultante existe eje central.**

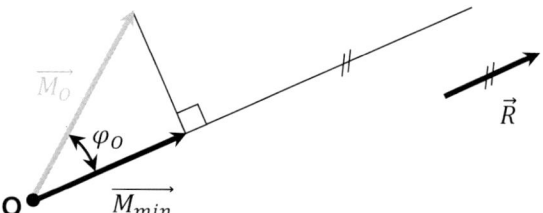

Caso 2: $\tau = 0$ ($\overrightarrow{M_{min}} = 0$): sistemas degenerados.

Caso 2.1: $\vec{R} = 0$ y $\vec{M} \neq 0$, **todos los puntos tienen el mismo momento. No existe eje central y el sistema equivale a un par (vector libre en el espacio).**

Caso 2.2: $\vec{R} \neq 0$, pero $\vec{R} \perp \overrightarrow{M_O}$. **El sistema puede reducirse a una única resultante situada en el eje central. Siendo O_τ un punto del eje central su momento es nulo y adoptando O como punto de referencia se cumple:**

$$\boxed{\overrightarrow{M_O} = \cancel{\overrightarrow{M_{O_\tau}}} + \vec{R} \times \overrightarrow{O_\tau O} = \vec{R} \times \overrightarrow{O_\tau O}}$$

Teorema de Varignon: la resultante de momentos es igual al momento de la resultante. Es el caso de sistemas de vectores paralelos, sistemas de vectores concurrentes y sistemas de vectores contenidos en un plano.

Caso 2.3: $\vec{R} = 0$ y $\overrightarrow{M_O} = 0$, **el sistema es nulo. Sistemas en equilibrio, estáticos. El momento respecto a cualquier punto del espacio es nulo.**

1.4. Sistemas de vectores ligados

1.4.1. Virial respecto de un punto

- El **virial** respecto al punto O del vector $\vec{v}$, se define como: $v_O = \overrightarrow{OA} \cdot \vec{v}$

- Respecto de otro punto O':

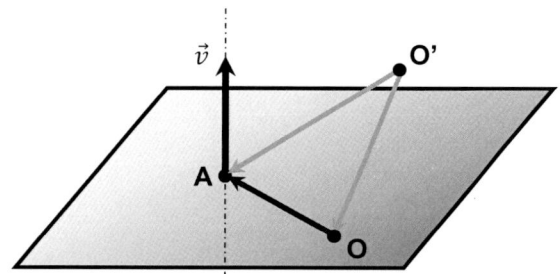

$$\boldsymbol{v_{O'}} = \overrightarrow{O'A} \cdot \vec{v} =$$

$$= \left(\overrightarrow{O'O} + \overrightarrow{OA}\right) \cdot \vec{v} =$$

$$= \boldsymbol{v_O} + \overrightarrow{\boldsymbol{O'O}} \cdot \vec{\boldsymbol{v}}$$

- Para que los viriales respecto de los puntos O y O' sean iguales, se debe anular el segundo término, cosa que ocurre si los **puntos O y O' están en planos perpendiculares al vector $\vec{v}$**.

- **Para un sistema de vectores**, el virial respecto al punto es el sumatorio:

$$v_O = \sum_{i=1}^{n} v_{Oi} = \sum_{i=1}^{n} \overrightarrow{OA_i} \cdot \overrightarrow{v_i}$$

- Respecto de otro punto O':

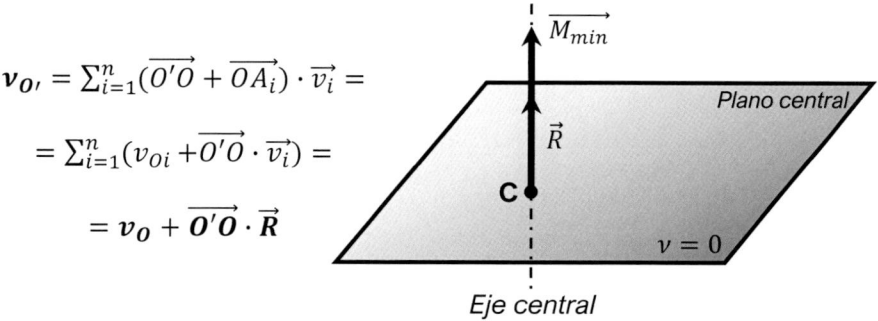

$$\boldsymbol{v_{O'}} = \sum_{i=1}^{n}\left(\overrightarrow{O'O} + \overrightarrow{OA_i}\right) \cdot \overrightarrow{v_i} =$$

$$= \sum_{i=1}^{n}\left(v_{Oi} + \overrightarrow{O'O} \cdot \overrightarrow{v_i}\right) =$$

$$= \boldsymbol{v_O} + \overrightarrow{\boldsymbol{O'O}} \cdot \vec{\boldsymbol{R}}$$

Los lugares geométricos de puntos de igual virial resultante son **planos perpendiculares a la resultante** (y, por tanto, al eje central). **El plano que tiene virial nulo se llama plano central** y su **intersección con el eje central** es el punto central o centroide del sistema C.

1.4.2. Sistemas de vectores paralelos ligados

- Para un sistema de vectores paralelos ligados, la resultante es paralela a $\vec{u}$, vector unitario (cuya dirección es compartida por todos los vectores) y el momento resultante es perpendicular a $\vec{u}$. Por tanto, **resultante y momento resultante son perpendiculares y $\tau = 0$.**

- Utilizando las ecuaciones para virial y momento resultante de la definición general y utilizando la resultante $\vec{R}$:

$$\overrightarrow{M_O} = \sum_{i=1}^{n} \overrightarrow{OA_i} \times \vec{v_i} = \left(\sum_{i=1}^{n} v_i \overrightarrow{OA_i}\right) \times \vec{u} \equiv \overrightarrow{OC} \times \vec{R} = \overrightarrow{OC} \times \left(\sum_{i=1}^{n} v_i\right) \vec{u} \rightarrow \left(\sum_{i=1}^{n} v_i \overrightarrow{OA_i}\right) \times \vec{u} \equiv \left(\sum_{i=1}^{n} v_i\right) \overrightarrow{OC} \times \vec{u}$$

$$v_O = \sum_{i=1}^{n} \overrightarrow{OA_i} \cdot \vec{v_i} = \left(\sum_{i=1}^{n} v_i \overrightarrow{OA_i}\right) \cdot \vec{u} \equiv \overrightarrow{OC} \cdot \vec{R} = \overrightarrow{OC} \cdot \left(\sum_{i=1}^{n} v_i\right) \vec{u} \rightarrow \left(\sum_{i=1}^{n} v_i \overrightarrow{OA_i}\right) \cdot \vec{u} \equiv \left(\sum_{i=1}^{n} v_i\right) \overrightarrow{OC} \cdot \vec{u}$$

- Se llega a que:

$$\left(\sum_{i=1}^{n} v_i \overrightarrow{OA_i}\right) \equiv \left(\sum_{i=1}^{n} v_i\right) \overrightarrow{OC} \quad \rightarrow \quad \boxed{\overrightarrow{OC} = \frac{\sum_{i=1}^{n} v_i \overrightarrow{OA_i}}{\sum_{i=1}^{n} v_i}}$$

Posición del centroide C respecto al origen

- Si los vectores $\overrightarrow{OC}$ y $\overrightarrow{OA_i}$ se definen de forma cartesiana: $\overrightarrow{OC} = x_c\vec{\imath} + y_c\vec{\jmath} + z_c\vec{k}$, $\overrightarrow{OA_i} = x_i\vec{\imath} + y_i\vec{\jmath} + z_i\vec{k}$:

$$\boxed{x_C = \frac{\sum_{i=1}^{n} x_i v_i}{\sum_{i=1}^{n} v_i}, \quad y_C = \frac{\sum_{i=1}^{n} y_i v_i}{\sum_{i=1}^{n} v_i}, \quad z_C = \frac{\sum_{i=1}^{n} z_i v_i}{\sum_{i=1}^{n} v_i}}$$

expresiones escalares que **permiten calcular el punto central o centroide** (futuro centro de masas G, Tema 2).

Ejemplo 1: Obtención de parámetros fundamentales en sistemas de vectores

Sea el sistema formado por los dos vectores paralelos ligados:

$$\vec{v_1} = 3\vec{\imath} - 6\vec{k} \qquad \text{, aplicado sobre el punto } A_1(0,1,0)$$

$$\vec{v_2} \qquad \text{, aplicado sobre el punto } A_2(x_2, y_2, z_2)$$

Además, se sabe que:

- los dos puntos pertenecen al plano $2y + z = 0$.
- el módulo de la resultante es $\sqrt{80}$.
- el sistema produce un momento respecto al origen O: $\overrightarrow{M_O} = -6\vec{\imath} - 3\vec{k}$.
- el punto central C está sobre el eje OY.

Calcular:

a. El vector $\overrightarrow{v_2}$ y su punto de aplicación A_2.
b. Punto central C.

a.

Por ser proporcionales ambos vectores, puede escribirse: $\left[\begin{array}{l} \overrightarrow{v_1} = 3\vec{\imath} - 6\vec{k} \\ \overrightarrow{v_2} = 3\lambda\vec{\imath} - 6\lambda\vec{k} \end{array} \right.$

siendo λ un escalar.

La resultante del sistema es: $\vec{R} = \overrightarrow{v_1} + \overrightarrow{v_2} = 3(1 + \lambda)\vec{\imath} - 6(1 + \lambda)\vec{k}$

Y el módulo de la resultante es:

$$R = \sqrt{80} = \sqrt{\left(3(1 + \lambda)\right)^2 + \left(6(1 + \lambda)\right)^2} = \sqrt{9(1 + \lambda)^2 + 36(1 + \lambda)^2}$$

$$80 = 45(1 + \lambda)^2 \rightarrow (1 + \lambda)^2 = \frac{80}{45} \rightarrow 1 + \lambda = \pm\frac{4}{3} \rightarrow \boldsymbol{\lambda = \frac{1}{3}} \text{ o } \lambda = -\frac{7}{3}$$

$$\rightarrow \boxed{\overrightarrow{v_2} = 1\vec{\imath} - 2\vec{k}}$$

Los puntos de aplicación pueden escribirse como: $\left[\begin{array}{l} A_1(0,1,0) \\ A_2(x_2, y_2, -2y_2) \end{array} \right.$

El momento respecto de O se plantea como:

$$\overrightarrow{M_O} = 6\vec{\imath} - 3\vec{k} = \overrightarrow{M_{O,v_1}} + \overrightarrow{M_{O,v_2}} = \overrightarrow{OA_1} \times \overrightarrow{v_1} + \overrightarrow{OA_2} \times \overrightarrow{v_2} =$$

$$= \begin{vmatrix} \vec{\imath} & \vec{\jmath} & \vec{k} \\ 0 & 1 & 0 \\ 3 & 0 & -6 \end{vmatrix} + \begin{vmatrix} \vec{\imath} & \vec{\jmath} & \vec{k} \\ x_2 & y_2 & -2y_2 \\ 1 & 0 & -2 \end{vmatrix} = (-6 - 2y_2)\vec{\imath} + (-2y_2 + 2x_2)\vec{\jmath} + (-3 - y_2)\vec{k} =$$

$$= -6\vec{\imath} - 3\vec{k}$$

$\vec{\imath}: -6 - 2y_2 = -6$
$\vec{\jmath}: -2y_2 + 2x_2 = 0$
$\vec{k}: -3 - y_2 = -3$

$\rightarrow \boxed{A_2 \ (0,0,0)}$

b.

Punto central es la intersección de plano central y eje central. Se cumple:

$$\begin{cases} v_C = 0 \\ \overrightarrow{M_C} = 0 \end{cases}$$

$$\rightarrow v_C = 0,\ v_C = \sum_{i=1}^{2} \overrightarrow{CA_i} \cdot \overrightarrow{v_i} = \overrightarrow{CA_1} \cdot \overrightarrow{v_1} + \overrightarrow{CA_2} \cdot \overrightarrow{v_2}$$

Como C está situado en eje Oy: $C(0, c_y, 0)$

$$\overrightarrow{CA_1} = (0, 1 - c_y, 0)$$
$$\overrightarrow{CA_2} = (0, -c_y, 0)$$

$$\overrightarrow{CA_1} \cdot \overrightarrow{v_1} + \overrightarrow{CA_2} \cdot \overrightarrow{v_2} = (0, 1 - c_y, 0) \cdot (3, 0, -6) + (0, -c_y, 0) \cdot (1, 0, -2) =$$

$$= 0 + 0 = 0$$

$$\rightarrow \overrightarrow{M_C} = 0,\ \overrightarrow{M_C} = \overrightarrow{M_O} + \vec{R} \times \overrightarrow{OC} = -6\vec{i} - 3\vec{k} + \begin{vmatrix} \vec{i} & \vec{j} & \vec{k} \\ 4 & 0 & -8 \\ 0 & c_y & 0 \end{vmatrix} = (-6 + 8c_y)\,\vec{i} +$$

$$(-3 + 4c_y)\vec{k} = 0$$

$$\vec{i}: -6 + 8c_y = 0$$
$$\vec{j}: 0 = 0 \qquad\qquad \rightarrow \boxed{C(0, 3/4, 0)}$$
$$\vec{k}: -3 + 4c_y = 0$$

Ejemplo 2: Relaciones geométricas fundamentales en un triángulo

Se proporciona el triángulo ABC con vértices:

$$A(5,0);\quad B(0,12);\quad C(16,0)$$

a. Se define el punto I mediante la relación $a\,\overrightarrow{IA} + b\,\overrightarrow{IB} + c\,\overrightarrow{IC} = 0$, siendo los valores a, b y c las longitudes de los lados BC, CA y AB. Calcular las coordenadas de I y demostrar que pertenece a la bisectriz interior del ángulo formado por $(\overrightarrow{CB}, \overrightarrow{CA})$.

b. Llamando P, Q y R los puntos de corte (sobre los lados del triángulo) de las perpendiculares trazadas desde I respectivamente sobre cada lado, calcular los módulos $|\overrightarrow{IP}|, |\overrightarrow{IQ}|$ e $|\overrightarrow{IR}|$. ¿Qué podemos decir del punto I?

c. Demostrar que la intersección de las mediatrices (perpendiculares por los puntos medios de los lados) del triángulo proporciona el centro de la circunferencia circunscrita al triángulo.

a.

Llamando al punto $I(x_I, y_I)$, la ecuación vectorial dada se transforma en dos ecuaciones escalares:

$$\vec{i}: a(5 - x_I) + b(0 - x_I) + c(16 - x_I) = 0 \rightarrow x_I = \frac{5a+16c}{a+b+c}$$

$$\vec{j}: a(0 - y_I) + b(12 - y_I) + c(0 - y_I) = 0 \rightarrow y_I = \frac{12b}{a+b+c}$$

donde:

$$\left.\begin{array}{l} a = \sqrt{(16-0)^2+(0-12)^2} = 20 \\ b = \sqrt{(16-5)^2+(0-0)^2} = 11 \\ c = \sqrt{(5-0)^2+(0-12)^2} = 13 \end{array}\right\} \quad \left\{\begin{array}{l} x_I = \frac{5a+16c}{a+b+c} = 7 \\[2mm] y_I = \frac{12b}{a+b+c} = 3 \end{array}\right. \quad \rightarrow \boxed{I(7,3)}$$

Si pertenece a la bisectriz interior del ángulo formado por $(\overrightarrow{CB}, \overrightarrow{CA})$, entonces el vector unitario de esta dirección se puede obtener de dos maneras:

$$\left.\begin{array}{l} \overrightarrow{u_{CA}} = \frac{(5-16)\vec{i}+(0)\vec{j}}{b} = \frac{-11\vec{i}}{11} = -\vec{i} \\[3mm] \overrightarrow{u_{CB}} = \frac{(0-16)\vec{i}+(12-0)\vec{j}}{a} = \frac{-16\vec{i}+12\vec{j}}{20} \end{array}\right\} \quad \rightarrow \overrightarrow{v_{bis.}} = \frac{-36\vec{i}+12\vec{j}}{20} = \frac{-36\vec{i}+12\vec{j}}{40} = \frac{-9\vec{i}+3\vec{j}}{10}$$

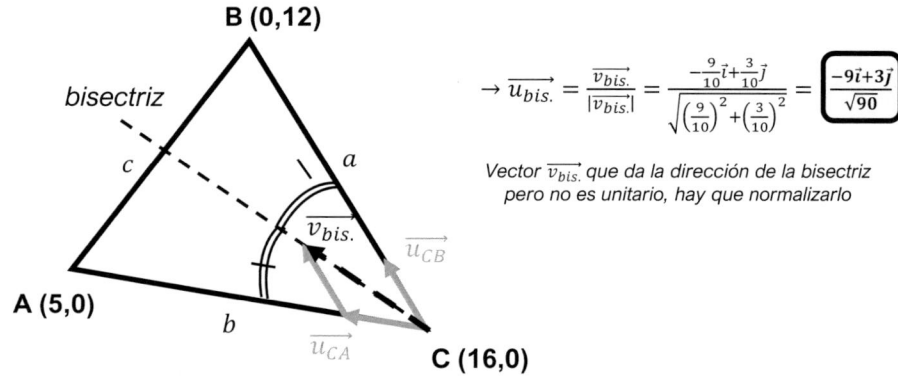

$$\rightarrow \overrightarrow{u_{bis.}} = \frac{\overrightarrow{v_{bis.}}}{|\overrightarrow{v_{bis.}}|} = \frac{-\frac{9}{10}\vec{i}+\frac{3}{10}\vec{j}}{\sqrt{\left(\frac{9}{10}\right)^2+\left(\frac{3}{10}\right)^2}} = \boxed{\frac{-9\vec{i}+3\vec{j}}{\sqrt{90}}}$$

Vector $\overrightarrow{v_{bis.}}$ que da la dirección de la bisectriz pero no es unitario, hay que normalizarlo

También puede obtenerse la dirección a través de los puntos C e I:

$$\overrightarrow{u_{CI}} = \frac{(7-16)\vec{i}+(3-0)\vec{j}}{\sqrt{(7-16)^2+(3-0)^2}} = \frac{-9\vec{i}+3\vec{j}}{\sqrt{90}} = \boxed{\frac{-9\vec{i}+3\vec{j}}{\sqrt{90}}}$$

Luego, efectivamente el punto I está en la bisectriz del ángulo ACB.

También puede obtenerse la dirección a través de los puntos C e I:

$$\vec{u_{CI}} = \frac{(7-16)\vec{i}+(3-0)\vec{j}}{\sqrt{(7-16)^2+(3-0)^2}} = \frac{-9\vec{i}+3\vec{j}}{\sqrt{90}} = \boxed{\frac{-9\vec{i}+3\vec{j}}{\sqrt{90}}}$$

Luego, efectivamente el punto I está en la bisectriz del ángulo ACB.

b.

Para calcular dichos módulos necesitamos saber las coordenadas de los puntos P, Q y R.

Las condiciones son:

- **Punto P**: está sobre la recta AB pero también sobre la recta IP que es perpendicular con AB.

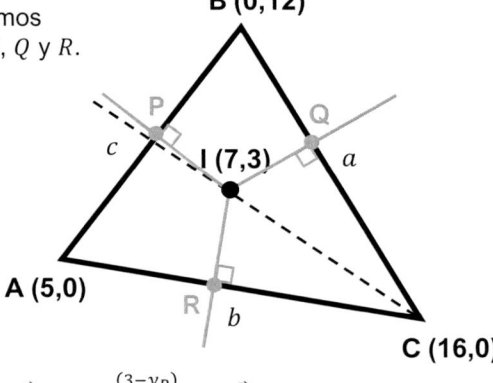

B (0,12)

A (5,0)

C (16,0)

$$\vec{u_{AB}} = \frac{(0-5)\vec{i}+(12-0)\vec{j}}{13} = \frac{-5}{13}\vec{i} + \frac{12}{13}\vec{j}$$

$$\vec{u_{PI}} = \frac{(7-x_P)\vec{i}+(3-y_P)\vec{j}}{\sqrt{(7-x_P)^2+(3-y_P)^2}} = \frac{(7-x_P)}{\sqrt{(7-x_P)^2+(3-y_P)^2}}\vec{i} + \frac{(3-y_P)}{\sqrt{(7-x_P)^2+(3-y_P)^2}}\vec{j}$$

$$\vec{u_{AB}} \cdot \vec{u_{PI}} = 0 = \left(\frac{-5}{13} \cdot \frac{(7-x_P)}{\sqrt{(7-x_P)^2+(3-y_P)^2}} + \frac{12}{13} \cdot \frac{(3-y_P)}{\sqrt{(7-x_P)^2+(3-y_P)^2}}\right)$$

$$\Rightarrow -5(7-x_P) + 12(3-y_P) = 0 \Rightarrow \mathbf{5x_P = 12y_P - 1} \quad (1)$$

Y por estar situado en recta AB: $\frac{0-x_P}{0-5} = \frac{12-y_P}{12-0} \Rightarrow \mathbf{-12x_P = 5y_P - 60} \quad (2)$

$$x_P = \frac{12y_P - 1}{5} = \frac{5y_P - 60}{-12} \rightarrow -144y_P + 12 = 25y_P - 300$$

$$\begin{cases} y_P = 1,85 \\ x_P = 4,23 \end{cases}$$

Con P calculado, el módulo de $|\vec{IP}|$: $\boxed{|\vec{IP}| = \sqrt{(7-4,23)^2 + (3-1,85)^2} = 3}$

- **Punto R:** está sobre la recta AC, pero también sobre la recta IR que es perpendicular con AC.

$$\vec{u_{AC}} = \frac{(16-5)\vec{i}+(0)\vec{j}}{11} = \frac{16}{11}\vec{i}$$

$$\vec{u_{RI}} = \frac{(7-x_R)\vec{i}+(3-y_R)\vec{j}}{\sqrt{(7-x_R)^2+(3-y_R)^2}} = \frac{(7-x_R)}{\sqrt{(7-x_R)^2+(3-y_R)^2}}\vec{i} + \frac{(3-y_R)}{\sqrt{(7-x_R)^2+(3-y_R)^2}}\vec{j}$$

$$\overrightarrow{u_{AC}} \cdot \overrightarrow{u_{RI}} = 0 = \left(\frac{16}{11} \cdot \frac{(7-x_Q)}{\sqrt{(7-x_Q)^2+(3-y_Q)^2}}\right) \Rightarrow 16(7-x_Q) = 0 \Rightarrow x_Q = 7$$

Y por estar situado en recta AC: $\frac{16-x_Q}{16-5} = \frac{0-y_Q}{0-0} \Rightarrow 0 = -11y_Q$ (2) $\Rightarrow y_Q = 0$

Con R calculado, el módulo de $|\overrightarrow{IR}|$: $\boxed{|\overrightarrow{IR}| = \sqrt{(7-7)^2 + (3-0)^2} = 3}$

- **Punto Q:** *mismo planteamiento. Vuelve a salir* $|\overrightarrow{IQ}| = 3$.

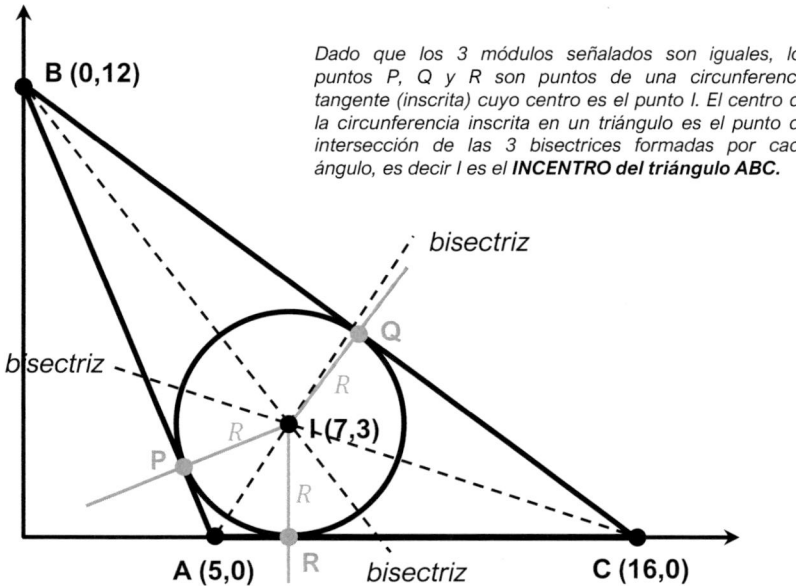

Dado que los 3 módulos señalados son iguales, los puntos P, Q y R son puntos de una circunferencia tangente (inscrita) cuyo centro es el punto I. El centro de la circunferencia inscrita en un triángulo es el punto de intersección de las 3 bisectrices formadas por cada ángulo, es decir I es el **INCENTRO del triángulo ABC.**

c.

Debe obtenerse en primer lugar, la intersección de las tres mediatrices (punto J). Los puntos medios de cada lado son $S(2,5;6), T(8;6), Q(10,5;0)$.

El vector unitario perpendicular al lado AC es $\overrightarrow{u_U} = \vec{j}$. Además, el punto de intersección de las mediatrices de AC y AB debe tener la abscisa: $x_J = 10,5$.

Además, la mediatriz que pasa por AB (S) cumple:

$$\overrightarrow{u_{AB}} \cdot \overrightarrow{SJ} = 0 = \left(\frac{-5}{13}\vec{i} + \frac{12}{13}\vec{j}\right) \cdot \left((10,5 - 2,5)\vec{i} + (y_J - 6)\vec{j}\right) \rightarrow y_J = \frac{28}{3} \rightarrow J(10,5; 28/3)$$

La tercera mediatriz pasará por el mismo punto.

Si ahora el punto J es el centro de la circunferencia circunscrita entonces su distancia a los tres vértices del triángulo será la misma (e igual al radio de la circunferencia). Comprobémoslo:

$$\left[\begin{array}{l} d_{AJ} = \left|\overrightarrow{AJ}\right| = \sqrt{(10{,}5 - 5)^2 + (28/3 - 0)^2} = \boxed{\mathbf{10{,}83}} \\[2mm] d_{BJ} = \left|\overrightarrow{BJ}\right| = \sqrt{(10{,}5 - 0)^2 + (28/3 - 12)^2} = \boxed{\mathbf{10{,}83}} \\[2mm] d_{CJ} = \left|\overrightarrow{CJ}\right| = \sqrt{(10{,}5 - 16)^2 + (28/3 - 0)^2} = \boxed{\mathbf{10{,}83}} \end{array} \right.$$

1.5. Problemas

Problema 1.1

La operación de la figura muestra una herramienta de avellanado con tres filos actuando simultáneamente afín de mecanizar un alojamiento cónico tras un taladrado anterior. El sistema de vectores está formado por tres fuerzas de idéntico módulo ($150\ N$) actuando sobre cada uno de los filos. Se desprecia la fuerza de avance en dirección vertical, por lo que dichas fuerzas actúan en un plano π horizontal (perpendicular al eje de rotación de la herramienta). Calcular:

a. Resultante y momento resultante respecto del punto O.
b. Tipo de sistema atendiendo al invariante escalar τ.
c. Virial respecto a O.
d. Mismas preguntas si el diente 3 no trabaja.
e. Eje central en este caso.

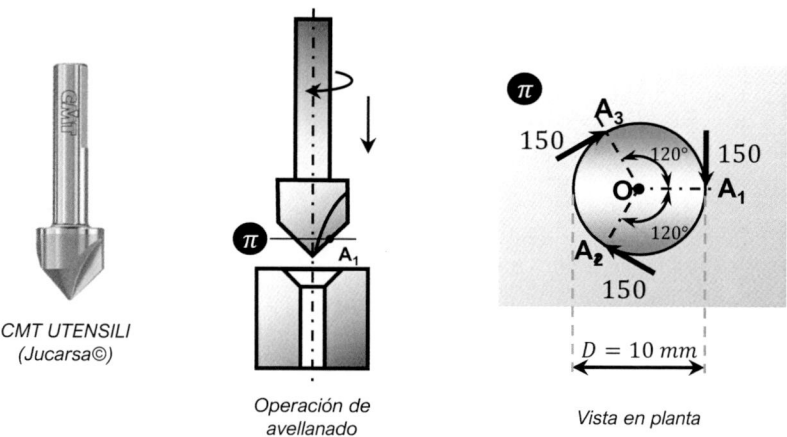

CMT UTENSILI
(Jucarsa©)

Operación de
avellanado

Vista en planta

Resultados: a. $\vec{R} = 0$; $\overrightarrow{M_O} = -2{,}25\vec{k}$; b. $\tau = 0$; c. $v_O = 0$; d. $\vec{R} = -75\sqrt{3}\vec{\imath} - 75\vec{\jmath}$; $\overrightarrow{M_O} = -1{,}5\vec{k}$; $\tau = 0$; $v_O = 0$; e. $z = 0$; $-1{,}5 = -75x + 75\sqrt{3}y$.

Problema 1.2

La herramienta de corte realiza una operación de mecanizado (ranurado) avanzando en el eje x. Se considera un sistema de fuerzas en el plano xy que trabaja como un sistema estático (viga en voladizo con empotramiento en O). Durante la operación, se producen fuerzas constantes sobre la punta de la herramienta (punto A) sobre los ejes x e y (sistema de fuerzas plano). Calcular:

a.   Momento mínimo $M_{mín}$.
b.   Ecuaciones del eje central y dibujarlo.
c.   Para evitar excesivas vibraciones y conseguir un corte de calidad, se requiere un momento en el empotramiento no superior a $200\ N \cdot m$. Indicar la longitud L máxima admisible como voladizo de herramienta.

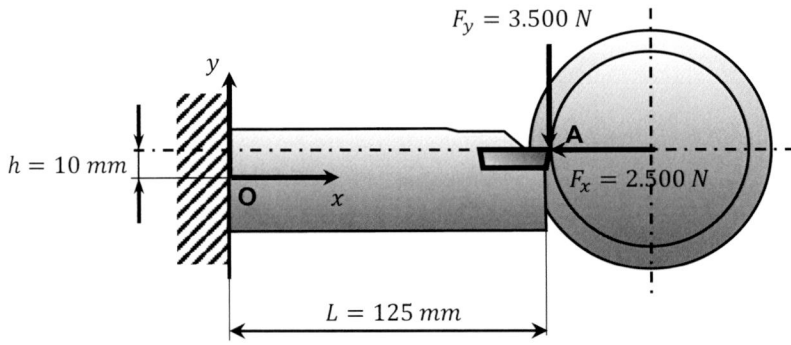

Resultados: a. $\overrightarrow{M_{min}} = 0$; b. $z = 0, -412,5 = -3.500\ x + 2.500\ y$; c.$L = 64,2\ mm$.

Problema 1.3

Se estudia la operación de cilindrado para la cual la herramienta tiene un ángulo de posición $\kappa_r = 75°$ (medido en el plano del dibujo xz) y sufre una fuerza aplicada en O, cuyas componentes en los ejes principales xyz se detallan:

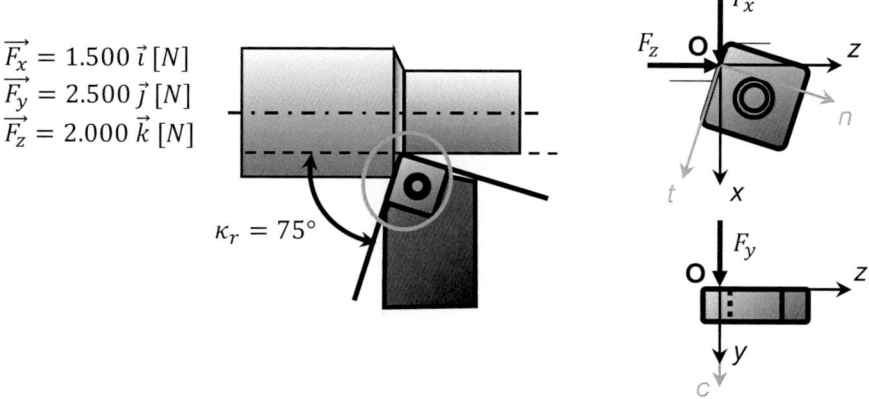

$$\overrightarrow{F_x} = 1.500\ \vec{\imath}\ [N]$$
$$\overrightarrow{F_y} = 2.500\ \vec{\jmath}\ [N]$$
$$\overrightarrow{F_z} = 2.000\ \vec{k}\ [N]$$

$\kappa_r = 75°$

Calcular:

a. Cosenos directores del vector fuerza resultante.
b. Matriz de transformación que permite pasar de ejes principales xyz a ejes de herramienta tcn (ver figura).
c. Matriz de transformación que permite pasar de ejes de herramienta tcn a ejes principales xyz y vector fuerza resultante expresado en tcn.
d. Bajo el mismo sistema de fuerzas, se desea reducir la fuerza en dirección normal a la placa modificando el ángulo de posición κ_r. Si se desea una fuerza F_n sobre la placa no superior a $1.800\ N$, proponer el ángulo de posición κ_r.

Resultados: a. $\alpha = 64,9°$, $\beta = 45°$, $\gamma = 55,5°$; c. $\vec{R} = 931,25\ \vec{t}\ + 2.500\ \vec{c}\ + 2.320,08\ \vec{n}$; d. $\kappa_r = 97,1°$.

Problema 1.4

La herramienta de corte de la figura (vista superior) es una fresa de radio $10\ mm$ y
12 dientes mecanizando una ranura. La herramienta gira y se desplaza con avance
hacia la derecha. Durante media vuelta, contactan con la pieza la mitad de los
dientes (señalados en la figura). En la posición mostrada, los dos dientes alineados
con el eje y son precisamente el diente que comienza a entrar ($\theta = 0$) y el diente
que acaba de salir ($\theta = 180°$). Suponiendo que la fuerza (en módulo) para cada
diente es función de la posición instantánea del diente:

$$F_i = 500 \cdot sin\theta$$

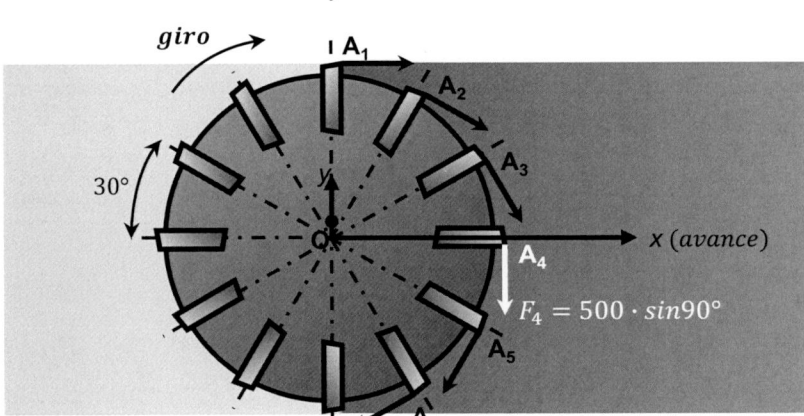

Calcular:

a. Resultante de fuerzas del sistema.
b. Momento respecto de su eje (punto O) de giro.
c. Señalar el tipo de sistema de vectores representado.
d. Eje central.

Resultados: a. $\vec{R} = -1.500\ \vec{j}$; b. $\overrightarrow{M_O} = -18.660\ \vec{k}$; c. $\tau = 0$; d. $z = 0, x = 12,44$.

Tema 2:

Geometría de masas y superficies planas

Tema 2: Geometría de masas y superficies planas

2.1. Introducción

- Objetivos: **cálculo de centros de gravedad** en sistemas de partículas, sólidos elementales y figuras compuestas. Cálculo de momentos de inercia y productos de inercia de sólidos fundamentales. Aplicación de **Teoremas Pappus-Guldin**. Aplicación de **Teoremas de Steiner**.

- Útiles en Tema 6 y en Dinámica para el cálculo de magnitudes fundamentales.

2.2. Centros de gravedad

2.2.1. Sistemas de partículas

- Una **partícula i** es un **cuerpo con masa m_i cuya posición viene dada por coordenadas espaciales (x_i, y_i, z_i) en un sistema de referencia.** No tiene sentido hablar de giro u rotación en ella. En muchas ocasiones, cuerpos de grandes dimensiones pueden asimilarse a una partícula.

- Un **sistema de cuerpos sometidos a las fuerzas de atracción gravitatoria de la Tierra** es en realidad un **sistema de vectores paralelos ligados.** Recordando, el centroide o punto central (C) se obtiene como:

$$x_C = \frac{\sum_{i=1}^{n} x_i v_i}{\sum_{i=1}^{n} v_i}, \quad y_C = \frac{\sum_{i=1}^{n} y_i v_i}{\sum_{i=1}^{n} v_i}, \quad z_C = \frac{\sum_{i=1}^{n} z_i v_i}{\sum_{i=1}^{n} v_i}$$

- Y sustituyendo los vectores v_i por los pesos $m_i g$, se obtiene el centro de gravedad (G) de un **sistema de partículas**:

$$x_G = \frac{\sum_{i=1}^{n} m_i x_i}{\sum_{i=1}^{n} m_i}, \quad y_G = \frac{\sum_{i=1}^{n} m_i y_i}{\sum_{i=1}^{n} m_i}, \quad z_G = \frac{\sum_{i=1}^{n} m_i z_i}{\sum_{i=1}^{n} m_i}$$

Algunas conclusiones:

- El centro de gravedad depende de la **distribución de masa.**

- Numeradores de las relaciones: **momentos estáticos de primer orden o momentos estáticos respecto a planos.**

- Si hay plano de simetría, el momento estático es nulo respecto a ese plano, y **G** está situado en el plano.

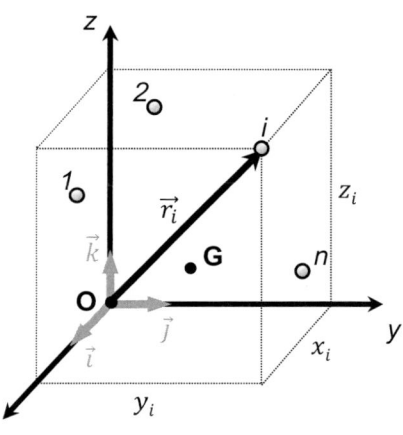

2.2.2. Masa, volumen, superficie y línea

- Para un sólido rígido, cuerpo de masa M con dimensiones no despreciables, los sumatorios anteriores se sustituyen por **integrales**, dado que se trata de un **sistema continuo compuesto por infinitos vectores ligados asociados a cada diferencial de masa dm**.

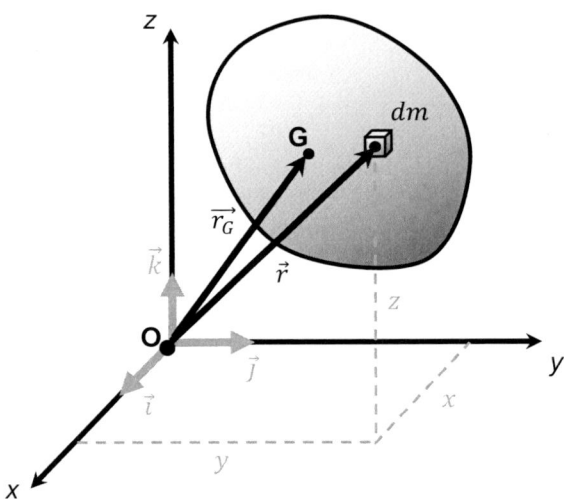

- Las coordenadas del centro de gravedad (versión general) vienen dadas por:

SÓLIDO RÍGIDO (S.R.)

$$x_G = \frac{\int_M x\,dm}{M}, \quad y_G = \frac{\int_M y\,dm}{M}, \quad z_G = \frac{\int_M z\,dm}{M}$$

siendo $M = \int_M dm$, la masa total del sólido.

- Si la **densidad es uniforme** $dm = \rho dV$, y siendo V el volumen del sólido:

SÓLIDO RÍGIDO VOLUMÉTRICO

$$x_G = \frac{\int_V x\,dV}{V}, \quad y_G = \frac{\int_V y\,dV}{V}, \quad z_G = \frac{\int_V z\,dV}{V}$$

- Si el **volumen es una curva de sección uniforme** S **y longitud** L ($dV = S \cdot dL$):

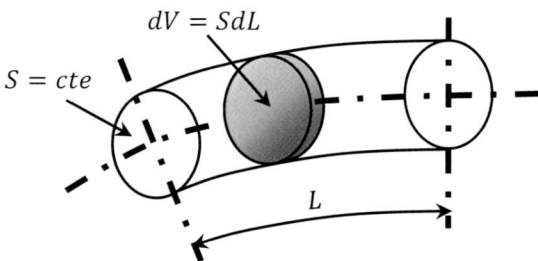

SÓLIDO UNIDIMENSIONAL (LINEAL)

$$x_G = \frac{\int_L x\,dL}{L}, \ y_G = \frac{\int_L y\,dL}{L}, \ z_G = \frac{\int_L z\,dL}{L}$$

- Si el **volumen es una superficie de área** A **y espesor uniforme** t ($dV = t \cdot dA$):

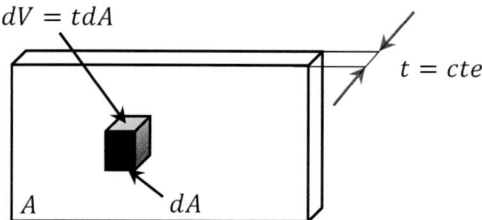

SÓLIDO BIDIMENSIONAL (PLANO)

$$x_G = \frac{\int_A x\,dA}{A}, \ y_G = \frac{\int_A y\,dA}{A}, \ z_G = \frac{\int_A z\,dA}{A}$$

- Si el cuerpo (masa, volumen, superficie o línea) está constituido por partes cuyos centros de gravedad son conocidos, el centro de gravedad se puede obtener (al igual que para un sistema de partículas) **como combinación lineal (suma o substracción).** Para el eje x y elementos volumétricos, por ejemplo:

$$x_G = \frac{\int_V x\,dV}{V} = \frac{\int_{V_1} x\,dV_1 + \int_{V_2} x\,dV_2 + \dots + \int_{V_n} x\,dV_n}{V} = \frac{x_{G_1}V_1 + x_{G_2}V_2 + \dots + x_{G_n}V_n}{V}$$

(ecuación aplicable a elementos tipo masa,
volumen, superficie o línea)

Ejemplo 1: Obtención de G en arco de radio R y ángulo α

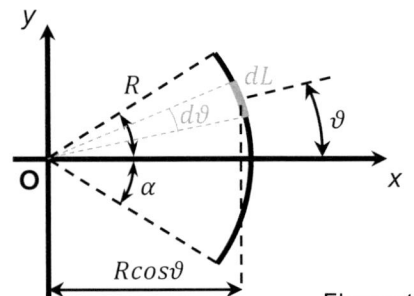

$$\left.\begin{array}{l} x_G =?; \\ y_G = 0; \\ z_G = 0; \end{array}\right] \quad x_G = \dfrac{\int_L xdL}{L}$$

Objetivo: transformar la **integral de línea a coordenadas polares**

Elemento diferencial de línea dL en función de ϑ. Su distancia o cota x es $Rcos\vartheta$. Así, $dL = Rd\vartheta$

$$x_G = \frac{\int_{-\alpha}^{\alpha} Rcos\vartheta \cdot Rd\vartheta}{L} = \frac{\int_{-\alpha}^{\alpha} Rcos\vartheta \cdot Rd\vartheta}{2R\alpha} = \frac{R^2 sin\vartheta_{-\alpha}^{\alpha}}{2R\alpha} = \frac{2Rsin\alpha}{2\alpha} = \boxed{\frac{Rsin\alpha}{\alpha}}$$

Ejemplo 2: Obtención de G en triángulo de base b y altura h

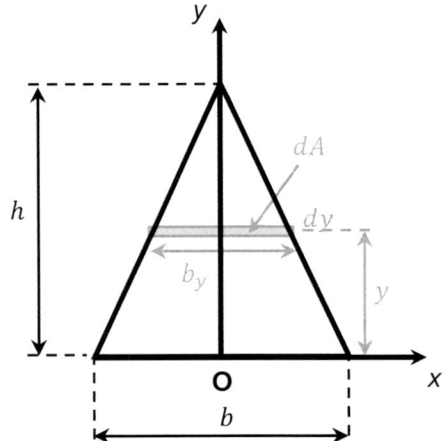

$$\left.\begin{array}{l} x_G = 0; \\ z_G = 0; \\ y_G = ?; \end{array}\right] \quad y_G = \dfrac{\int_A ydA}{A}$$

Objetivo: transformar la **integral de área** a una **integral en función de una única variable** (y y dA tienen que expresarse en función de una única variable).

Elemento diferencial de área **rectangular** dA en función de y, y paralelo al eje x (su distancia al eje x es precisamente y):

$$dA = bydy = b\left(1 - \frac{y}{h}\right) dy \quad\longrightarrow\quad y_G = \frac{\int_0^h y \cdot b\left(1 - \frac{y}{h}\right) dy}{A}$$

Para obtener b_y en función de y:
semejanza de triángulos

$$\frac{b - b_y}{b - 0} = \frac{0 - y}{0 - h}$$

$$y_G = \frac{\int_0^h y \cdot b\left(1 - \frac{y}{h}\right) dy}{bh/2} = \frac{b\left(\frac{y^2}{2} - \frac{y^3}{3h}\right)_0^h}{bh/2} = \frac{\frac{h^2}{2} - \frac{h^2}{3}}{h/2} = \frac{\frac{3h^2}{6} - \frac{2h^2}{6}}{h/2} = \frac{\frac{h^2}{6}}{h/2} = \boxed{\frac{h}{3}}$$

Ejemplo 3: Obtención de G en porción de semicircunferencia de radio R y ángulo α

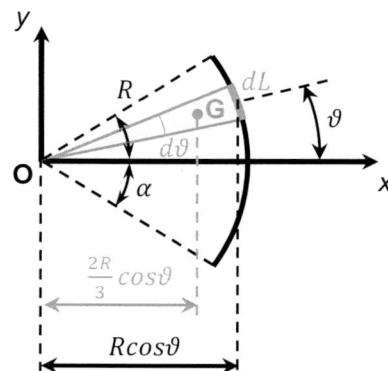

$$\left.\begin{array}{l} x_G = ?\,; \\ y_G = 0;\, \\ z_G = 0; \end{array}\right\} \quad x_G = \frac{\int_A x\,dA}{A}$$

Objetivo: transformar la **integral de línea a coordenadas polares**

Elemento diferencial de área dA en función de ϑ. Su distancia o cota x es la de su centro de gravedad G, $\frac{2R}{3}cos\vartheta$. Así:

$$dA = \frac{1}{2}RdL = \frac{1}{2}R^2 d\vartheta$$

$$x_G = \frac{\int_{-\alpha}^{\alpha} \frac{2R}{3}cos\vartheta \cdot \frac{1}{2}R^2 d\vartheta}{A} = \frac{\frac{1}{3}R^3 \int_{-\alpha}^{\alpha} cos\vartheta d\vartheta}{\frac{\pi R^2 \cdot 2\alpha}{2\pi}} = \frac{\frac{1}{3}R^3 sin\vartheta_{-\alpha}^{\alpha}}{R^2 \alpha} = \boxed{\mathbf{\frac{2Rsin\alpha}{3\alpha}}}$$

Ejemplo 4: Obtención de G en semiesfera de radio R

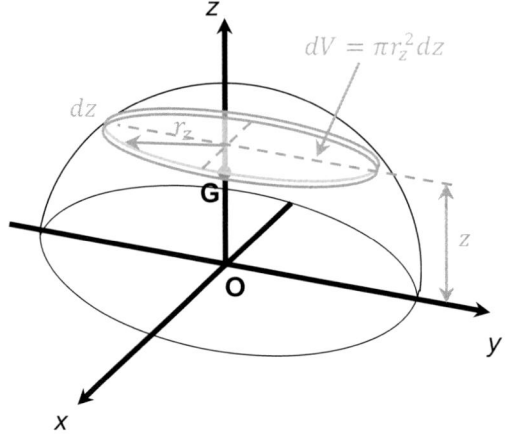

$$x_G = 0;$$
$$y_G = 0;$$
$$z_G = ?;$$

$$z_G = \frac{\int_V z\, dV}{V}$$

Objetivo: transformar la **integral de volumen** a una **integral en función de una única variable** (traducido: z y dV tienen que expresarse en función de una única variable).

En este caso, conviene manejar **coordenadas cartesianas**.

Elemento diferencial de volumen tipo disco de radio r_z y espesor dz:

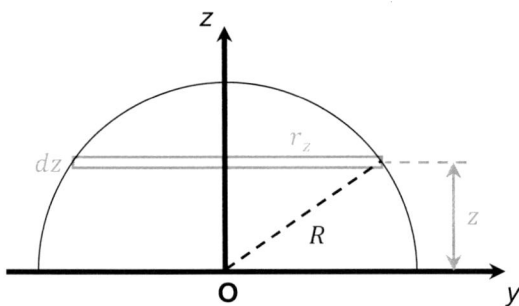

$$r_z^2 + z^2 = R^2$$

$$r_z = \sqrt{R^2 - z^2}$$

$$dV = \pi r_z^2 dz = \pi(R^2 - z^2)dz$$

$$z_G = \frac{\int_0^R z \cdot \pi(R^2 - z^2)dz}{V} = \frac{\int_0^R \pi(R^2 z - z^3)dz}{\frac{2}{3}\pi R^3} = \frac{\left(R^2\frac{z^2}{2} - \frac{z^4}{4}\right)_0^R}{\frac{2}{3}R^3} = \frac{\frac{R^4}{2} - \frac{R^4}{4}}{\frac{2}{3}R^3} = \frac{\frac{R^4}{4}}{\frac{2}{3}R^3} = \boxed{\frac{3R}{8}}$$

Ejemplo 5: Obtención de G en casquete semiesférico de radio R

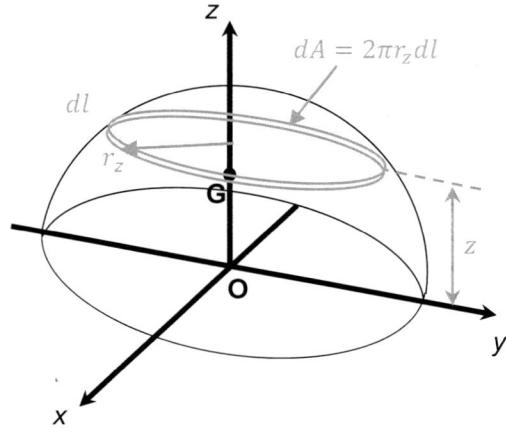

$dA = 2\pi r_z dl$

$$\left. \begin{array}{l} x_G = 0; \\ y_G = 0; \\ z_G = ?; \end{array} \right\} \quad z_G = \dfrac{\int_A z\,dA}{A}$$

Objetivo: transformar la **integral de área** a una **integral en función de una única variable.**

En este caso, conviene manejar **coordenadas polares**.

Elemento diferencial de volumen tipo cinta o banda de longitud el perímetro y espesor *dl:*

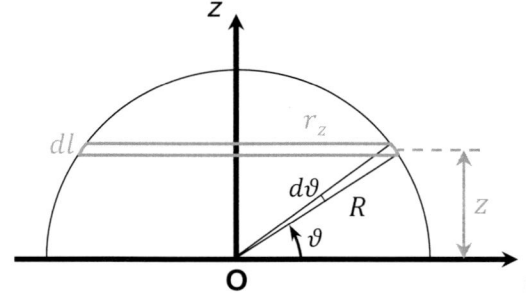

$$dl = R d\vartheta$$
$$r_z = R\cos\vartheta$$
$$z = R\sin\vartheta$$

$$dA = 2\pi r_z dl = 2\pi R\cos\vartheta R d\vartheta$$

$$z_G = \frac{\int_V z\,dA}{A} = \frac{\int_0^{\pi/2} R\sin\vartheta \cdot 2\pi R\cos\vartheta \cdot R d\vartheta}{2\pi R^2} = \frac{R\int_0^{\pi/2} 2\sin\vartheta \cdot \cos\vartheta \cdot d\vartheta}{2} = \frac{R\int_0^{\pi/2} \sin(2\vartheta) \cdot d\vartheta}{2}$$

$$= \frac{R\int_0^{\pi/2} \sin(2\vartheta) \cdot d\vartheta}{2} = \frac{R}{4}\left(\cos(2\vartheta)\right)_{\pi/2}^{0} = \boxed{\frac{R}{2}}$$

2.2.3. Teoremas de Pappus-Guldin

Permiten calcular el **centro de masas de una línea plana o de una superficie plana, si se conoce el área o el volumen engendrado por la misma (línea o superficie) al girar alrededor de un eje**. O alternativamente, permiten calcular el área de la superficie o el volumen del cuerpo de revolución, conocidos los centros de gravedad de línea y superficie. Veámoslo.

1º Teorema de Pappus-Guldin: centro de masas de líneas planas

«Si se hace girar una **línea plana** alrededor de un eje coplanario con ella y que no la corta, se engendra una **superficie de revolución** cuya **área** es igual al producto de la **longitud de la línea** por la de la circunferencia que describe su centro de masas».

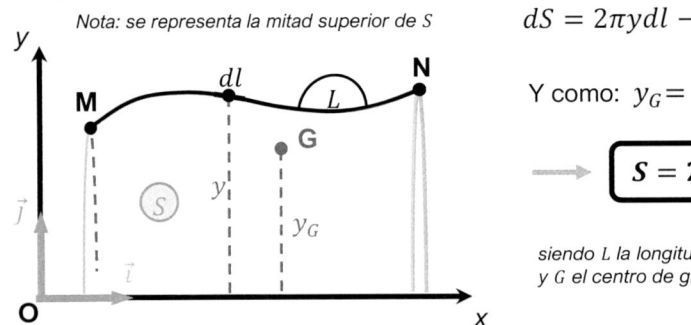

Nota: se representa la mitad superior de S

$$dS = 2\pi y dl \rightarrow S = 2\pi \int_L y dl$$

Y como: $y_G = \dfrac{\int_L y dl}{L}$

$$\boxed{S = 2\pi y_G L}$$

siendo L la longitud total de la línea (MN) y G el centro de gravedad de la línea

2º Teorema de Pappus-Guldin : centro de masas de superficies planas

«Si se hace girar una **superficie plana** alrededor de un eje coplanario con ella y que no la corta, se engendra un **cuerpo de revolución** cuyo **volumen** es igual al producto del **área de la superficie** por la longitud de la circunferencia que describe su centro de masas».

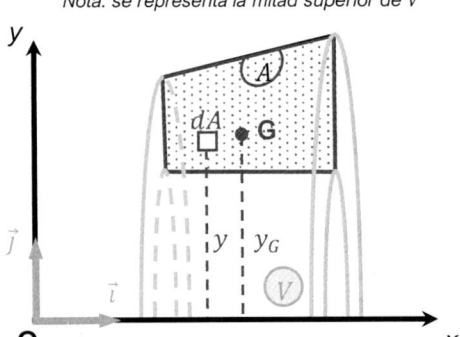

Nota: se representa la mitad superior de V

$$dV = 2\pi y dA \rightarrow V = 2\pi \int_A y dA$$

Y como: $y_G = \dfrac{\int_A y dA}{A}$

$$\boxed{V = 2\pi y_G A}$$

siendo A el área de la superficie plana y G el centro de gravedad de la superficie plana

Ejemplo 6: Determinar la posición del centro de gravedad de una semicircunferencia de radio *R* utilizando el primer teorema de Guldin

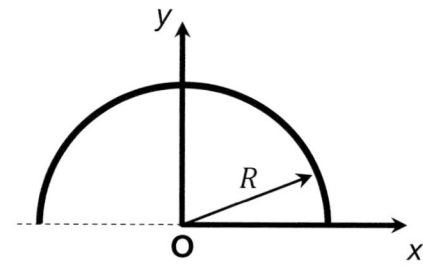

2 FORMAS:

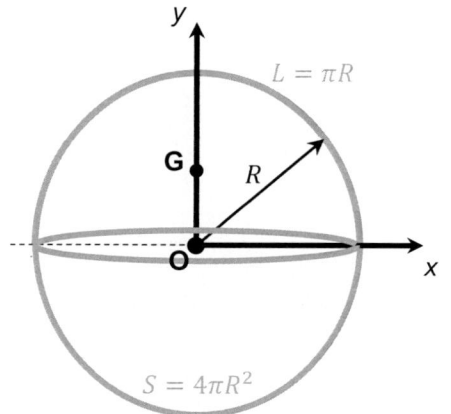

1) 1er teorema de Guldin: $S = 2\pi y_G L$

En este caso, la superficie generada S es precisamente el área de una esfera de radio R: $S = 4\pi R^2$.

Y la longitud L es la de la línea semicircunferencial: $L = \pi R$.

$$4\pi R^2 = 2\pi y_G(\pi R) \longrightarrow \boxed{y_G = \frac{2R}{\pi}}$$

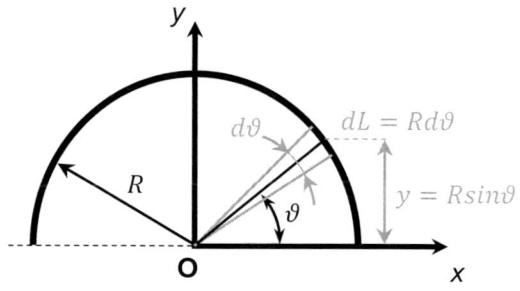

2) Alternativamente, vía integración:

Para un elemento diferencial de línea:

$$y_G = \frac{\int_L y\, dL}{L}$$

$$\longrightarrow \quad y_G = \frac{\int_0^\pi (R\sin\vartheta)R\,d\vartheta}{\pi R} = \frac{R^2\int_0^\pi \sin\vartheta\,d\vartheta}{\pi R} = \frac{R^2[-\cos\vartheta]_0^\pi}{\pi R} = \frac{R^2[\cos\vartheta]_\pi^0}{\pi R} = \frac{R(1-\cos\pi)}{\pi} = \boxed{\frac{2R}{\pi}}$$

2.3. Momentos de inercia

2.3.1. Masas [kg·m²]

- Para un **sistema de n partículas**, se define el momento de inercia respecto de un plano, eje o punto como:

$$I_e = \sum_{i=1}^{n} m_i d_i^2 \qquad \text{siendo } d_i \text{ la distancia al plano, eje o punto}$$

- El producto de inercia respecto de dos planos, se define de forma similar:

$$I_{\alpha\beta} = \sum_{i=1}^{n} m_i d_{\alpha i} d_{\beta i} \qquad \text{siendo } d_{\alpha i} \, d_{\beta i} \text{ las distancias a los planos}$$

- Para un **sólido continuo:**

1) Respecto a planos $1(Oyz)$, $2(Ozx)$ y $3(Oxy)$:

$$I_1 = \int_V x^2 \rho dV \; ; \; I_2 = \int_V y^2 \rho dV \; ; \; I_3 = \int_V z^2 \rho dV$$

2) Respecto a cada uno de los ejes cartesianos x-y-z:

$$I_x = \int_V (y^2 + z^2) \rho dV \; ; \; I_y = \int_V (x^2 + z^2) \rho dV \; ; \; I_z = \int_V (x^2 + y^2) \rho dV \implies \boxed{\begin{array}{l} I_x = I_2 + I_3 \\ I_y = I_1 + I_3 \\ I_z = I_1 + I_2 \end{array}}$$

3) Respecto al punto donde se cortan los ejes x-y-z:

$$I_O = \int_V (x^2 + y^2 + z^2) \rho dV \implies \boxed{I_O = I_1 + I_2 + I_3}$$

4) Productos de inercia en el sistema de referencia:

$$C_{xy} = \int_V xy \rho dV \; ; \; C_{yz} = \int_V yz \rho dV \; ; \; C_{xz} = \int_V xz \rho dV$$

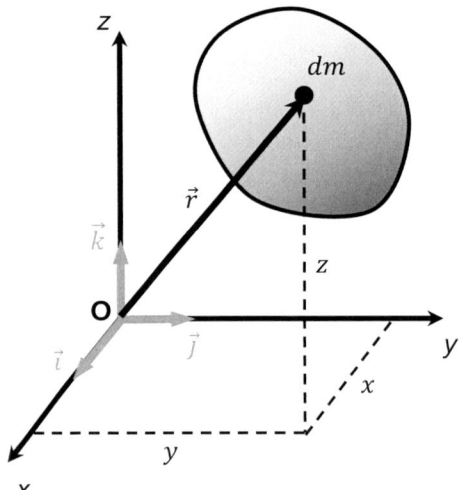

Algunas conclusiones:

- **Los momentos de inercia son nulos o positivos** (nunca negativos). Los **productos de inercia pueden ser positivos, negativos o nulos.**
- Si existen planos de simetría, **los productos de inercia que se correspondan con las coordenadas simétricas son nulos.**
- Si el cuerpo puede descomponerse en partes cuyos momentos de inercia son conocidos, el momento o producto de inercia total se obtiene como suma (o resta) de los momentos de inercia de las partes por separado.

Tensor de inercia

- Se utilizan los **momentos de inercia de los ejes** y los **productos de inercia en el sistema de referencia:**

$$I_x = \int_V (y^2 + z^2)\rho dV \ ; \ I_y = \int_V (x^2 + z^2)\rho dV \ ; \ I_z = \int_V (x^2 + y^2)\rho dV$$

$$C_{xy} = \int_V xy\rho dV \ ; \ C_{yz} = \int_V yz\rho dV \ ; \ C_{xz} = \int_V xz\rho dV$$

$$[I_O] = \begin{pmatrix} I_x & -C_{xy} & -C_{xz} \\ -C_{xy} & I_y & -C_{yz} \\ -C_{xz} & -C_{yz} & I_z \end{pmatrix}$$

Matriz o tensor de inercia (simétrica)

2.3.2. Teoremas de Steiner

- Los teoremas de Steiner permiten calcular los momentos de inercia (planares, axiles y polares) y productos de inercia entre un par de elementos (planos, ejes o puntos) que son paralelos entre sí, **si alguno de ellos pasa por el centro de masas.** Pueden aplicarse a masas o a superficies (sustituyendo M por A).

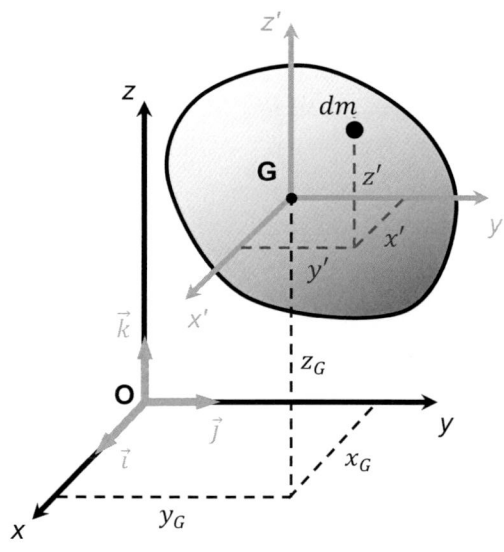

1) Steiner entre planos:

$$I_1 = I_{1'} + Mx_G^2$$
$$I_2 = I_{2'} + My_G^2$$
$$I_3 = I_{3'} + Mz_G^2$$

2) Steiner entre ejes:

$$I_x = I_{x'} + M(y_G^2 + z_G^2)$$
$$I_y = I_{y'} + M(x_G^2 + z_G^2)$$
$$I_z = I_{z'} + M(x_G^2 + y_G^2)$$

3) Steiner entre puntos $(O - G)$:

$$I_O = I_G + M(x_G^2 + y_G^2 + z_G^2)$$

4) Steiner entre productos:

$$C_{xy} = C_{x'y'} + Mx_G y_G$$
$$C_{xz} = C_{x'z'} + Mx_G z_G$$
$$C_{yz} = C_{y'z'} + My_G z_G$$

$$\begin{bmatrix} x = x_G + x' \\ y = y_G + y' \\ z = z_G + z' \end{bmatrix}$$ *Relación entre coordenadas del dm para el sistema $Oxyz$ y para el sistema $Gx'y'z'$, paralelo al anterior que pasa por G*

Ejemplo 7: Obtención de momentos y productos de inercia en prisma de masa M y dimensiones $a \times b \times c$

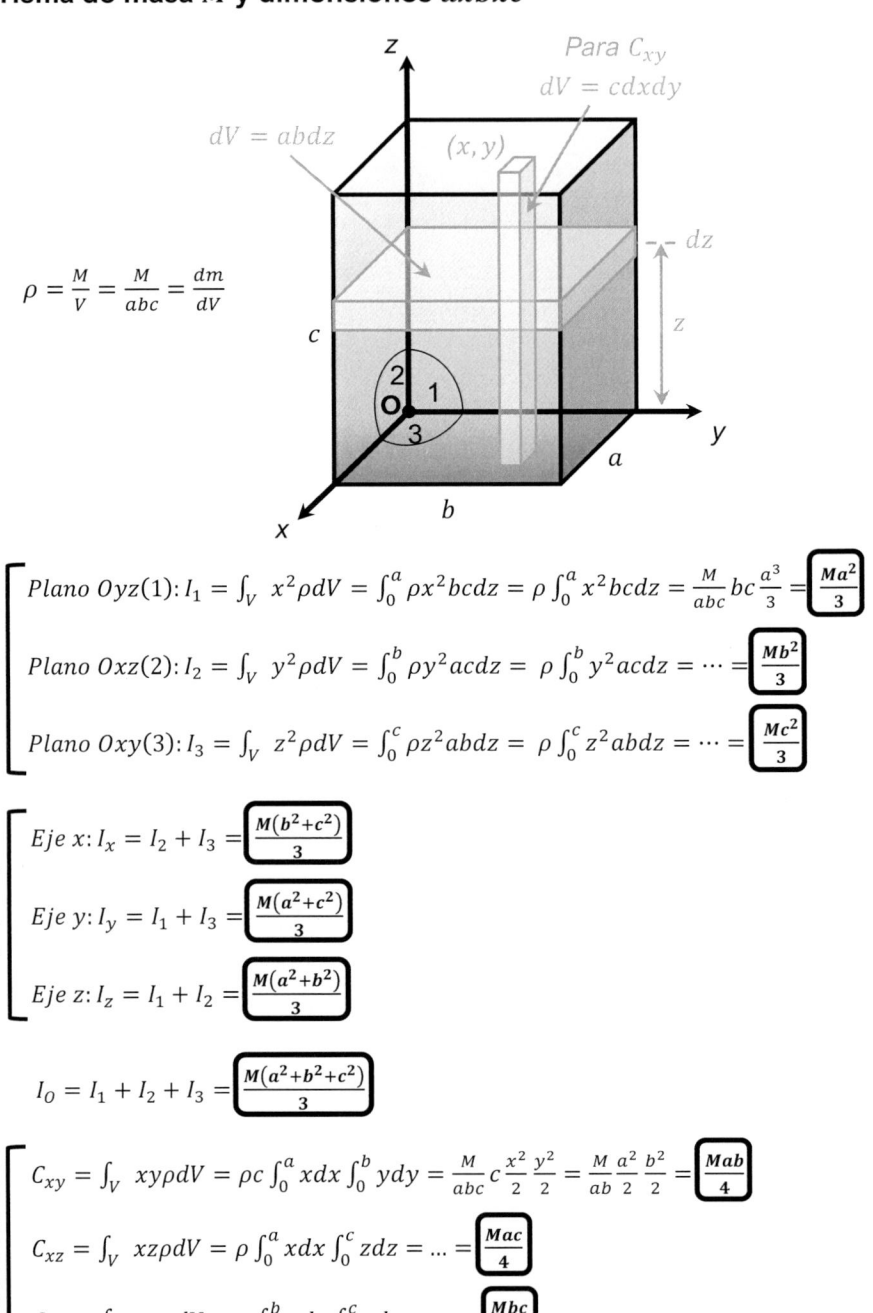

$$\rho = \frac{M}{V} = \frac{M}{abc} = \frac{dm}{dV}$$

PLANOS que pasan por O

$$Plano\ Oyz(1): I_1 = \int_V x^2 \rho dV = \int_0^a \rho x^2 bc\,dz = \rho \int_0^a x^2 bc\,dz = \frac{M}{abc} bc \frac{a^3}{3} = \boxed{\frac{Ma^2}{3}}$$

$$Plano\ Oxz(2): I_2 = \int_V y^2 \rho dV = \int_0^b \rho y^2 ac\,dz = \rho \int_0^b y^2 ac\,dz = \cdots = \boxed{\frac{Mb^2}{3}}$$

$$Plano\ Oxy(3): I_3 = \int_V z^2 \rho dV = \int_0^c \rho z^2 ab\,dz = \rho \int_0^c z^2 ab\,dz = \cdots = \boxed{\frac{Mc^2}{3}}$$

EJES que pasan por O

$$Eje\ x: I_x = I_2 + I_3 = \boxed{\frac{M(b^2+c^2)}{3}}$$

$$Eje\ y: I_y = I_1 + I_3 = \boxed{\frac{M(a^2+c^2)}{3}}$$

$$Eje\ z: I_z = I_1 + I_2 = \boxed{\frac{M(a^2+b^2)}{3}}$$

$$I_O = I_1 + I_2 + I_3 = \boxed{\frac{M(a^2+b^2+c^2)}{3}}$$

PRODUCTOS de inercia

$$C_{xy} = \int_V xy\rho dV = \rho c \int_0^a x\,dx \int_0^b y\,dy = \frac{M}{abc} c \frac{x^2}{2} \frac{y^2}{2} = \frac{M}{ab} \frac{a^2}{2} \frac{b^2}{2} = \boxed{\frac{Mab}{4}}$$

$$C_{xz} = \int_V xz\rho dV = \rho \int_0^a x\,dx \int_0^c z\,dz = \cdots = \boxed{\frac{Mac}{4}}$$

$$C_{yz} = \int_V yz\rho dV = \rho \int_0^b y\,dy \int_0^c z\,dz = \cdots = \boxed{\frac{Mbc}{4}}$$

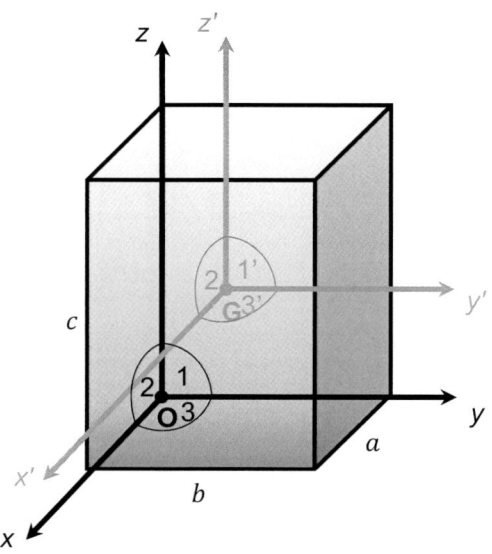

PLANOS que pasan por G

$$Plano\ Gy'z'(1'): I_{1'} = \int_V x^2 \rho dV = \rho \int_{-a/2}^{a/2} x^2 bc\, dz = \rho bc \frac{x^3}{3}\Big|_{-a/2}^{a/2} = \boxed{\frac{Ma^2}{12}}$$

$$Plano\ Gx'z'(2'): I_{2'} = \int_V y^2 \rho dV = \int_{-b/2}^{b/2} \rho y^2 ac\, dz = \rho \int_{-b/2}^{b/2} y^2 ac\, dz = \cdots = \boxed{\frac{Mb^2}{12}}$$

$$Plano\ Gx'y'(3'): I_{3'} = \int_V z^2 \rho dV = \int_{-c/2}^{c/2} \rho z^2 ab\, dz = \rho \int_{-c/2}^{c/2} z^2 ab\, dz = \cdots = \boxed{\frac{Mc^2}{12}}$$

EJES que pasan por G

$$Eje\ x': I_{x'} = I_{2'} + I_{3'} = \boxed{\frac{M(b^2+c^2)}{12}}$$

$$Eje\ y': I_{y'} = I_{1'} + I_{3'} = \boxed{\frac{M(a^2+c^2)}{12}}$$

$$Eje\ z': I_{z'} = I_{1'} + I_{2'} = \boxed{\frac{M(a^2+b^2)}{12}}$$

o Steiner:

$$I_{x'} = I_x - M(y_G^2 + z_G^2) = I_x - M\left(\left(\frac{b}{2}\right)^2 + \left(\frac{c}{2}\right)^2\right) =$$

$$= \frac{M(b^2+c^2)}{3} - \frac{M(b^2+c^2)}{4} = \frac{M(b^2+c^2)}{12}$$

$$I_G = I_{1'} + I_{2'} + I_{3'} = \boxed{\frac{M(a^2+b^2+c^2)}{12}}$$

o Steiner: $I_O = I_G - M(x_G^2 + y_G^2 + z_G^2) =$

$$= \frac{M(a^2+b^2+c^2)}{3} - M\left(\left(\frac{a}{2}\right)^2 + \left(\frac{b}{2}\right)^2 + \left(\frac{c}{2}\right)^2\right) = \frac{M(a^2+b^2+c^2)}{12}$$

PRODUCTOS de inercia

$$C_{x'y'} = \int_V xy \rho dV = \rho c \int_{-a/2}^{a/2} x\,dx \int_{-b/2}^{b/2} y\,dy = \boxed{0}$$

$$C_{x'z'} = \int_V xz \rho dV = \rho c \int_{-a/2}^{a/2} x\,dx \int_{-c/2}^{c/2} z\,dz = \boxed{0}$$

$$C_{y'z'} = \int_V yz \rho dV = \rho c \int_{-b/2}^{b/2} y\,dy \int_{-c/2}^{c/2} z\,dz = \boxed{0}$$

o Steiner: $C_{x'y'} = C_{xy} - M(x_G y_G) =$
$\frac{Mab}{4} - M\frac{a}{2}\frac{b}{2} = 0$

O simplemente por ser planos de simetría los planos que pasan por G los tres productos son nulos.

2.3.3. Superficies planas [m^4]

- **Se utilizan en el cálculo de tensiones internas en estructuras (Tema 6).**

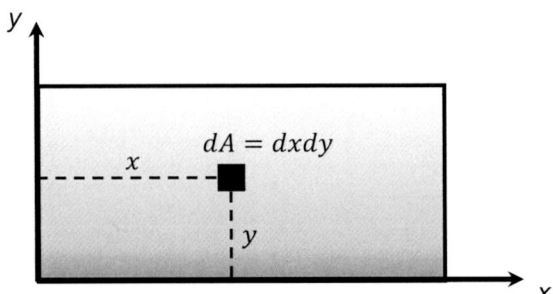

- Las relaciones anteriores toman la forma: **en el plano Oxy, $z = 0$:**

1) **Respecto a planos 1(Oyz), 2(Oxz) y 3(Oxy):**

$$I_1 = \int_A x^2 dA; \quad I_2 = \int_A y^2 dA ; \quad I_3 = 0 \; (z = 0)$$

2) **Respecto a cada uno de los ejes cartesianos $x - y - z$:**

$$I_x = \int_A y^2 dA; \quad I_y = \int_A x^2 dA ; \quad I_z = \int_A (x^2 + y^2) dA \longrightarrow \boxed{\begin{array}{l} I_x = I_2 \\ I_y = I_1 \\ I_z = I_1 + I_2 \end{array}}$$

3) **Respecto al punto donde se cortan los ejes $x - y - z$:**

$$I_O = \int_A (x^2 + y^2) dA \longrightarrow \boxed{I_O = I_1 + I_2 = I_x + I_y}$$

4) **Productos de inercia en el sistema de referencia:**

$$C_{xy} = \int_A xy\,dA ; \quad C_{yz} = 0 \; (z = 0); \quad C_{xz} = 0 \; (z = 0)$$

- **Radio de giro (i):** se aplica a un sólido (masa o volumen) o a superficies planas.

   1) **Para masas:** se obtiene a partir de la masa M estando expresado I en kg·m², $I = Mi^2$. i es la distancia donde debería situarse una partícula de material de masa igual a la del sistema para que su momento de inercia tuviera el mismo valor.
   2) **Para superficies:** se expresa a partir de la superficie A estando expresado I en m⁴, $I = Ai^2$. Por tratarse de superficie plana, se refiere entonces a un punto y hablamos de radios de giro polar o a un eje y hablamos de radio de giro axil.

2.4. Tabla resumen

CENTROS DE GRAVEDAD		MOMENTOS DE INERCIA (respecto a planos que pasan por G salvo *)	
Triángulo rectángulo de base b y altura h	$x_G = \dfrac{b}{3}$ $y_G = \dfrac{h}{3}$ $z_G = 0$	Barra de masa M y longitud L (situada en el eje z)	$I_1 = 0$ $I_2 = 0$ $I_3 = \dfrac{ML^2}{12}$
Cono de altura h	$x_G = 0$ $y_G = 0$ $z_G = \dfrac{h}{4}$	Placa delgada de masa M, base b y altura h (plano yz)	$I_1 = 0$ $I_2 = \dfrac{Mb^2}{12}$ $I_3 = \dfrac{Mh^2}{12}$
Semicircunferencia de radio R	$x_G = 0$ $y_G = \dfrac{2R}{\pi}$	Disco delgado de masa M y radio R (plano yz)	$I_1 = 0$ $I_2 = \dfrac{MR^2}{4}$ $I_3 = \dfrac{MR^2}{4}$
Semidisco de radio R	$x_G = 0$ $y_G = \dfrac{4R}{3\pi}$	Prisma rectangular de masa M, base ab y altura h	$I_1 = \dfrac{Ma^2}{12}$ $I_2 = \dfrac{Mb^2}{12}$ $I_3 = \dfrac{Mh^2}{12}$
Superficie semiesférica de radio R	$x_G = 0$ $y_G = 0$ $z_G = \dfrac{R}{2}$	Cilindro de masa M, radio R y altura h	$I_1 = \dfrac{MR^2}{4}$ $I_2 = \dfrac{MR^2}{4}$ $I_3 = \dfrac{Mh^2}{12}$
Semiesfera de radio R	$x_G = 0$ $y_G = 0$ $z_G = \dfrac{3R}{8}$	Semiesfera de masa M y radio R (*planos que pasan por O)	$I_1 = I_2 = I_3 = \dfrac{MR^2}{5}$
		Esfera de masa M y radio R (O coincidente con G)	$I_1 = I_2 = I_3 = \dfrac{MR^2}{5}$
		MOMENTOS DE SUPERFICIES (respecto a ejes que pasan por O)	
		Rectángulo de base b y altura h	$I_x = \dfrac{bh^3}{3}$ $I_y = \dfrac{hb^3}{3}$ $I_{xy} = \dfrac{b^2h^2}{4}$
		Triángulo rectángulo de base b y altura h	$I_x = \dfrac{bh^3}{12}$ $I_y = \dfrac{hb^3}{12}$ $I_{xy} = \dfrac{b^2h^2}{24}$
		Disco de radio R	$I_x = \dfrac{\pi R^4}{4}$ $I_y = \dfrac{\pi R^4}{4}$ $I_{xy} = 0$

2.5. Problemas

Problema 2.1

Un arco de parábola AB gira alrededor del eje horizontal x. Calcular la coordenada en el eje x (respecto de O) del centro de gravedad del cuerpo de revolución obtenido.

Nota: la ecuación de la parábola es: $x = K_1 y^2 + K_2$.

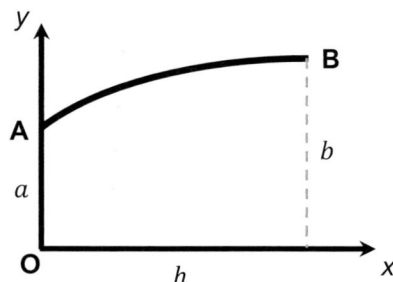

Cálculo de constantes parábola

$$si\ x = 0, \qquad x = 0 = K_1 a^2 + K_2$$
$$si\ x = h, \qquad x = h = K_1 b^2 + K_2$$

$$K_1 = \frac{h}{b^2 - a^2}, \ K_2 = \frac{-h}{b^2 - a^2} a^2$$

Resultados: $x_G = \frac{h}{3} \cdot \frac{a^2 + 2b^2}{a^2 + b^2}$.

Problema 2.2

La plomada de la figura está formada por un cono de base de radio R y media esfera del mismo radio. Ambos cuerpos se consideran uniformes y de masa M. Obtener:

a.   El valor de la altura h del cono para que el centro de gravedad del conjunto coincida con el punto O.
b.   Para ese valor de h, el momento de inercia respecto al eje z del cuerpo completo.

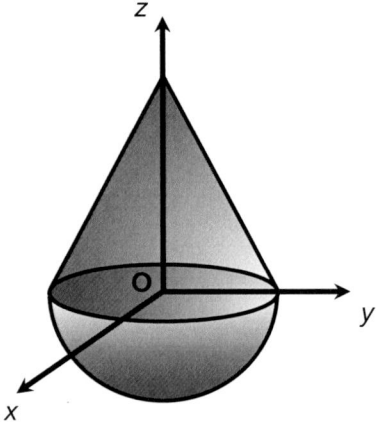

Resultados: a. $h = \frac{3R}{2}$; b. $I_z = \frac{7MR^2}{10}$.

Problema 2.3

Obtener para la siguiente figura plana compuesta:

a.   Centro de gravedad G referido al sistema dado xy.
b.   Volumen generado al girar la figura alrededor del eje vertical y que pasa por el origen O.
c.   Momento de inercia respecto del eje horizontal x que pasa por el centro de gravedad G de la figura.

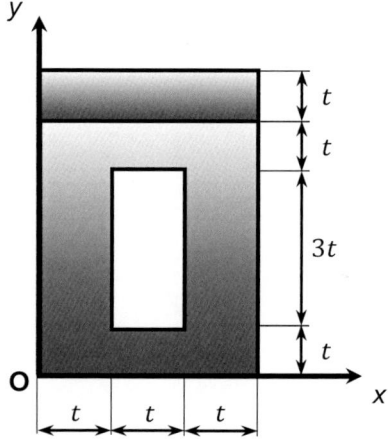

Resultados: a. $y_G = 3{,}1t$; b. $V = 45\pi t^3$; c. $I_{x'} = 47{,}45\ t^4$.

Problema 2.4

Se muestra un anemómetro formado por cuatro semiesferas (se considerarán macizas por estar rellenas de aire) de masa M y radio R. Calcular el momento de inercia respecto del eje z que pasa por el centro O. Se desprecian las masas de las varillas que unen las esferas con dicho centro.

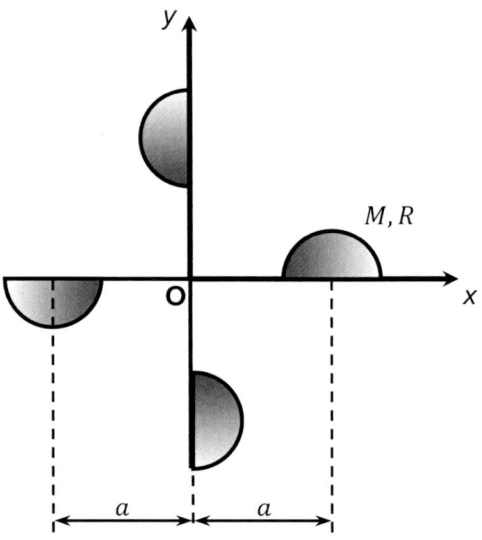

Resultados: $I_{z,OS} = M\left(\frac{8R^2}{5} + 4a^2\right)$.

Problema 2.5

Se dispone de tres perfiles de vigas de las siguientes dimensiones, todas función del parámetro b, que representa el espesor. Señalar cuál de las tres ofrece el mayor momento de inercia respecto del eje horizontal z que pasa por su centro de gravedad.

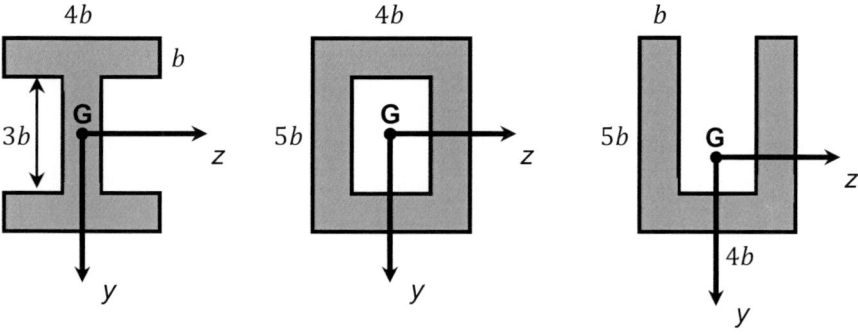

Resultados: Sección 2, $I_z = \frac{223}{6} b^4$.

Problema 2.6

Las dos barras homogéneas de la figura están soldadas en el punto A en forma de T y articuladas en O. Siendo la masa de cada barra M y considerando las longitudes indicadas, calcular:

a. La posición del centro de gravedad del sistema G.
b. El momento de inercia del elemento T respecto al punto G.
c. El momento de inercia del elemento T respecto al punto O.

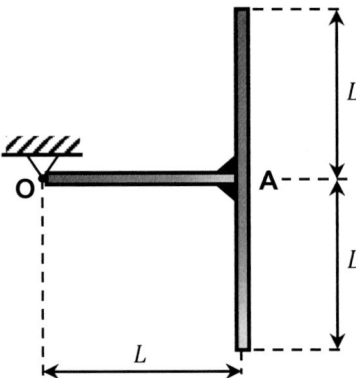

Resultados: a. $x_G = \frac{3L}{4}$; b. $I_G = \frac{13ML^2}{24}$; c. $I_{O,sist} = \frac{5ML^2}{3}$.

Tema 3:

Estática del sólido rígido

Tema 3: Estática del sólido rígido

3.1. Introducción

- En ingeniería, muchos sistemas realizan su función **en estado de equilibrio.**

- Se trata de sistemas donde **se cumple nulidad de la aceleración de su centro de gravedad así como de la derivada del momento angular.** Se retomarán estos dos conceptos en la Parte 2 (a partir del Tema 9 en adelante).

- El objetivo en este Tema 3 es la **obtención de las reacciones, entendidas estas como los esfuerzos relativos entre elementos y sus vinculaciones a tierra** (restricciones y/o apoyos) cuando son sometidos a un cierto estado de cargas.

- También, se obtendrán las **fuerzas internas** en elementos sencillos como **cables**, **barras** o **resortes**.

3.2. Condiciones de equilibrio

- Para que un sólido rígido esté en equilibrio, el sistema de fuerzas actuantes debe ser nulo. Esto implica que la **resultante y el momento resultante en cualquier punto son nulos**. En notación vectorial:

PARA SÓLIDO RÍGIDO (EN EL ESPACIO)

Vectoriales
$$\boxed{\begin{array}{c} \sum \vec{F} = 0 \\ \sum \overrightarrow{M_O} = 0 \end{array}}$$
$\equiv$
Escalares
$$\boxed{\begin{array}{c} \sum F_x = 0 \\ \sum F_y = 0 \\ \sum F_z = 0 \end{array}}$$
$+$
$$\boxed{\begin{array}{c} \sum M_{Ox} = 0 \\ \sum M_{Oy} = 0 \\ \sum M_{Oz} = 0 \end{array}}$$

- Para una partícula, las dimensiones pierden significado (recordamos que es una masa puntual), **las fuerzas son concurrentes en un punto** y la **ecuación de momentos es una identidad** (trivial):

PARA PARTÍCULA (EN EL ESPACIO)

Vectoriales
$$\boxed{\sum \vec{F} = 0}$$
$\equiv$
Escalares
$$\boxed{\begin{array}{c} \sum F_x = 0 \\ \sum F_y = 0 \\ \sum F_z = 0 \end{array}}$$

- Las **6 ecuaciones escalares para S.R. en el espacio (3D) se convierten en 3 ecuaciones escalares en el plano (2 de fuerzas en X-Y y 1 de momentos en Z).**
- Las **3 ecuaciones escalares para partícula en el espacio (3D) se convierten en 2 ecuaciones escalares en el plano (2 de fuerzas en X-Y).**
- **Puede sustituirse una o ambas ecuaciones de fuerza por más ecuaciones de momentos sobre otros puntos del espacio.** En caso de elegir 3 ecuaciones de momentos, los 3 puntos no deben estar alineados.

Ejemplo 1: Sistema de vectores paralelos y ecuaciones de la Estática

No siempre son hábiles las 6 ecuaciones disponibles en el espacio. Dependiendo de la naturaleza del sistema de fuerzas, a veces algunas de ellas resultan triviales.

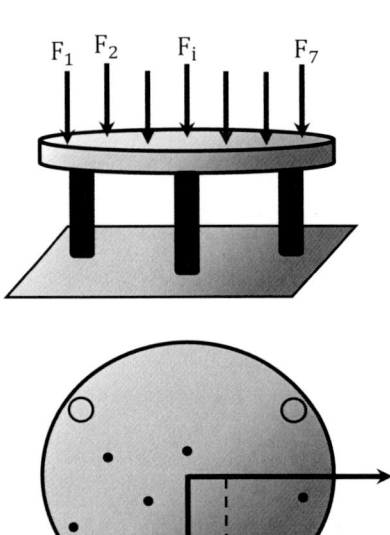

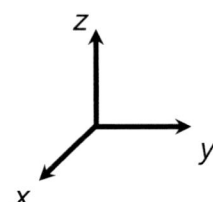

$$\sum F_x = 0 \qquad \sum M_{Ox} = 0$$
$$\sum F_y = 0 \quad \mathbf{+} \quad \sum M_{Oy} = 0$$
$$\sum F_z = 0 \qquad \sum M_{Oz} = 0$$

En realidad, sólo 3 ecuaciones útiles:

$$0 = 0 \qquad \mathbf{\sum M_{Ox} = 0}$$
$$0 = 0 \quad \mathbf{+} \quad \mathbf{\sum M_{Oy} = 0}$$
$$\mathbf{\sum F_z = 0} \qquad 0 = 0$$

(fuerzas verticales en z únicamente generan momentos respecto a los ejes $x - y$)

3.3. Fuerzas externas

-   Se distinguen **dos tipos de fuerzas** soportadas por un cuerpo:

    1) Fuerzas de volumen: distribuidas sobre el volumen del sólido tales como fuerzas gravitatorias (peso propio), electromagnéticas o fuerzas de inercia.

    2) Fuerzas de superficie: fuerzas de contacto pudiendo ser cargas puntuales cuando el área de contacto es muy pequeña o fuerzas distribuidas, cuando la carga se ejerce sobre una determinada longitud que ya no es *tan pequeña*. Se refieren en este caso por unidad de longitud, calculando la resultante de las fuerzas de superficie según una dimensión.

Cálculo de resultante y momento resultante de una carga distribuida (puntos A-B) sobre viga en voladizo.

- Sea la viga de la figura sometida a una **carga distribuida no uniforme de valor** $q(x)$ sobre su cara superior. Esta carga puede representarse de forma equivalente (como ya se introdujo en el Tema 1) a través de una resultante y de un momento respecto a un punto (O, origen del sistema de referencia). Veámoslo:

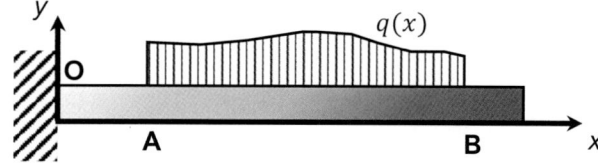

- Sin tener en cuenta las restricciones sobre el apoyo izquierdo (necesarias para establecer el equilibrio completo), la resultante de la fuerza distribuida es:

$$R = \int_{x_A}^{x_B} q(x)dx$$ *es decir, el área bajo la curva q(x)*

- En cuanto al momento generado por la carga distribuida se calcula a partir de la integral siguiente:

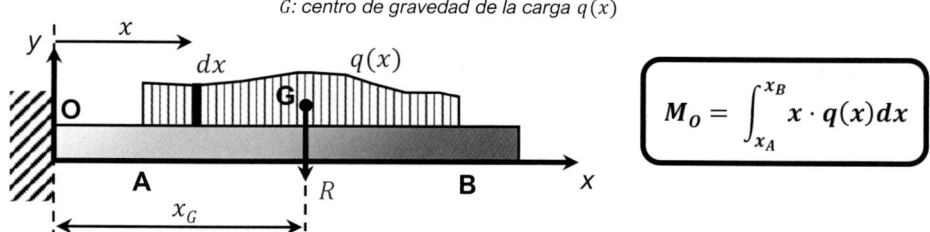

G: centro de gravedad de la carga $q(x)$

$$M_O = \int_{x_A}^{x_B} x \cdot q(x)dx$$

Relación entre momento M_O y resultante

Como se trata de un sistema de vectores paralelos, es aplicable el **Teorema de Varignon**, apreciándose que **el momento de la resultante coincide con el momento estático de primer orden de la carga distribuida**:

$$M_O = O_\tau O \cdot R \cdot sin90 \rightarrow M_O = x_G \cdot R$$

- Por la propia **definición de centro de gravedad**: $x_G = \dfrac{\int_{x_A}^{x_B} x \cdot q(x)dx}{\int_{x_A}^{x_B} q(x)dx} = \dfrac{M_O}{R}$

3.4. Enlaces y reacciones: diagrama de sólido libre

- Para tener en cuenta todas las fuerzas externas que actúan sobre un cuerpo, **es necesario sustituir los enlaces o restricciones del cuerpo, por fuerzas y momentos**, denominados reacciones. **Si el enlace impide un desplazamiento, la reacción es una fuerza en la dirección del desplazamiento impedido. Si el enlace impide un giro, la reacción es un momento en la misma dirección.**

ENLACES Y REACCIONES EQUIVALENTES

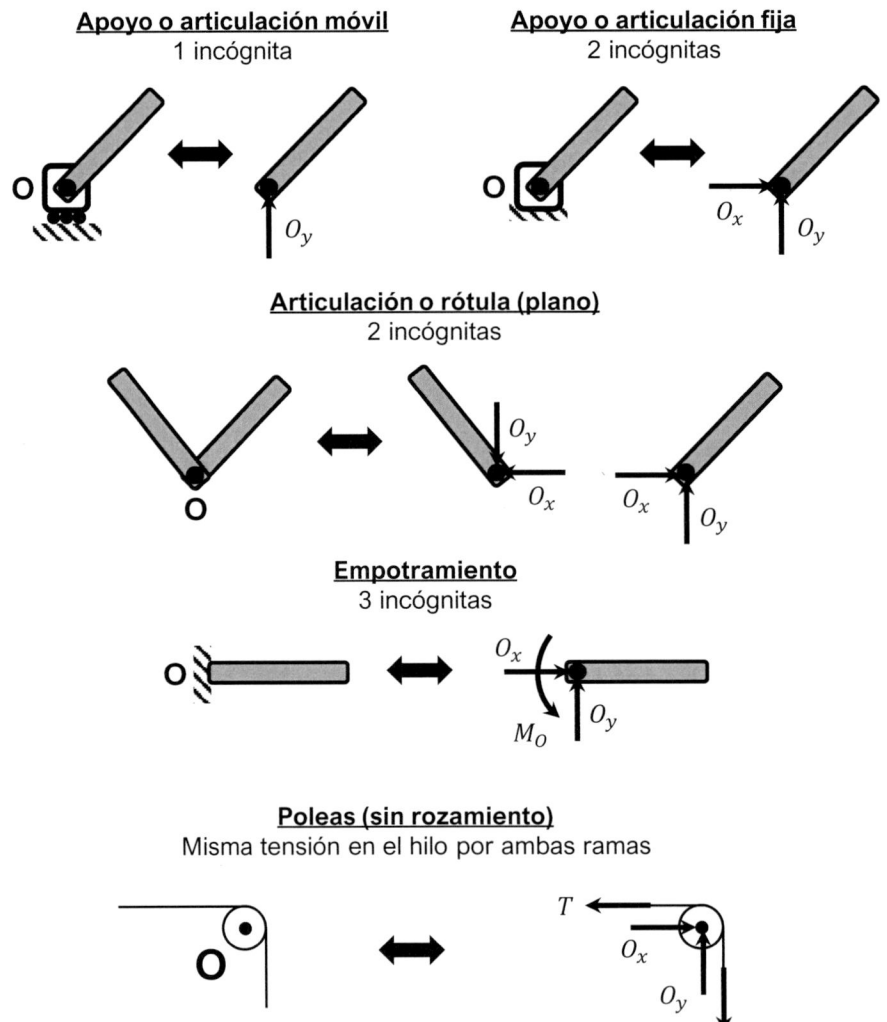

Resortes

Real: $F_k = k \cdot (x - x_0)$

Ideal: $F_k = k \cdot x$ (**longitud no deformada** $x_0 = 0$)

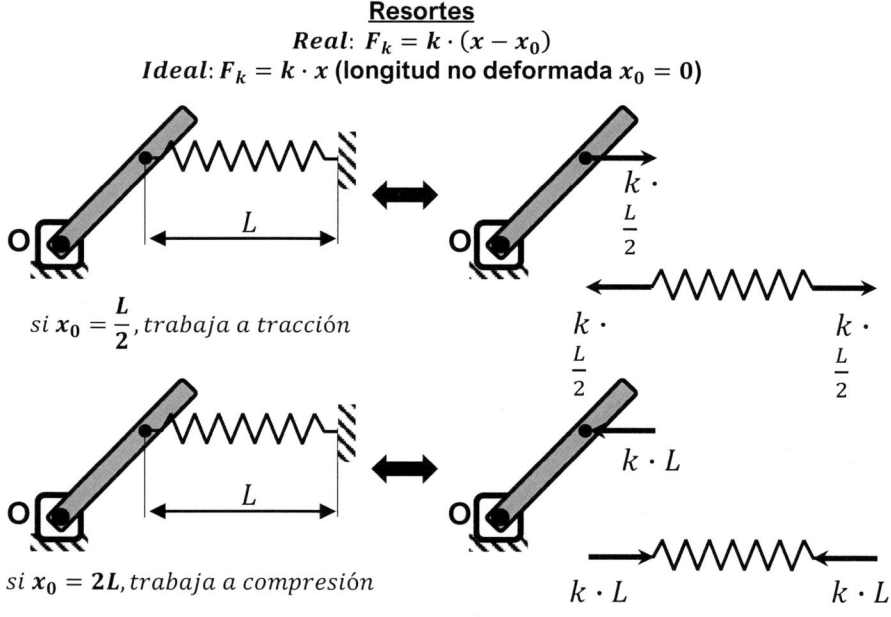

si $x_0 = \dfrac{L}{2}$, *trabaja a tracción*

si $x_0 = 2L$, *trabaja a compresión*

Ejemplo 2: Diagramas de sólido libre en estructuras compuestas de subestructuras

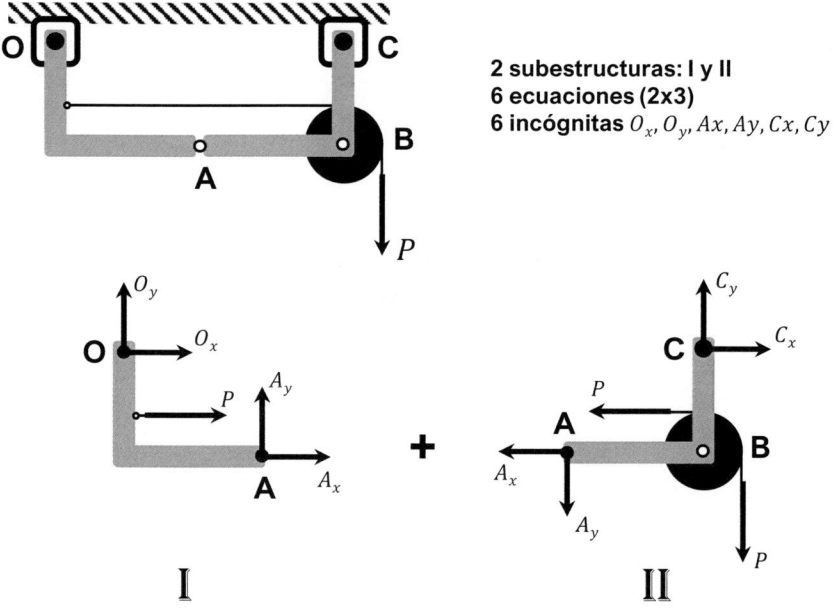

2 subestructuras: I y II
6 ecuaciones (2x3)
6 incógnitas O_x, O_y, Ax, Ay, Cx, Cy

Ejemplo 3: Equilibrio entre sólidos: estudio del vuelco

Dentro de un vaso cilíndrico de radio R colocado boca abajo, están colocadas dos esferas de radio r y peso mg cada una. Calcular el peso Q del vaso cilíndrico con el cual las bolas no volcarán. Todos los contactos entre superficies son lisos.

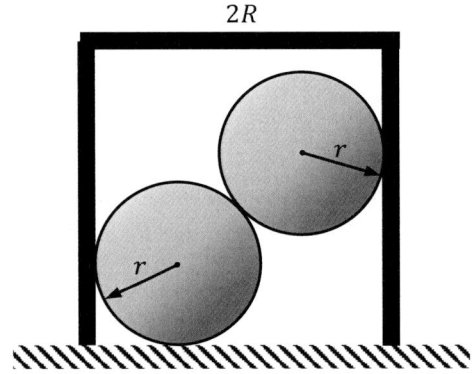

Se considerará por un lado el equilibrio de las bolas (consideradas en su conjunto (sin separarlas) y, por otro lado, el del vaso:

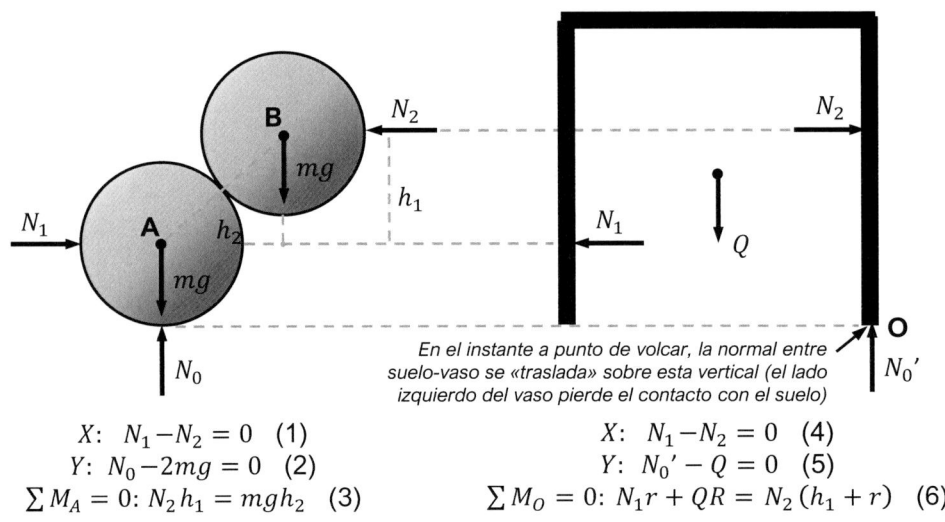

En el instante a punto de volcar, la normal entre suelo-vaso se «traslada» sobre esta vertical (el lado izquierdo del vaso pierde el contacto con el suelo)

$$X: \quad N_1 - N_2 = 0 \quad (1)$$
$$Y: \quad N_0 - 2mg = 0 \quad (2)$$
$$\sum M_A = 0: \quad N_2 h_1 = mg h_2 \quad (3)$$

$$X: \quad N_1 - N_2 = 0 \quad (4)$$
$$Y: \quad N_0' - Q = 0 \quad (5)$$
$$\sum M_O = 0: \quad N_1 r + QR = N_2 (h_1 + r) \quad (6)$$

Por un lado: $\quad N_1 = N_2$
$$= N$$
De (3): $\quad N = \dfrac{h_2}{h_1} mg$

Y de (6): $\quad N r + QR = N(h_1 + r) \rightarrow Q = \dfrac{h_1 N}{R} = \dfrac{h_2}{R} mg \quad \longrightarrow \quad \boxed{Q = \dfrac{2R - 2r}{R} mg}$

3.5. Determinación/Indeterminación estática

- Tras aislar el/los sólido(s) libre(s) y dependiendo del número de incógnitas y ecuaciones disponibles para resolver el sistema, se puede hablar de:

> - **Sistemas estáticamente determinados o isostáticos: Nº de ecuaciones = Nº de incógnitas.** Casos estudiados en este tema.
>
> - **Sistemas estáticamente indeterminados o hiperestáticos: Nº de ecuaciones < Nº de incógnitas.** No se estudiarán en este curso. Deben aplicarse condiciones adicionales de deformabilidad del sistema. La diferencia entre el nº de incógnitas y el nº de ecuaciones es el grado de hiperestaticidad (H) del sistema.
>
> - **Mecanismos: Nº de ecuaciones > Nº de incógnitas.** Son sistemas que no pueden mantenerse en equilibrio estable. La diferencia entre el nº de ecuaciones y el nº de incógnitas es el nº de grados de libertad (GDL) del sistema.

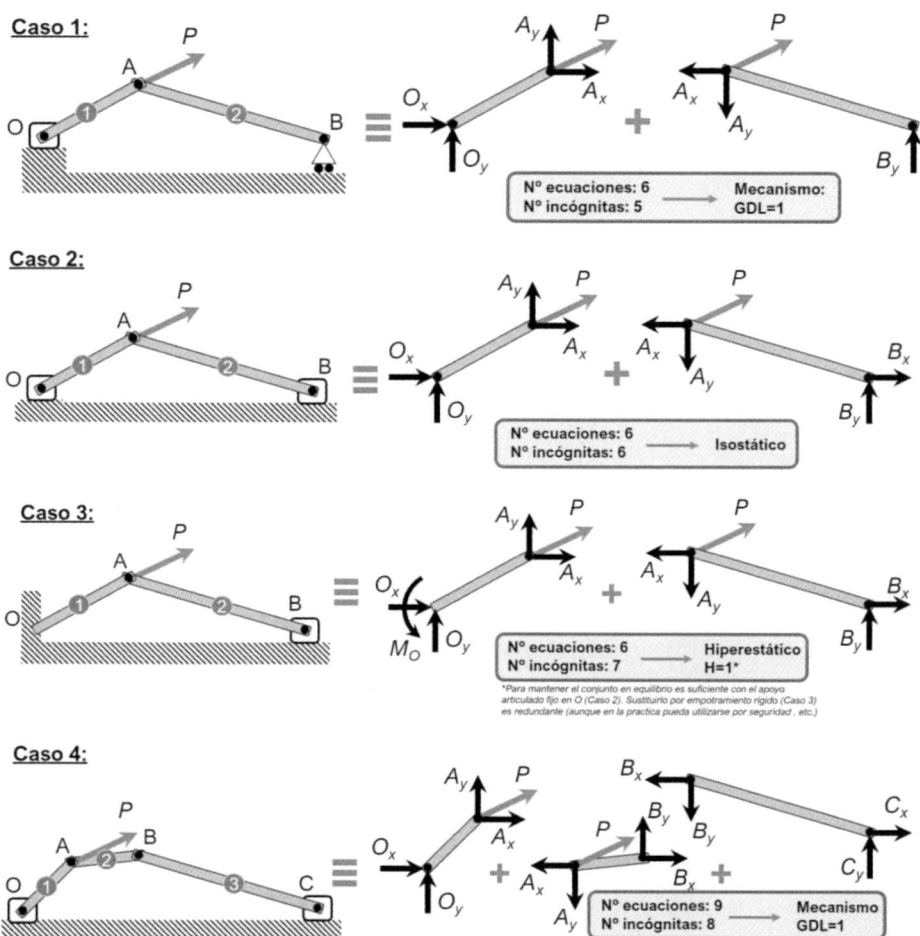

3.6. Sólidos sometidos a dos y tres fuerzas

- En el caso de que todas las fuerzas exteriores, incluidas las reacciones, estén aplicadas en dos puntos, se pueden calcular las resultantes que actúan sobre cada punto. El cuerpo se considera así sometido a dos fuerzas. Para cumplir el equilibrio de fuerzas, **ambas deben ser iguales en módulo y dirección** y **además de sentido contrario.** Aun más, para cumplir el equilibrio de momentos, **deben además actuar sobre la misma recta de acción.**

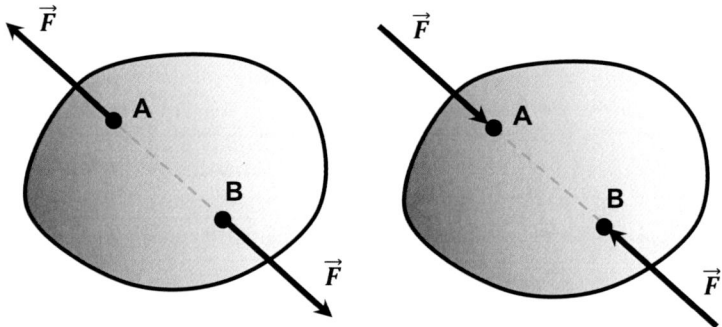

Sólido rígido sometido a dos fuerzas

- En el caso de que todas las fuerzas (exteriores, reacciones, etc.) estén aplicadas en tres puntos, se pueden calcular las resultantes que actúan sobre cada punto. **La suma vectorial debe ser nula (como en el caso anterior).** Además, **las tres fuerzas deben ser concurrentes, dando momento nulo en el punto de concurrencia y, por tanto, en cualquier otro.** Si no lo fueran, la tercera fuerza generaría un momento desequilibrante.

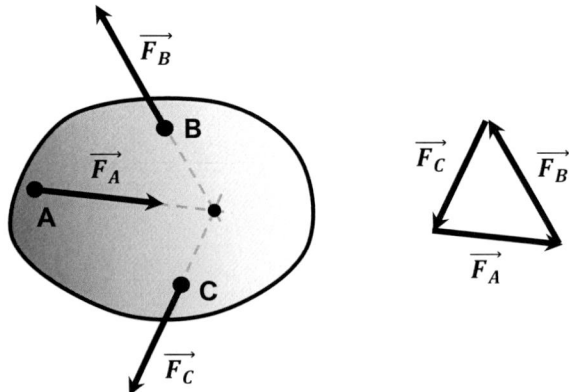

Sólido rígido sometido a tres fuerzas

Ejemplo 4: Equilibrio de tres fuerzas concurrentes

Una barra AB de peso P y longitud $L = 3R$ descansa sobre una pista semicircular fija de radio R. Despreciando el rozamiento entre todas las superficies, calcular el ángulo θ en la posición de equilibrio mostrada.

Wittenbauer©

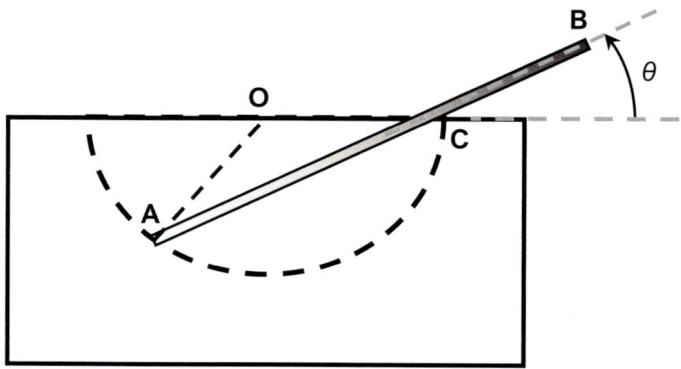

Claves:

- Existen solo tres fuerzas. Luego para el equilibrio, las tres han de ser concurrentes en un punto (y formar un polígono cerrado). P no produce componente vertical luego la componente horizontal de R_A y R_C es la misma (iguales pero de sentidos contrarios).
- AOC es un triángulo isósceles, ya que $OA = OC = R$. Si el ángulo $OCA = \theta$, entonces el ángulo OAC también.
- Tomando como eje x a la barra AB:

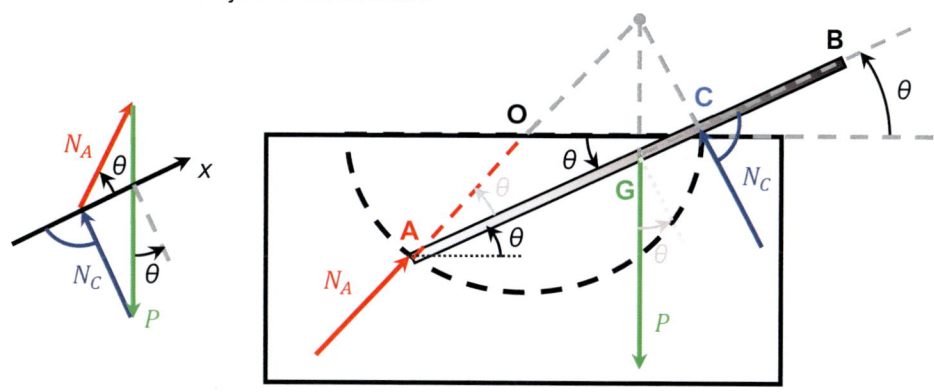

Solución: *$\theta = 23{,}22°$.*

Ejemplo 5: Equilibrio de fuerzas concurrentes

Sin tener en cuenta el rozamiento, calcular la fuerza P que es necesario aplicar al cilindro B de la figura para que el cilindro A pierda el contacto con el suelo y determinar las fuerzas normales que soportan ambos cilindros. Datos: Pesos de los cilindros: P_A, P_B, ángulo θ.

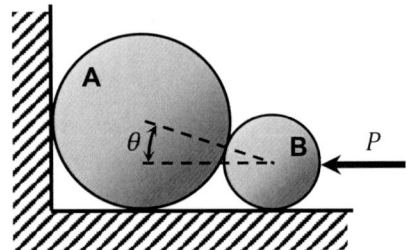

En Estática, es común identificar los distintos sólidos presentes y aislarlos de forma separada. Deben sustituirse los vínculos o enlaces con la tierra por sus reacciones respectivas. En este caso, existen **tres superficies de contacto**. En un contacto simple y libre de rozamiento entre dos sólidos, debe dibujarse la **reacción normal al contacto entre ambas**.

Además, en teoría, dispondríamos de tres ecuaciones para cada sólido (un total de 6). Sin embargo, se ve en este caso cómo en los dos sólidos A y B **las fuerzas son concurrentes sobre el centro de los discos**. Esto hace que la **ecuación de momentos sea una identidad ($0 = 0$).**

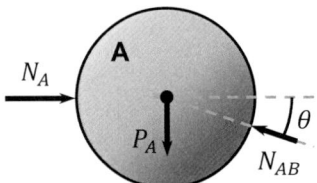

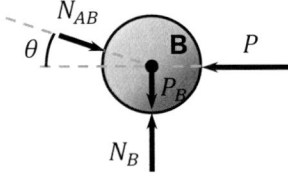

$$X: \quad N_A - N_{AB}\cos\vartheta = 0 \quad (1)$$
$$Y: \quad N_{AB}\sin\vartheta - P_A = 0 \quad (2)$$

$$X: N_{AB}\cos\vartheta - P = 0 \quad (3)$$
$$Y: N_B - N_{AB}\sin\vartheta - P_B = 0 \quad (4)$$

A la hora de la resolución, se obtienen **cuatro ecuaciones** y **disponemos de cuatro incógnitas a calcular**: N_A, N_B, N_{AB}, P.

De (2): $N_{AB} = \frac{P_A}{sin\vartheta} \rightarrow$*(2) con (1):* $N_A = \frac{P_A}{tan\vartheta}$. Y utilizando (2) con (3): $\boxed{P = \dfrac{P_A}{tan\vartheta}}$

3.7. Sistemas estructurales o celosías

- Se trata de estructuras de tipo barra cuyos extremos están unidos **mediante articulaciones o nudos. No se considera el peso propio de las barras**. Si además las fuerzas se aplican únicamente sobre los nudos y **no existen momentos aplicados**, el equilibrio en cada barra exige que cada una de ellas puede trabajar **únicamente en su dirección longitudinal, a tracción o a compresión**:

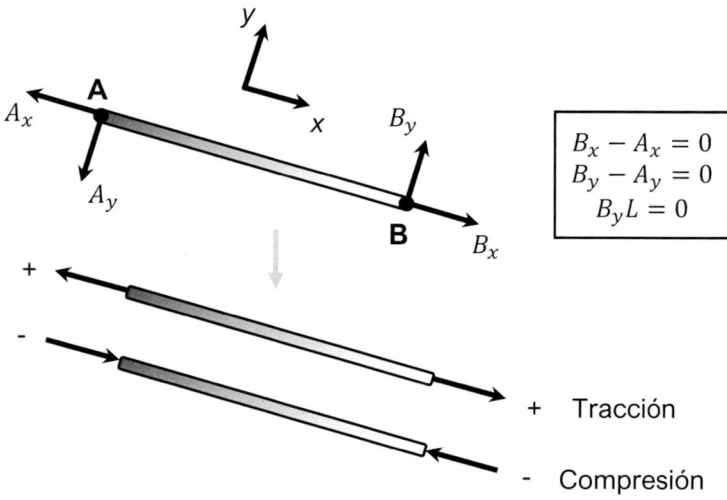

$$B_x - A_x = 0$$
$$B_y - A_y = 0$$
$$B_y L = 0$$

\+ Tracción

\- Compresión

- Hay dos métodos de resolución para este tipo de estructuras:

    1) Método de los nudos*: resolver el equilibrio en cada nudo, nudo a nudo, hasta completar la estructura. Cada nudo se resuelve desconociendo como mucho dos incógnitas (dos barras) de todas aquellas que concurren en un nudo.

    2) Método de las secciones*: se trata de dividir la estructura en partes mediante un corte que atraviese las barras de interés. A continuación se toma momentos en puntos de interés. El resto de fuerzas internas desconocidas se obtiene por equilibrio estático.

*En ocasiones, puede no ser necesario el cálculo de las reacciones para resolver determinadas barras (aunque es recomendable).

Ejemplo 6: Resolución de estructuras articuladas

Para la estructura articulada tipo Pratt de la figura, obtener las fuerzas internas en las barras CD, CF y EF por el método de las secciones.

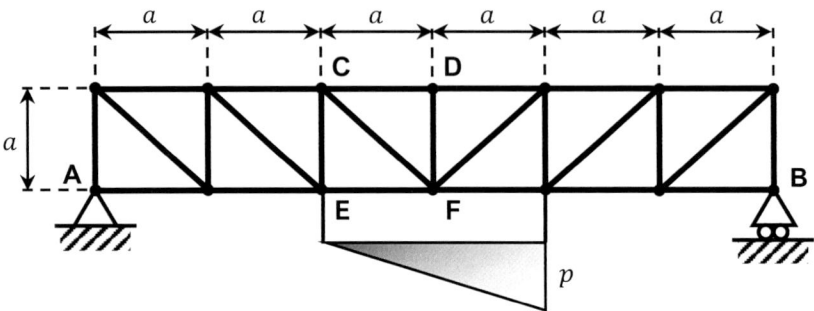

En primer lugar, se obtienen las reacciones en los apoyos:

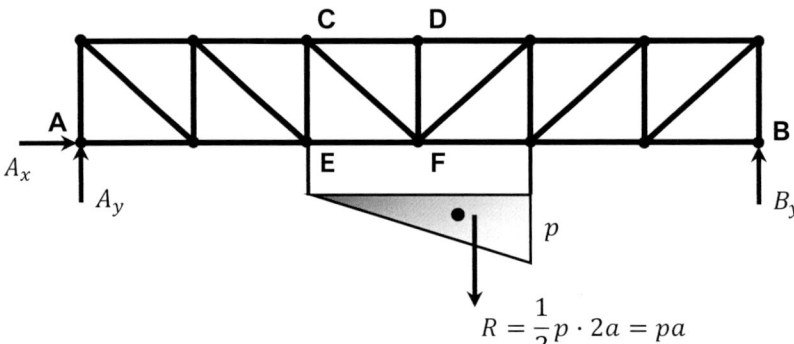

$$R = \frac{1}{2}p \cdot 2a = pa$$

$$
\left[
\begin{array}{l}
X:\ \ \boldsymbol{A_x} = \boldsymbol{0} \ \ (1)\\[4pt]
Y:\ \ A_y + B_y = pa \ \ (2)\\[4pt]
\sum M_A = 0:\ B_y \cdot 6a = pa \cdot \left(2a + \frac{2}{3}2a\right) \ \ (3) \rightarrow \boldsymbol{B_y} = \frac{5pa}{9}
\end{array}
\right.
$$

$$\rightarrow \boldsymbol{A_y} = \frac{4pa}{9}$$

Además:

$$
\left[
\begin{array}{l}
Y:\ \ T_1 + T_2 = pa \ \ (1)\\[4pt]
\sum M_A = 0:\ T_2 \cdot 2a = pa \cdot \left(\frac{2}{3}2a\right) = \frac{4}{3}pa^2 \ \ (2)\\[4pt]
\rightarrow \boldsymbol{T_2} = \frac{2pa}{3}
\end{array}
\right.
$$

$$\rightarrow \boldsymbol{T_1} = \frac{pa}{3}$$

Por lo tanto, la estructura queda de la manera siguiente:

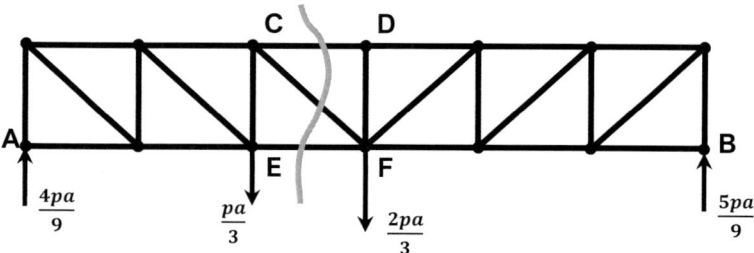

Utilizando el método de las secciones, se divide por una sección intermedia que incluya a las barras de interés:

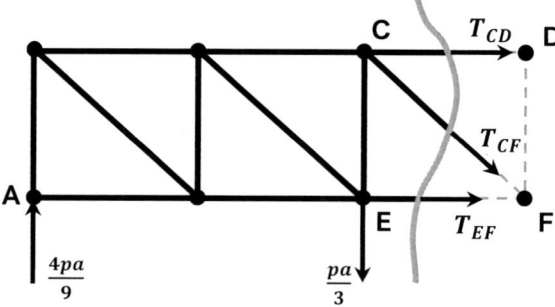

Y se toman momentos en los puntos de intersección de pares de barras (para encontrar la tercera):

$$
\left[
\begin{array}{l}
\sum M_C = 0, T_{EF} \cdot a = \dfrac{4pa}{9} \cdot 2a \rightarrow \boxed{T_{EF} = \dfrac{8pa}{9} \ \ (t)} \\[3mm]
\sum M_F = 0, \dfrac{pa}{3} \cdot a = T_{CD} \cdot a + \dfrac{4pa}{9} \cdot 3a \rightarrow \boxed{T_{CD} = -pa \ \ (c)} \\[3mm]
Y: \dfrac{4pa}{9} - \dfrac{pa}{3} - T_{CF} \dfrac{\sqrt{2}}{2} = 0 \rightarrow \boxed{T_{CF} = \dfrac{\sqrt{2}pa}{9} \ \ (t)}
\end{array}
\right.
$$

3.8. Problemas

Problema 3.1

Se dispone de un casquillo de masa M, que discurre por una guía circular atado a dos muelles ideales de rigideces $k_1 = \frac{Mg}{R}$ y $k_2 = \frac{Mg}{2R}$. El sistema se abandona en la posición de la figura.

a. Calcular el ángulo θ que forma respecto al eje x dado en la posición de equilibrio.
b. Plantear qué es lo que ocurre en caso de que el muelle 1 posea longitud inicial de valor $\sqrt{2}R$.

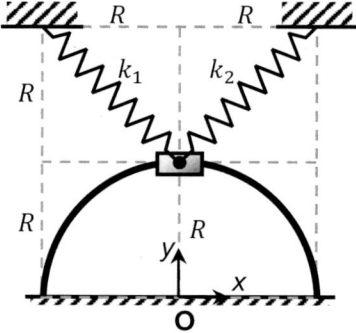

Resultados: a. $\theta = 75{,}96°$.

Problema 3.2

Mediante la estructura articulada de la figura, se pretende elevar la carga P (conocida) a través de la cadena de poleas articuladas sobre la misma estructura (puntos $ACEF$) y mediante un cierto par T (desconocido) aplicado en A. Las poleas tienen un radio $R = L/8$, sin rozamiento. Obtener en la situación de equilibrio y en función de P:

a. Valor del par T.
b. Reacciones en los apoyos A y B.
c. Fuerzas en las barras CE, DE y DF mediante el método de las secciones.

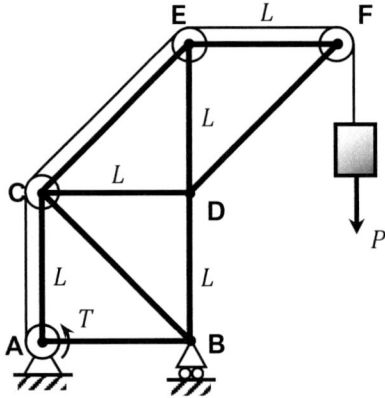

Resultados: a. $\theta = 75{,}96°$; b. $A_x = 0$; $B_y = 2P$; $A_y = P - 2P = -P$; c. $T_{CE} = P(\sqrt{2} - 1)$ (t); $T_{DF} = -\sqrt{2}P$ (c); $T_{DE} = -P$ (c).

Problema 3.3

El sistema de puente grúa $ABCD$ está constituido por dos tramos ABC y CD articulados en la rótula C. Se muestra una situación genérica donde el sistema está en reposo. Se quiere diseñar el sistema para el movimiento de piezas de hasta un máximo de $5\,Tn$. Calcular la peor posición posible de la carga (valor de x) para el conjunto de los dos apoyos A y D y el valor de sus reacciones.

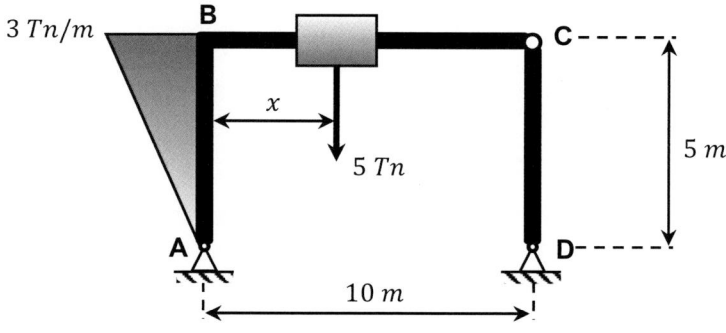

Resultados: La peor posición es sobre la rótula C: $A_y = -2{,}5\,Tn$, $C_y = 7{,}5\,Tn$.

Problema 3.4

En el rectificado sin centros, se mecaniza una pieza de gran longitud haciéndola pasar entre dos muelas y apoyándose en todo momento sobre una varilla. En un primer acercamiento al estudio estático de la operación, el sistema se considera quieto (no se considera ningún giro) y se prescinde del efecto del rozamiento. Así, se describe un sistema de fuerzas plano formado por:

- Muela principal (1): o disco de masa $2M$ con centro fijo O_1.
- Muela conductora o auxiliar (2): o disco de masa M con centro fijo O_2.
- Varilla de apoyo (3): su restricción se asume como un apoyo simple sin componente tangencial.
- Pieza (4): disco (en realidad es un cilindro) de masa $4M$ y radio R.

Calcular:

a. Valor del ángulo de la reacción en la varilla para conseguir un sistema donde las reacciones de los 3 apoyos de la pieza sean de la misma magnitud y calcular el valor de esas reacciones.
b. Valor del radio de las muelas (1) y (2) en función de R para esa condición sabiendo que los centros de las muelas están sobre la misma horizontal a una distancia $d = 2(\sqrt{3}+1)R$.
c. Reacciones en los puntos O_1 y O_2.

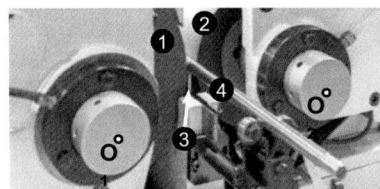

Proceso de rectificado sin centros

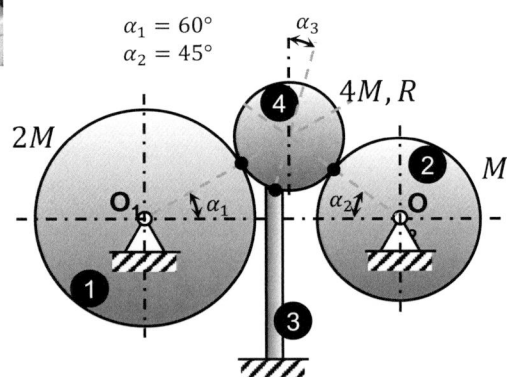

$\alpha_1 = 60°$
$\alpha_2 = 45°$
α_3
$4M, R$
$2M$
M

Resultados: a. $\alpha_3 = 11,95°$; $N = 3,517Mg$; b. $R_1 = 3R$; $R_2 = \left(\frac{4\sqrt{3}}{\sqrt{2}} - 1\right)R$; c. $O_{1x} = 1,758Mg$; $O_{1y} = 5,046Mg$; $O_{2x} = 2,487Mg$; $O_{2y} = 3,487Mg$.

Problema 3.5

Se aplica una carga oblicua P desconocida sobre el sistema de la figura formado por:

- Barra OA (1), de masa M y longitud $2\sqrt{3}R$.
- Disco (2), de centro C y masa M excéntrica concentrada en G (situado a $R/2$ del centro del disco), y de radio R.
- Disco (3), sin masa y de radio R.
- Un resorte ideal de constante k desconocida y longitud deformada $2R$ (posición de la figura).

Calcular el valor de la carga P y de la constante del resorte k si el sistema está en equilibrio en la situación mostrada.

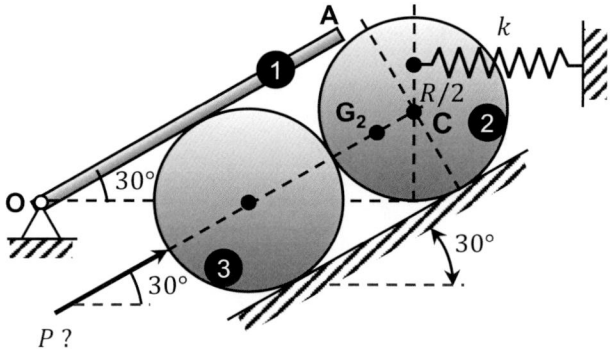

Resultados: $P = \dfrac{(2-\sqrt{3})Mg}{4}$; $k = \dfrac{Mg}{4R}$.

Problema 3.6

Las barras ABC y CDE están unidas en la articulación C. La barra CDE tiene una polea de radio $L/8$ en el punto D. Siendo $q_0 = P/L$, calcular las reacciones en los apoyos A y E.

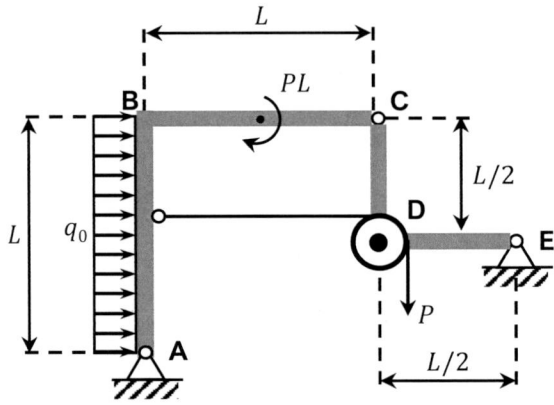

Resultados: $A_x = \frac{P}{2}$; $A_y = \frac{P}{2}$; $E_x = \frac{P}{2}$; $E_y = \frac{3P}{2}$.

Problema 3.7

El tractor de la figura soporta una carga de valor $2P$ en el punto G a través de la cadena cinemática $ABCDEF$ de la figura. Los pesos propios de los elementos barra se desprecian frente a la carga $2P$.

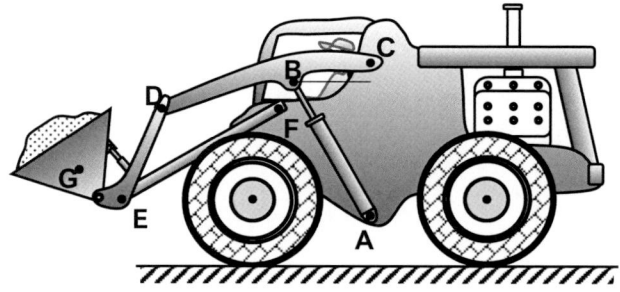

Puesto que hay simetría entre los dos semiejes del tractor, se va a simplificar el problema a un caso plano (considerando una carga P). A continuación, se describen los elementos para el equilibrio estático:

- Elemento 1 (AB) cilindro neumático: articulado en A (punto fijo) y en B al elemento 2.
- Elemento 2 (BCD): articulado en punto fijo C, en B al elemento 1 y en D al elemento 3.
- Elemento 3 (EF): articulado en punto fijo F y en E al elemento 4.
- Elemento 4 (DEG): articulado en D al elemento 2 y en E al elemento 3. El émbolo neumático está bloqueado en la posición dada, con lo cual se considerará el conjunto con la carga aplicada en G como un único elemento.

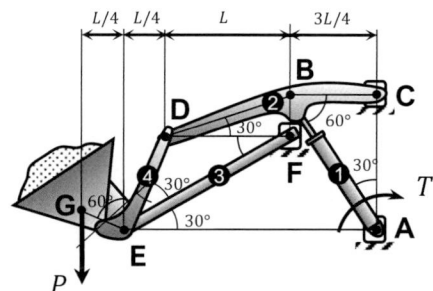

Calcular el par T que hay que aplicar sobre la barra 1 para mantener el equilibrio.

Resultados: $T = \left(14 - 2\sqrt{3}\right)PL$.

Tema 4:

Rozamiento

Tema 4: Rozamiento

4.1. Introducción

- Se define a la fuerza de rozamiento como una **fuerza de resistencia pasiva, (opuesta al movimiento) y generada en el plano de tangencia entre las dos superficies en contacto**.

- Suele hablarse de dos tipos de rozamiento: **el que aparece entre las láminas de un fluido en movimiento** y **el que tiene lugar en el contacto entre sólidos**. Al primero se le conoce como **rozamiento viscoso**; al segundo, para distinguirlo del primero, se llama **rozamiento seco (o de Coulomb)** y será el estudiado en este tema.

- Si a una masa apoyada sobre un suelo rugoso se le aplica una fuerza horizontal F con valores crecientes en el tiempo, se observa que la masa no sufre desplazamiento hasta que la fuerza aplicada F alcanza un cierto valor. Esto supone que la masa está en equilibrio, para lo cual se necesita que la **resultante del sistema de vectores formado por el peso, la fuerza aplicada F y la fuerza de enlace (vínculo de la masa con el suelo) sea nula**. De esta manera, la reacción en el suelo tiene dos componentes una vertical N, que equilibra al peso y otra horizontal F_r que anula a la fuerza aplicada:

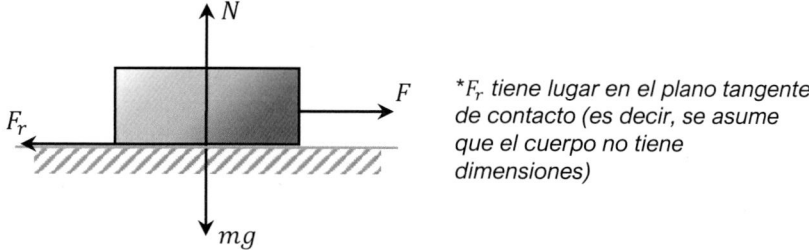

F_r tiene lugar en el plano tangente de contacto (es decir, se asume que el cuerpo no tiene dimensiones)

- Si se prosigue el experimento con valores crecientes de F, la fuerza de rozamiento aumenta para mantener el equilibrio, hasta alcanzado un límite donde ya no puede seguir creciendo y la masa comienza a moverse. **La situación extrema *inmediatamente* anterior a que se produzca la rotura del equilibrio se llama *equilibrio estricto*.** A partir de ese instante, la masa se acelera, y se comprueba que la fuerza de rozamiento disminuye cuando crece la velocidad del cuerpo.

- Lo anterior puede representarse mediante una gráfica que proporciona la **relación entre la fuerza aplicada y la evolución de la fuerza pasiva**:

- El análisis de los resultados de experimentos similares al que se ha descrito, permitió a Coulomb formular sus leyes de rozamiento:

  - Antes de iniciarse el movimiento relativo entre superficies, la fuerza de rozamiento es siempre menor que un valor máximo proporcional a la normal N. Este **valor F_{rs} de la fuerza de rozamiento en equilibrio estricto es**:

  $$F_{rs} = f_s N$$

  - El coeficiente de proporcionalidad f_s es adimensional y se considera **independiente del área de las superficies en contacto, aunque depende de su naturaleza (estado, acabado superficial, lubricación) y de la temperatura**. Este coeficiente se llama **coeficiente de rozamiento estático**.

  - Una vez roto el equilibrio, si la masa se mueve con velocidad constante, se verifica también que la fuerza de rozamiento F_{rk} es igual a la fuerza aplicada y de valor:

  $$F_{rk} = f_k N$$

  - El coeficiente f_k se llama de **rozamiento cinético**: 1) disminuye cuando aumenta la velocidad; 2) es menor que el coeficiente de rozamiento estático (aunque para velocidades muy pequeñas, $f_s \approx f_k$).

  - Para problemas donde no se ha iniciado el movimiento, utilizaremos el valor límite $f_s = f$.

  - En el equilibrio, la reacción R de la superficie sobre la masa, se mantiene en el interior de un cono llamado **cono de rozamiento**. Así, se define en el equilibrio estricto un **ángulo de rozamiento** φ tal que:

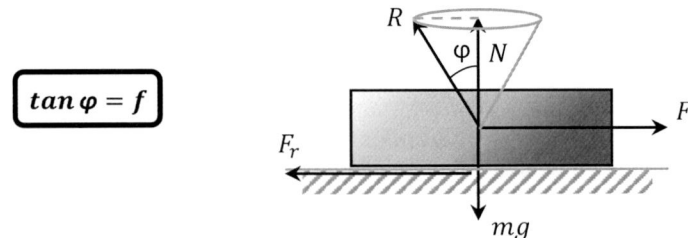

$$\tan \varphi = f$$

Ejemplo 1: Estudio de deslizamiento

Una barra homogénea de longitud L y masa m descansa sobre una pista circular fija de radio $0,6L$. Se aplica en el extremo derecho de la barra una carga P (desconocida), perpendicular a la barra en todo momento. Sabiendo que el deslizamiento es inminente cuando la barra se inclina 20° respecto a la horizontal, calcular el valor del coeficiente de rozamiento f.

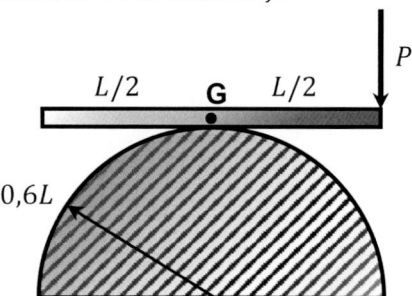

Se busca el diagrama de sólido libre de la barra (elemento con masa) en el instante inminente de deslizamiento:

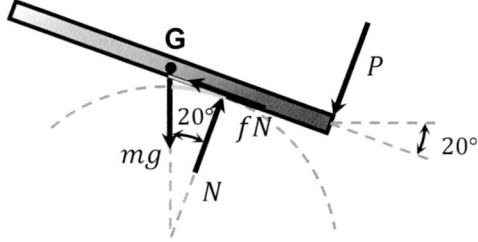

Hasta el momento de deslizamiento inminente, la barra rueda sobre la superficie circular. Despreciando el grosor de la barra:

$$X: \quad mg \cdot sin20° - fN = 0 \quad (1)$$
$$Y: \quad N - mg \cdot cos20° - P = 0 \quad (2)$$
$$M_G = 0: \quad N \cdot 0,6L\frac{20\pi}{180} = P \cdot 0,5L \quad (3)$$

De (2)-(3), se obtiene P:

$$mg \cdot cos20° + P = P \cdot 0,5L\frac{180}{20\pi \cdot 0,6L}$$

$$P\left(\frac{180 \cdot 0,5L}{20\pi \cdot 0,6L} - 1\right) = mg \cdot cos20° \rightarrow P = \frac{cos20°}{\left(\frac{180 \cdot 0,5}{20\pi \cdot 0,6} - 1\right)}mg = 0,677mg$$

Y sustituyendo en (1):

$$f = \frac{mg \cdot sin20°}{N} = \frac{mg \cdot sin20°}{mg \cdot cos20° + 0,39mg} = \frac{sin20°}{cos20° + 0,677} = \boxed{0,21}$$

Ejemplo 2: Estudio de deslizamiento entre cuñas. Concepto de autorretención

En el sistema de cargas P y Q de la figura, la carga Q desconocida se mantiene lateralmente sostenida entre dos paredes (de rozamiento despreciable) y trata de elevarse por medio de la carga conocida P. El coeficiente de rozamiento entre la carga Q y la cuña superior y entre ambas cuñas es f_1, conocido. El coeficiente de rozamiento entre cuña inferior y suelo es f_0, desconocido. Calcular:

a. Coeficiente de rozamiento mínimo f_0 para elevar la carga Q.
b. Coeficiente de rozamiento mínimo f_0 para sostener la carga Q, al eliminar la carga P.

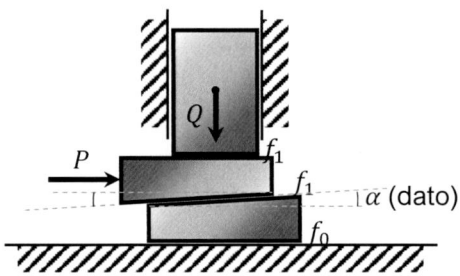

a.

Planteando el diagrama de sólido libre en cuñas y en la carga Q en el inicio de ascenso inminente, resulta un sistema de cinco ecuaciones con cinco incógnitas $Q - N_2 - N_1 - N_0 - f_0$:

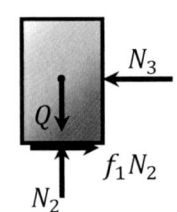

$$Y: \ \boldsymbol{N_2 = Q} \quad (1)$$

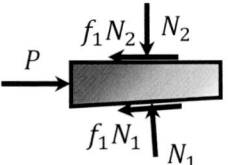

$$X: P - f_1 N_2 - f_1 N_1 \cos\alpha - N_1 \sin\alpha = 0 \quad (2)$$
$$Y: N_1 \cos\alpha - f_1 N_1 \sin\alpha - N_2 = 0 \quad (3)$$

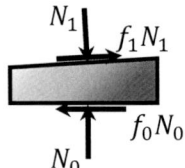

$$X: f_1 N_1 \cos\alpha - f_0 N_0 + N_1 \sin\alpha = 0 \quad (4)$$
$$Y: N_0 - N_1 \cos\alpha + f_1 N_1 \sin\alpha = 0 \quad (5)$$

Sustituyendo (1) en (2) y (3), y modificando convenientemente:

$$P = f_1 Q + N_1(sin\alpha + f_1 \, cos\alpha) \quad (2)$$
$$N_1 = \frac{Q}{(cos\alpha - f_1 sin\alpha)} \quad (3)$$

$$Q = \frac{P}{\left(f_1 + \frac{sin\alpha + f_1 cos\alpha}{cos\alpha - f_1 sin\alpha}\right)}$$

$$\rightarrow N_1 = \frac{P}{\left(2f_1 cos\alpha - f_1{}^2 sin\alpha + sin\alpha\right)}$$

Sustituyendo en (5), se obtiene N_0:

$$N_0 = N_1(cos\alpha - f_1 sin\alpha) = \frac{(cos\alpha - f_1 sin\alpha)P}{\left(2f_1 cos\alpha - f_1{}^2 sin\alpha + sin\alpha\right)}$$

Y sustituyendo en (4), se obtiene f_0:

$$f_0 = \frac{N_1}{N_0}(sin\alpha + f_1 \, cos\alpha) = \frac{\frac{P}{\left(2f_1 cos\alpha - f_1{}^2 sin\alpha + sin\alpha\right)}}{\frac{(cos\alpha - f_1 sin\alpha)P}{\left(2f_1 cos\alpha - f_1{}^2 sin\alpha + sin\alpha\right)}}(sin\alpha + f_1 \, cos\alpha)$$

$$\boxed{f_0 = \frac{sin\alpha + f_1 cos\alpha}{cos\alpha - f_1 sin\alpha}}$$

Observar que este valor no depende de las cargas P-Q

b.

Al eliminar la carga, el sistema puede mantenerse en equilibrio. Es lo que se conoce como autorretención. Al igual que en el caso anterior, se plantea el diagrama de sólido libre en el inicio de descenso inminente, y haciendo $P = 0$:

$$X: f_1 Q + f_1 N_1 cos\alpha - N_1 sin\alpha = 0 \quad (2)$$
$$Y: N_1 cos\alpha + f_1 N_1 sin\alpha - Q = 0 \quad (3)$$

Condición que controla el deslizamiento inminente de la cuña inferior (movimiento en X)

$$X: -f_1 N_1 cos\alpha + f_0 N_0 + N_1 sin\alpha = 0 \quad (4)$$
$$Y: N_0 - N_1 cos\alpha - f_1 N_1 sin\alpha = 0 \quad (5)$$

Utilizando (4) y (5):

$$f_0 N_0 = N_1(f_1 cos\alpha - sin\alpha) \quad (4)$$
$$N_0 = N_1(cos\alpha + f_1 sin\alpha) \quad (5)$$

$$\frac{N_1}{f_0}(f_1 cos\alpha - sin\alpha) = N_1(cos\alpha + f_1 sin\alpha)$$

$$\boxed{f_0 = \frac{f_1 cos\alpha - sin\alpha}{f_1 sin\alpha + cos\alpha}}$$

Observar que este valor debe ser inferior al obtenido en el apartado a.

Ejemplo 3: Estudio de rozamiento por deslizamiento y vuelco

La barra homogénea ABC de longitud $15a$ (donde a es conocido) y peso conocido P descansa apoyada sobre un escalón y un bloque de peso Q. El coeficiente de resistencia al deslizamiento entre bloque y suelo y entre el bloque y la barra ABC es $f = 0,2$. Calcular el valor mínimo de Q (en función de P) antes de la pérdida del equilibrio debido al a) inicio de deslizamiento; b) inicio del vuelco del bloque.

Nota: La esquina en A se puede modelizar como una articulación fija.

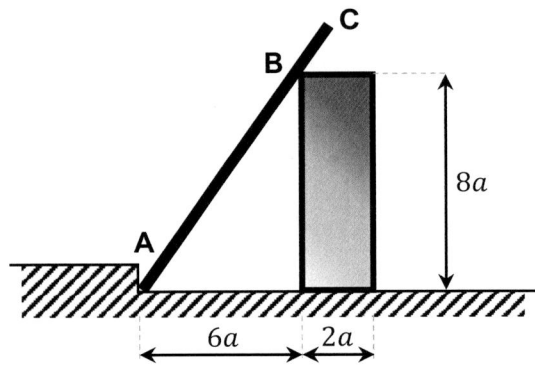

a.

Se busca el diagrama de sólido libre de la barra y del bloque en el instante inminente de deslizamiento:

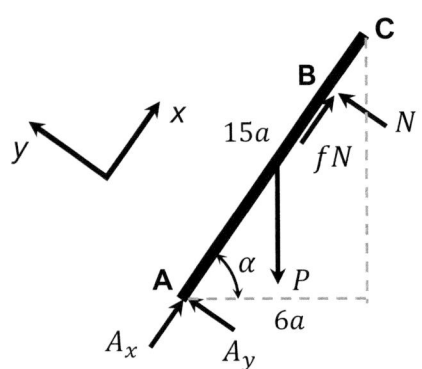

$X:\ A_x + fN - P \cdot sin\alpha = 0$ (1)

$Y:\ A_y + N - P \cdot cos\alpha = 0$ (2)

$\sum M_A = 0:\ P \cdot cos\alpha \cdot \dfrac{15}{2} = N \cdot 10a$ (3)

Observar que (1) y que (2) únicamente son necesarias para calcular A_x, A_y

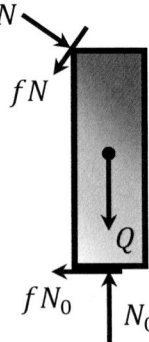

$X:\ -fN \cdot cos\alpha + N \cdot sin\alpha - fN_0 = 0$ (4)

$Y: N_0 - N \cdot cos\alpha - fN \cdot sin\alpha - Q = 0$ (5)

Observar que no se necesita la de momentos, ya que hay 3 incógnitas $Q - N_0 - N$

De (3): $N = \frac{9P}{20}$

Y sustituyendo N en (4) y (5):

$$
\left[
\begin{array}{l}
N_0 = -\frac{9P}{20} \cdot cos\alpha + \frac{10 \cdot 9P}{40} \cdot sin\alpha = -\frac{9P}{20} \cdot \frac{6}{10} + \frac{10 \cdot 9P}{40} \cdot \frac{8}{10} = \frac{-54P + 360P}{200} = \frac{153P}{100} \\
Q = N_0 - \frac{9P}{20} \cdot cos\alpha - \frac{2 \cdot 9P}{200} \cdot sin\alpha
\end{array}
\right.
$$

$$\longrightarrow \quad Q = \frac{153P}{100} - \frac{54P}{200} - \frac{72P}{1000} = \frac{1530 - 270 - 72}{1000}P = \boxed{\frac{297}{250}P}$$

que indica el peso mínimo del bloque antes del inicio del deslizamiento.

b.

Se busca el diagrama de sólido libre del bloque en el momento del vuelco (observar que la normal se aplica sobre el punto O):

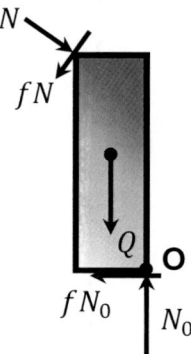

$\sum M_O = 0$,

$$Q \cdot a + fN \cdot cos\alpha \cdot 8a + fN \cdot sin\alpha \cdot 2a + N \cdot cos\alpha \cdot 2a - N \cdot sin\alpha \cdot 8a = 0 \quad (6)$$

$$Q + fN \cdot \frac{6}{10} \cdot 8 + fN \cdot \frac{8}{10} \cdot 2 + N \cdot \frac{6}{10} \cdot 2 - N \cdot \frac{8}{10} \cdot 8 = 0$$

$$Q = \frac{640 - 96 - 32 - 120}{100}N = \frac{392}{100}N = \frac{392}{100} \cdot \frac{9P}{20} = \frac{1764}{1000}P = \boxed{\frac{441}{250}P}$$

, que indica el peso mínimo del bloque antes del inicio del vuelco. Por tanto, se produce antes deslizamiento que vuelco.

4.2. Rodadura y deslizamiento (disco)

- Cuando se trate de un disco en contacto con el suelo, puede existir deslizamiento o rodadura que son casos autoexcluyentes. En caso de rodadura, no hay deslizamiento entre disco y superficie. Por lo tanto, la **fuerza de rozamiento cumple la condición de ser menor que la fuerza en el deslizamiento:**

$$F_r < F_{rs} = f_s N$$

- Así, para que se produzca rodadura, es necesario que la **fuerza de rozamiento máxima (disponible) sea elevada, o porque el coeficiente de rozamiento sea grande o debido a la normal** (luego a la masa del cuerpo).

Recomendaciones en problemas de rozamiento con discos

- **El hecho de que se proporcione como dato f coeficiente de rozamiento entre superficies, no implica que haya que sustituir la componente tangencial como fN en todos los contactos entre superficies.**

- Como criterio general, **el número de ecuaciones disponibles es un buen indicador para determinar el número de incógnitas** (en Estática, n° ecuaciones = n° incógnitas).

- Que exista rodadura en un punto, **no implica decir que haya que considerar el fenómeno de resistencia a la rodadura** (con la normal adelantada o retrasada respecto a la vertical). Solo considerar resistencia a la rodadura cuando se pida explícitamente μ_r o cuando se proporcione como dato.

CASOS

- **Si hay 1 disco con una sola cara de contacto con otra superficie:** puede haber rodadura o deslizamiento. Puede decirse expresamente en el problema y entonces se impone la condición que corresponda, o puede ser que haya que determinarlo. En equilibrio estático, deben obtenerse tantas ecuaciones como incógnitas.

- **Si hay un disco con más de una cara en contacto con otras superficies (ver ejemplo resuelto siguiente*):** hay que determinar dónde hay deslizamiento y dónde rodadura (no necesariamente existe deslizamiento en todas las superficies a la vez!).

- **Si hay varios discos con varias caras de contacto con otras superficies (o entre ellos):** lo mismo que en el caso anterior.

- **Discos + bloques (o barras):** si suponemos deslizamiento en el disco, no tiene por qué existir deslizamiento al mismo tiempo en el bloque o en la barra (no tiene por qué alcanzarse el límite disponible al mismo tiempo en todos los pares de superficies). Es decir, el bloque (o la barra) acabará por deslizar, pero si se supone deslizamiento en el disco, no debe suponerse deslizamiento en el bloque (fN) sino otra incógnita más.

Ejemplo 4: Ejercicios con discos

Ejemplo 4.1: Barra apoyada en A y articulada en B a disco, sometido este a un momento T.

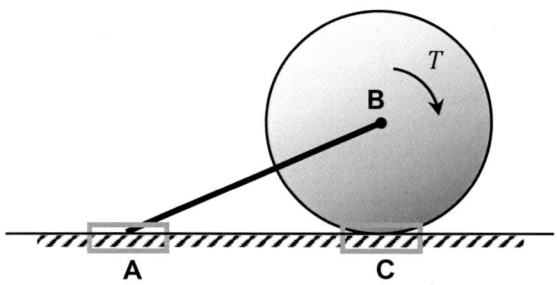

La rotura del equilibrio viene por **una de las 2 causas**:

1) La barra AB desliza en A (lo cual no quiere decir que en el mismo instante haya deslizamiento en C). En general, se asumirá rodadura en C.

o 2) El disco desliza en C, lo cual implica asumir en A que aún no se ha llegado a la fuerza de deslizamiento máxima. Es decir, no necesariamente hay deslizamiento límite simultáneo en A y en C.

Ejemplo 4.2: Disco apoyado en B sobre cuña inclinada y en pared en punto A. Se desprecia la componente tangencial en el contacto cuña-suelo.

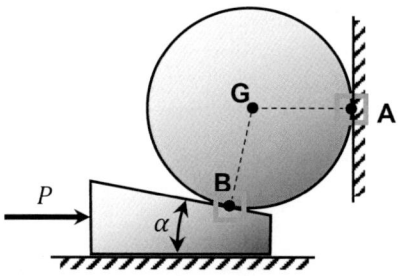

La rotura del equilibrio viene por **una de las 2 causas**:

1) Deslizamiento en A (en cuyo caso, suponemos rodadura en B).

o 2) Deslizamiento en B (en cuyo caso, suponemos rodadura en A).

Es decir, no necesariamente por deslizamiento límite simultáneo en A y en B.

Ejemplo 5: Estudio de rozamiento en disco

Sea el sistema de la figura formado por una cuña de α ángulo con el plano horizontal (se desprecia la fricción entre cuña y suelo) y un disco homogéneo de masa m y radio R, el cual se pretende elevar. El coeficiente de fricción entre cuña-disco y disco-pared es $f = 0,25$, siendo $\alpha = 12°$. Se desprecia la fricción entre los rodillos de la cuña y suelo y el ángulo. Calcular: a. Fuerza P para elevar el disco; b. Fuerza de rozamiento en B.

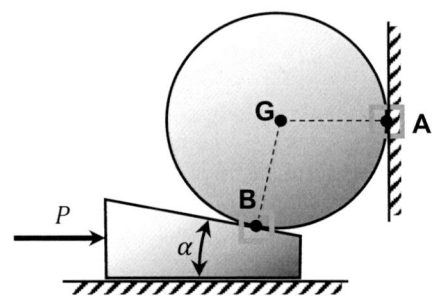

En principio, **no tiene por qué producirse deslizamiento en A y B al mismo tiempo**. Existen dos posibilidades:

1) Deslizamiento en A: $F_{r,A} = fN_A$ y $F_{r,B} \leq fN_B$
2) Deslizamiento en B: $F_{r,B} = fN_B$ y $F_{r,A} \leq fN_A$

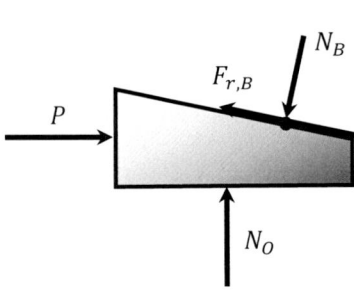

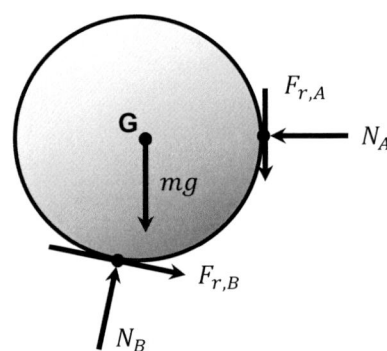

$$P - F_{r,B}\cos\alpha - N_B\sin\alpha = 0 \quad (1)$$
$$N_O + F_{r,B}\sin\alpha - N_B\cos\alpha = 0 \quad (2)$$

No tiene sentido ecuación de momentos, las fuerzas son concurrentes en un punto (no existen dimensiones para la cuña)

$$F_{r,B}\cos\alpha + N_B\sin\alpha - N_A = 0 \quad (3)$$
$$N_B\cos\alpha - F_{r,B}\sin\alpha - F_{r,A} - mg = 0 \quad (4)$$
$$F_{r,B} \cdot R = F_{r,A} \cdot R \quad (5)$$

1) Si desliza en A: $F_{r,A} = fN_A$ y $F_{r,B} \leq fN_B$

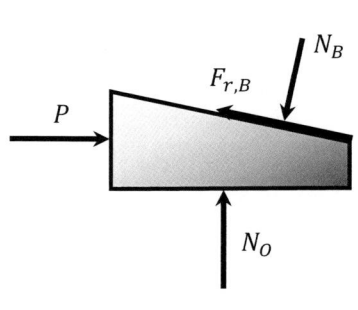

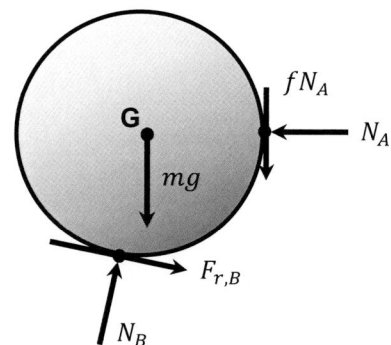

$$P - F_{r,B}\cos\alpha - N_B\sin\alpha = 0 \quad (1)$$
$$N_O + F_{r,B}\sin\alpha - N_B\cos\alpha = 0 \quad (2)$$

$$F_{r,B}\cos\alpha + N_B\sin\alpha - N_A = 0 \quad (3)$$
$$N_B\cos\alpha - F_{r,B}\sin\alpha - fN_A - mg = 0 \quad (4)$$
$$F_{r,B} \cdot R = fN_A \cdot R \quad (5)$$

- Se introduce la condición de deslizamiento en A (matemáticamente, se elimina una incógnita en el sistema).

- La ecuación (2) se resuelve para el cálculo de la normal en el suelo N_O si así se pidiera. No es necesaria para la resolución.

- En realidad, se dispone de cuatro ecuaciones con cuatro incógnitas (descontando N_O).

- Sustituyendo (5) en (3) y (4): se puede calcular N_A (y posteriormente, N_B):

  - De (3): $N_B\sin\alpha = N_A(1 - f\cos\alpha)$
  - De (4): $N_B\cos\alpha = N_A(f + f\sin\alpha) + mg$

  $$\rightarrow \tan\alpha = \frac{N_A(1 - f\cos\alpha)}{N_A f(1 + \sin\alpha) + mg} \quad \rightarrow N_A$$
  $$\rightarrow N_B$$

- Y finalmente comprobar que en B no se alcanza deslizamiento (habría rodadura): $F_{r,B} \leq fN_B$. Lo cual se cumple.

- Calcular P con (1).

- En este caso, no es necesario verificar **la condición 2)**, ya que hemos comprobado que la **hipótesis 1) es correcta**, pero se plantearía de forma similar. Veámoslo.

2) Si desliza en B: $F_{r,B} = fN_B$ y $F_{r,A} \leq fN_A$

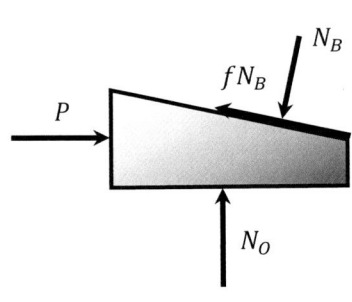

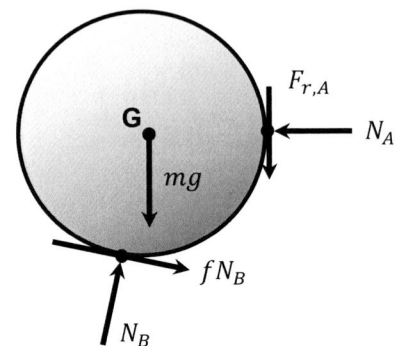

$P - fN_B cos\alpha - N_B sin\alpha = 0$ (1)

$N_O + fN_B sin\alpha - N_B cos\alpha = 0$ (2)

$fN_B cos\alpha + N_B sin\alpha - N_A = 0$ (3)

$N_B cos\alpha - fN_B sin\alpha - F_{r,A} - mg = 0$ (4)

$fN_B \cdot R = F_{r,A} \cdot R$ (5)

- Se introduce la condición de deslizamiento en B (matemáticamente, se elimina una incógnita en el sistema).

- La ecuación (2) se resuelve para el cálculo de la normal en el suelo N_O si así se pidiera. No es necesaria para la resolución.

- Nuevamente, se dispone de cuatro ecuaciones con cuatro incógnitas.

- Sustituyendo (5) en (4): se puede calcular N_A (y posteriormente, N_B):

    - De (4): $N_B cos\alpha - fN_B(1 + sin\alpha) - mg = 0 \rightarrow N_B = \dfrac{mg}{cos\alpha - f(1 + sin\alpha)}$

    - De (3): $N_A = \dfrac{mg(f cos\alpha + sin\alpha)}{cos\alpha - f(1 + sin\alpha)}$

- Y finalmente comprobar que en A no se alcanza deslizamiento (habría rodadura): $F_{r,A} \leq fN_A$. Comprobémoslo:

$$\left.\begin{array}{l} F_{r,A} = fN_B = \dfrac{f \cdot mg}{cos\alpha - f(1 + sin\alpha)} \\[3mm] fN_A = \dfrac{f \cdot mg(f cos\alpha + sin\alpha)}{cos\alpha - f(1 + sin\alpha)} \end{array}\right\} \quad \dfrac{f \cdot \cancel{mg}}{\cancel{cos\alpha - f(1 + sin\alpha)}} \leq \dfrac{f \cdot \cancel{mg}(f cos\alpha + sin\alpha)}{\cancel{cos\alpha - f(1 + sin\alpha)}}$$

$$1 \leq (0{,}25 \cdot cos\alpha + sin\alpha)$$

No se cumple (siendo $\alpha = 12°$)

4.3. Resistencia a la rodadura

- La experiencia demuestra que al aplicar una fuerza F a un disco o a una rueda en reposo sobre un plano horizontal, permanece en equilibrio hasta que la fuerza supera un determinado valor. Esto se debe a que **tanto rueda como suelo se deforman originando el desplazamiento del punto de aplicación de la fuerza de enlace e inclinando su dirección respecto a la vertical.**

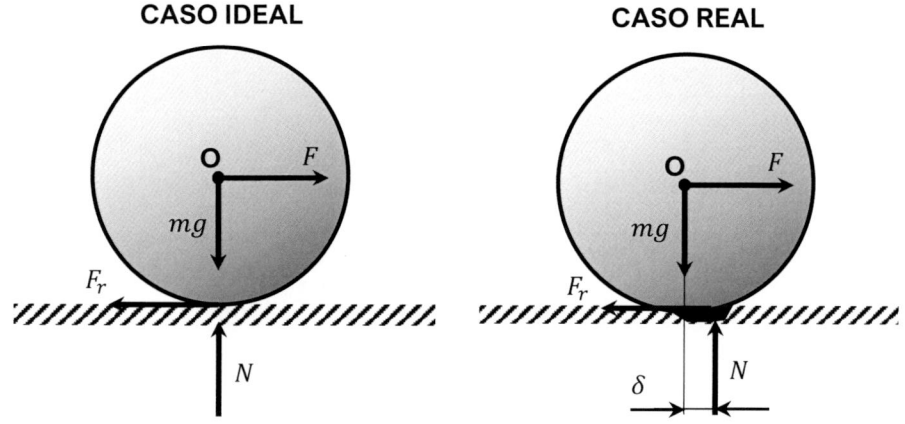

CASO IDEAL

Del equilibrio:

$$X: F = F_r$$
$$Y: N = mg$$
$$M: \quad ?$$

CASO REAL

Del equilibrio:

$$X: F = Fr$$
$$Y: N = mg$$
$$M: N \cdot \delta = F_r \cdot R$$

- donde δ **es el coeficiente de resistencia a la rodadura (también se suele notar como μ_r)**, con unidades de longitud. Se deduce que el valor máximo de fuerza horizontal compatible con el equilibrio de la rueda es:

$$F = \frac{mg\delta}{R}$$

Ejemplo 6: Estudio de rozamiento por deslizamiento y resistencia a la rodadura

Una viga sometida a la carga puntual P conocida está apoyada sobre una superficie horizontal mediante dos discos de radio R. Se proporcionan los coeficientes de rozamiento por deslizamiento entre viga-discos (f), entre discos-suelo (f_0) y de resistencia a la rodadura entre discos-viga (μ_r) y discos-suelo (μ_{r0}). Calcular la carga Q mínima (en función de P) en los siguientes casos:

a. Deslizamiento entre viga-discos.
b. Deslizamiento entre discos-suelo.
c. Rodadura en discos.

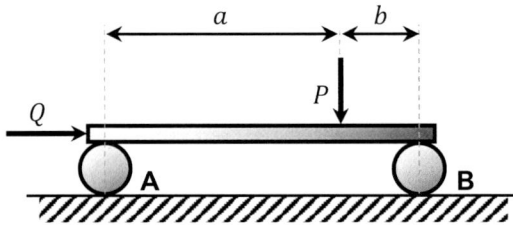

a.

Planteando el diagrama de sólido libre en la viga (y sin necesidad de acudir a los discos):

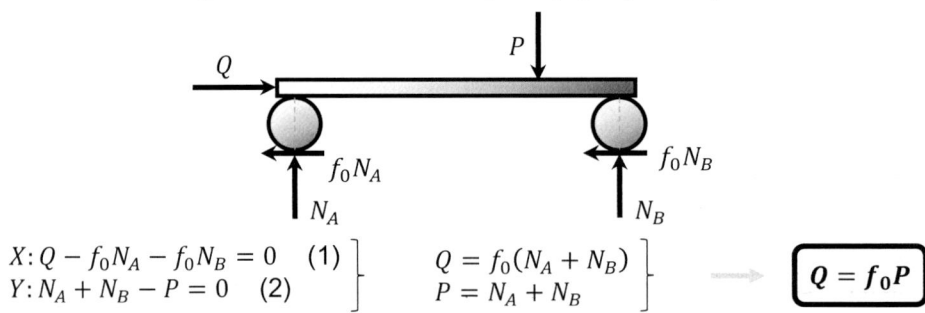

$$X: Q - fN_A - fN_B = 0 \quad (1)$$
$$Y: N_A + N_B - P = 0 \quad (2)$$

$$\left. \begin{array}{l} Q = f(N_A + N_B) \\ P = N_A + N_B \end{array} \right\} \quad \longrightarrow \quad \boxed{Q = fP}$$

b.

Planteando el diagrama de sólido libre completo (vigas y discos):

$$X: Q - f_0 N_A - f_0 N_B = 0 \quad (1)$$
$$Y: N_A + N_B - P = 0 \quad (2)$$

$$\left. \begin{array}{l} Q = f_0(N_A + N_B) \\ P = N_A + N_B \end{array} \right\} \quad \longrightarrow \quad \boxed{Q = f_0 P}$$

c.

Planteando el diagrama de sólido libre completo:

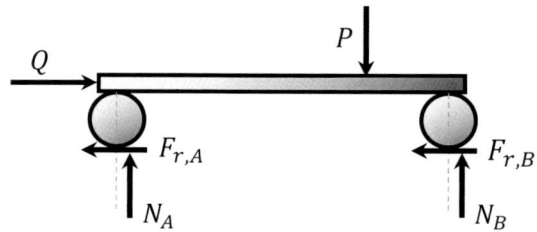

*Observar que las normales deben estar retrasadas (no adelantadas) respecto
de la vertical la distancia μ_{r0} para cumplir el equilibrio de momentos*

$$X: Q - F_{r,A} - F_{r,B} = 0 \quad (1)$$
$$Y: N_A + N_B - P = 0 \quad (2)$$

$$Q = F_{r,A} + F_{r,B}$$
$$P = N_A + N_B$$

Y planteando el equilibrio en los discos:

*Observar que: 1) necesariamente hay rodadura entre viga-discos y entre discos-suelo; 2) las normales entre
viga-disco deben estar retrasadas respecto de la vertical la distancia μ_r para cumplir equilibrio de momentos*

$$X: F_{r,A} = F_{r',A} \quad (3) \qquad\qquad X: F_{r,B} = F_{r',B} \quad (6)$$
$$Y: N_A = N_A' \quad (4) \qquad\qquad Y: N_B = N_B' \quad (7)$$
$$M: F_{r,A} \cdot 2R = N_A(\mu_r + \mu_{r0}) \quad (5) \qquad M: F_{r,B} \cdot 2R = N_B(\mu_r + \mu_{r0}) \quad (8)$$

$$\rightarrow Q = F_{r,A} + F_{r,B} = \frac{N_A(\mu_r + \mu_{r0})}{2R} + \frac{N_B(\mu_r + \mu_{r0})}{2R} = \frac{(\mu_r + \mu_{r0})}{2R}(N_A + N_B) = \frac{(\mu_r + \mu_{r0})}{2R}P$$

$$\boxed{Q = \frac{(\mu_r + \mu_{r0})}{2R}P}$$

4.4. Problemas

Problema 4.1

Se desea conocer cuál de los dos vehículos siguientes, tracción delantera o trasera, derrapa antes al subir una pendiente de ángulo θ. Para ello, se pide determinar el valor del ángulo θ para el cual ocurre el derrape en cada caso. Datos del problema: masa del coche M y rozamiento entre rueda y rampa f, dimensiones en las figuras.

Nota: Despreciar la componente tangencial en la rueda que no tracciona.

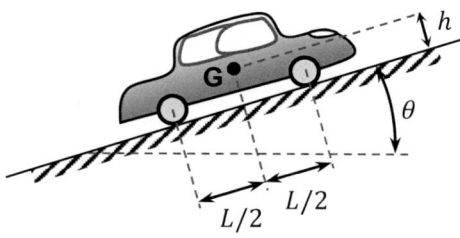

Resultados: tracción delantera $\tan\theta = \dfrac{fL}{2(L+fh)}$; tracción trasera $\tan\theta = \dfrac{fL}{2(1-fh)}$.

Problema 4.2

Para la medición experimental del coeficiente de rozamiento entre dos materiales – punto de contacto C entre elementos (0) y (2)-, se utiliza el dispositivo de la figura formado por: a) un brazo AOB (1) articulado en O. El brazo dispone de un contrapeso, de tal forma que el centro de gravedad se confunde con el punto O. $\overline{OA} = L$; b) un disco (2) de peso P y radio R articulado con (1) en su centro A. Además, dispone de un hilo arrollado que soporta pesos conocidos p. El hilo y sus pesos pueden arrollarse por ambos lados del disco a una distancia r del centro A.

Expresar el coeficiente de rozamiento en función de los pesos P y p.

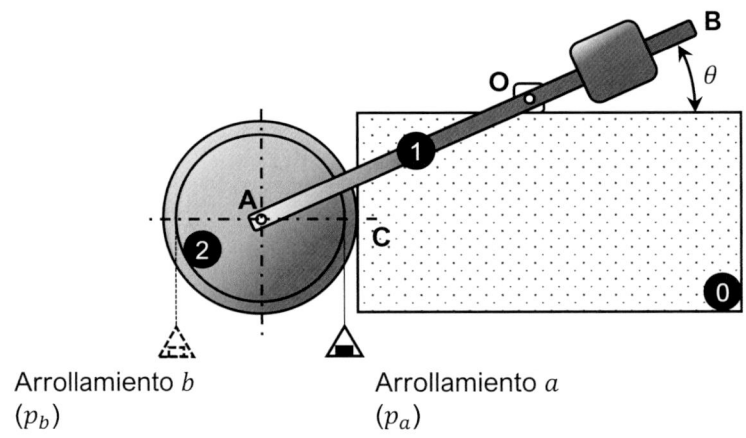

Arrollamiento b
(p_b)

Arrollamiento a
(p_a)

Resultados: $f = \dfrac{r \cdot tan\theta}{\left(\dfrac{P}{p_a}+1\right)R-r}$(sentido arrollam. a); $f = \dfrac{r \cdot tan\theta}{\left(\dfrac{P}{p_b}+1\right)R+r}$(sentido arrollam. b).

Problema 4.3

El mecanismo de la figura muestra un sistema para accionar el movimiento de traslación del eje vertical Z de una máquina. Está formado por dos barras AB y BC de masa despreciable, todas ellas articuladas. La barra AB está articulada en B a la barra BC. Esta a su vez está articulada en C al elemento intermedio entre la guía prismática y el carro (no representado). Se asume que el peso del conjunto carro-elemento intermedio está aplicado en C, de valor P desconocido. Se aplica un momento (positivo) $M = 20\ Nm$ sobre la barra AB. Sabiendo que el coeficiente de resistencia al deslizamiento es $f = 0{,}3$, calcular el valor máximo y mínimo de P para conservar el equilibrio (situación mostrada en la figura).

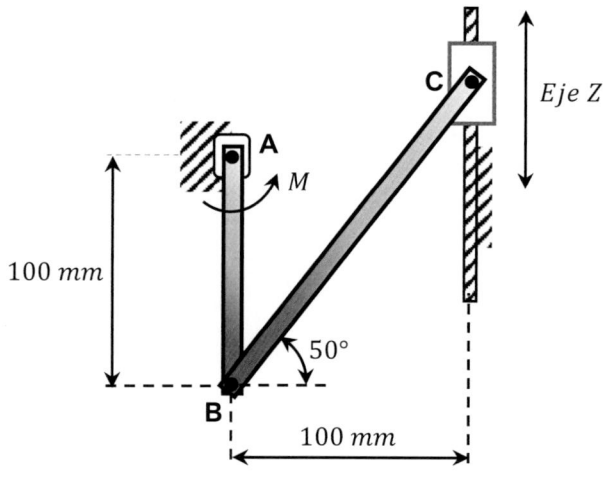

Resultados: $178 < P < 298$.

Problema 4.4

Se dispone del sistema de la figura formado por un bloque de masa M y dimensiones despreciables unido a un disco de masa $2\sqrt{2}Mg$ y radio R mediante un hilo inextensible. Se aplica un par P de valor desconocido. Si el coeficiente de rozamiento es el mismo entre todos los pares de superficies e igual a $f = 0,5$, calcular:

a. Valor del par P y tensión en el hilo T en la situación de equilibrio límite.
b. Valor umbral del coeficiente de fricción f_{lim} para que en el disco exista rodadura.

Nota: Despreciar las dimensiones del bloque (1).

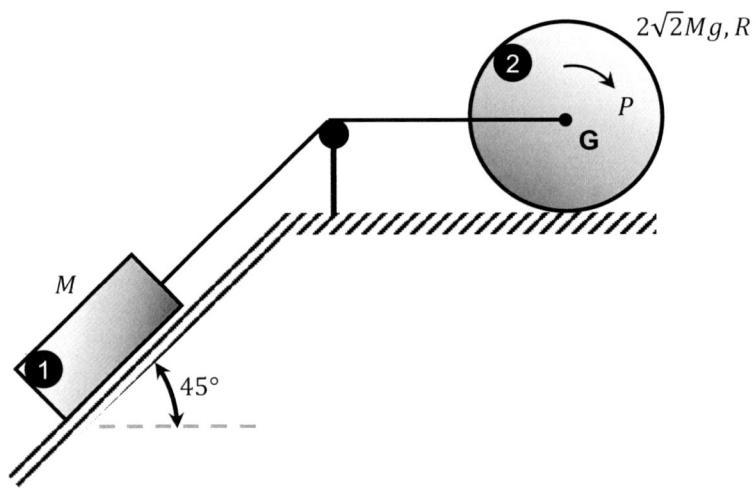

Resultados: a. $T = \frac{3\sqrt{2}Mg}{4}$; $P = \frac{3\sqrt{2}MgR}{4}$; b. $f \geq \frac{1}{3}$.

Problema 4.5

Se dispone del sistema en equilibrio estricto formado por una estructura articulada $ABCDEF$ (de masa despreciable), la cual está sometida a una carga puntual horizontal $2pL$ (aplicada en D) y a una carga triangular de valor máximo $q\,[N/m]$ desconocido. Esta estructura está conectada a un disco de masa M y radio $L/2$ mediante un hilo inextensible, el cual está arrollado a una polea. Sobre el disco se aplica un par conocido pL^2. Calcular:

a. Tensión en el hilo y reacciones en el contacto del disco con el suelo en J.
b. Reacciones en A y fuerzas internas sobre las barras CD, EF, FD.

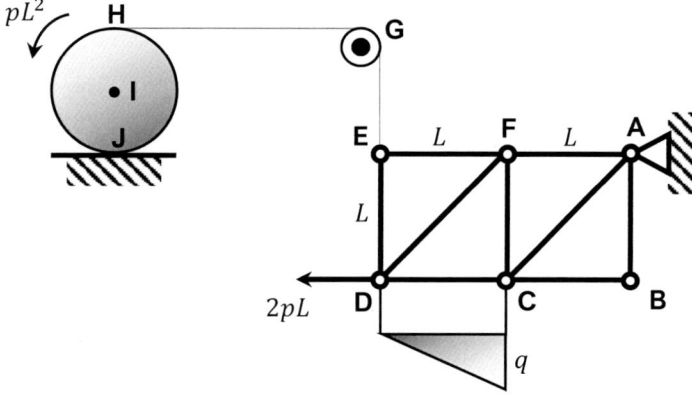

Resultados: a. $T = pL$; $F_{roz} = pL$; b. $T_{CD} = 2pL$ (t); $T_{EF} = 0$; $T_{FD} = 0$.

Problema 4.6

Se muestra la operación de fresado de la figura con un sistema de fuerzas espacial, el cual está formado por cuatro elementos que se describen a continuación:

- Herramienta de corte (1): que se mueve horizontalmente generando una fuerza horizontal de valor P aplicada en el punto C situado en la arista de la cara superior de la pieza.
- Pieza (2) o cubo de lado a y peso $5P$, aplicado en G.
- Mordaza (3): que sujeta la pieza por dos caras opuestas generando normales y fuerzas tangenciales de rozamiento en el sentido longitudinal x (en cada pared). Los puntos de aplicación de estas fuerzas se producen en el centro de gravedad de las superficies en común con la pieza (puntos D y E). El coeficiente de fricción entre mordazas y pieza es $\mu = \frac{1}{4}$.
- Vigas de apoyo (4): dos vigas en doble T que sujetan la pieza por su cara horizontal inferior y colocadas en dirección transversal y. Deben considerarse como apoyo simple sin rozamiento con el punto de aplicación de la reacción normal en el punto medio de su longitud a (puntos A y B).

En la posición de la figura:

a. Dibujar el diagrama de sólido libre de la pieza y calcular las reacciones para el equilibrio estático.
b. Resolver el sistema de nuevo si se colocan ahora las vigas en doble T de idéntica manera respecto al plano de simetría, pero giradas 90° (en dirección x). Decir qué ocurriría.

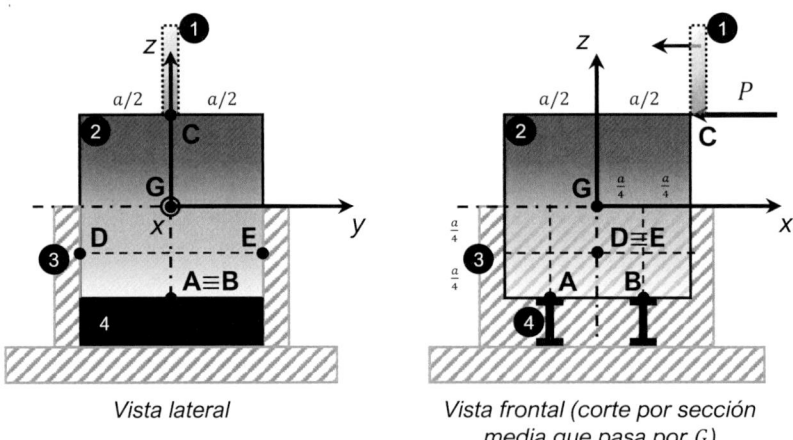

Vista lateral

Vista frontal (corte por sección media que pasa por G)

Resultados: a. $N_A = 4P$; $N_B = P$; $N_D = N_E = 2P$; b. [-].

Tema 5:

Cables

Tema 5: Cables

5.1. Introducción

- **Sólidos funiculares:** son elementos cuya longitud es mucho mayor que las dimensiones de su sección transversal. En esta categoría se encuentran elementos como cadenas, cables, hilos, correas o cuerdas.

- Para su estudio, se asume que son perfectamente flexibles e inextensibles. Por tanto, la fuerza interna en una sección cualquiera, llamada tensión del cable, es tangente a la figura de equilibrio, ya que estos elementos no pueden soportar esfuerzos de compresión: **están sometidos exclusivamente a tracción.**

- **Principio de solidificación:** a diferencia de los sistemas mecánicos considerados hasta ahora, se caracterizan por ser flexibles y adoptar formas diferentes en función de las cargas que soportan. Sin embargo, para su estudio, asumiremos que los cables se comportan como sólidos rígidos en su posición de equilibrio. Esto quiere decir que **aplicaremos sobre ellos las ecuaciones generales de equilibrio del sólido rígido vistas en los Temas 3 y 4.**

5.2. Ecuación diferencial de equilibrio

- Sea el cable suspendido entre dos puntos A y B (en general, a distinta altura) que soporta la carga distribuida por unidad de abscisa $q = q(x)$, tal y como se muestra en la figura. Llamaremos O siempre al punto más bajo. Siendo la tensión asociada a este punto T_O y siendo la pendiente a la curva horizontal en este punto, T_O es horizontal.

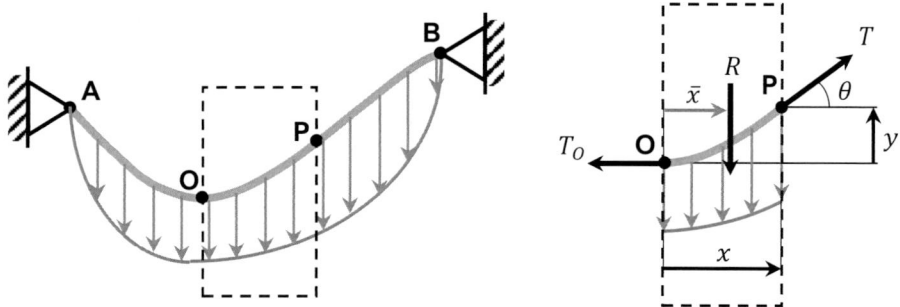

- Planteando el **equilibrio entre dos secciones** (punto más bajo O y otro punto cualquiera P):

$$\sum F_x = 0, \ T\cos\theta = T_O$$
$$\sum F_y = 0, \ T\sin\theta = R = \int_0^x q\,dx$$
$$\sum M_P = 0, \ T_O\, y = R(x - \bar{x})$$

siendo R la resultante de la fuerza distribuida entre las dos secciones $O - P$. La ecuación de momentos depende de la posición de la resultante y puede utilizarse para obtener la diferencia de alturas y si $\bar{x}$ es conocido.

- La fuerza interna en el punto más bajo O es la proyección horizontal de la fuerza en cualquier punto del cable. Por lo tanto, **la fuerza en el punto más bajo es mínima y las fuerzas máximas se producen en los amarres (en el punto más alto)**. Utilizando las ecuaciones anteriores, se puede relacionar la tensión en cualquier punto del cable con la tensión mínima en O:

$$\boxed{T = \sqrt{T_O^2 + R^2}}$$

- A continuación, se expone el desarrollo para la **obtención de la ecuación diferencial del cable**.

- Sea el cable suspendido entre dos puntos A y B (en general, a distinta altura) que soporta la carga distribuida por unidad de abscisa $q = q(x)$, tal y como se muestra en la figura. Para la obtención de la curva de equilibrio $y = y(x)$ y la longitud de cable $s = s(x)$, se va a estudiar ahora una porción diferencial del cable dx:

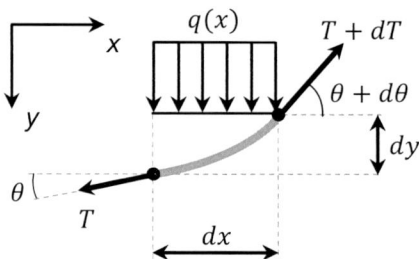

$$\left[\begin{array}{l} \sum F_x = 0, \ (T + dT)\cos(\theta + d\theta) - T\cos\theta = 0 \\[2mm] \sum F_y = 0, \ (T + dT)\sin(\theta + d\theta) - T\sin\theta - qdx = 0 \end{array} \right.$$

$$\left[\begin{array}{l} -Td\theta\sin\theta + dT\cos\theta = 0 \rightarrow dT = T\tan\theta d\theta \\[2mm] Td\theta\cos\theta + dT\sin\theta - qdx = 0 \end{array} \right.$$

- Y sustituyendo en la segunda relación:

$$Td\theta + T \cdot \tan^2\theta \cdot d\theta = qdx/\cos\theta$$

$$T(1 + \tan^2\theta) \cdot d\theta = qdx/\cos\theta$$

$$T\frac{d\theta}{dx} = q\cos\theta$$

- Pero:

$$tan\theta = \frac{dy}{dx} \rightarrow \theta = atan\frac{dy}{dx} \rightarrow \frac{d\theta}{dx} = \frac{d^2y/dx^2}{1+\left(\frac{dy}{dx}\right)^2} = \frac{d^2y/dx^2}{1+tan^2\theta} = cos^2\theta\frac{d^2y}{dx^2}$$

con lo que sustituyendo nuevamente:

$$Tcos^2\theta\frac{d^2y}{dx^2} = qcos\theta \quad \longrightarrow \quad \boxed{\frac{d^2y}{dx^2} = \frac{q(x)}{T_0}}$$

- Finalmente, se plantea el cálculo de la longitud de cable s. Sea el cable suspendido entre dos puntos A y B (en general, a distinta altura) que soporta la carga distribuida por unidad de abscisa $q = q(x)$, tal y como se muestra en la figura. Para la obtención de la curva de equilibrio $y = y(x)$ y la longitud de cable $s = s(x)$, se va a estudiar ahora una porción diferencial del cable dx:

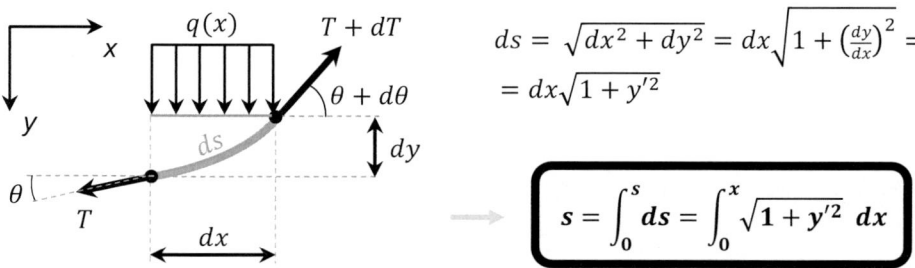

$$ds = \sqrt{dx^2 + dy^2} = dx\sqrt{1 + \left(\frac{dy}{dx}\right)^2} =$$
$$= dx\sqrt{1 + y'^2}$$

$$\boxed{s = \int_0^s ds = \int_0^x \sqrt{1 + y'^2}\ dx}$$

5.3. Carga concentrada

- Sea el cable **sin peso** suspendido entre dos puntos A y B (en general, a distinta altura) que soporta tres cargas verticales. Se suponen conocidas las cargas P_1, P_2 y P_3, las distancias x_1, x_2, x_3, la luz l y la altura entre apoyos h del cable. A partir de estos datos pueden obtenerse los valores h_1, h_2 y h_3 mediante relaciones de semejanza:

$$\frac{h_1}{x_1} = \frac{h_2}{x_2} = \frac{h_3}{x_3} = \frac{h}{l}$$

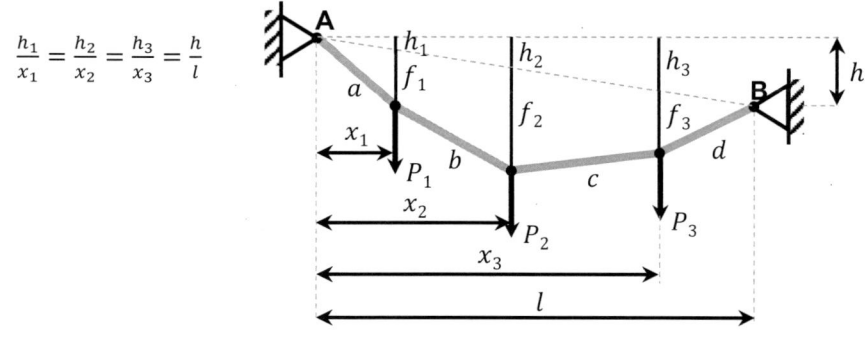

- Aplicando el principio de solidificación, el diagrama de sólido libre del cable lleva a las ecuaciones:

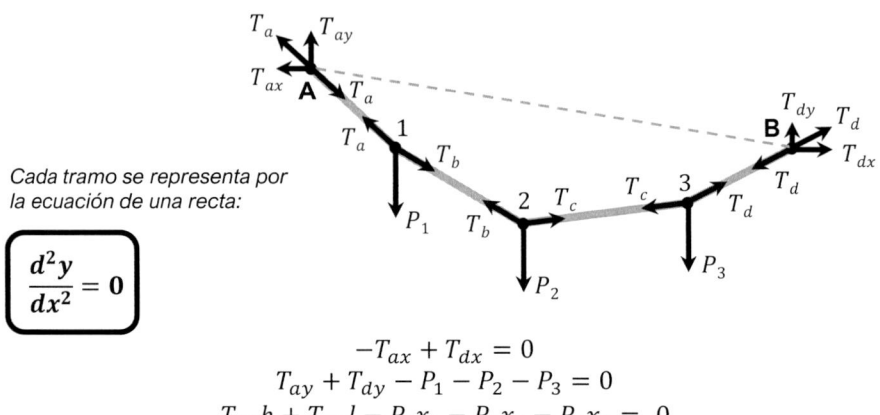

Cada tramo se representa por la ecuación de una recta:

$$\boxed{\dfrac{d^2y}{dx^2} = 0}$$

$$-T_{ax} + T_{dx} = 0$$
$$T_{ay} + T_{dy} - P_1 - P_2 - P_3 = 0$$
$$T_{dx}h + T_{dy}l - P_1x_1 - P_2x_2 - P_3x_3 = 0$$

- En el caso representado los tramos a-b tienen pendiente negativa y c-d positiva. Así, de la condición de equilibrio en los puntos de aplicación de las cargas (al igual que se hacía para los nudos de una estructura articulada, ver Tema 3), se puede asegurar que:

$$\left.\begin{array}{c} -T_{ax} + T_{bx} = 0 \\ T_{ay} - T_{by} - P_1 = 0 \end{array}\right] \quad \textbf{Punto 1}$$

$$\left.\begin{array}{c} -T_{bx} + T_{cx} = 0 \\ T_{by} + T_{cy} - P_2 = 0 \end{array}\right] \quad \textbf{Punto 2}$$

$$\left.\begin{array}{c} -T_{cx} + T_{dx} = 0 \\ -T_{cy} + T_{dy} - P_3 = 0 \end{array}\right] \quad \textbf{Punto 3}$$

La longitud del cable es obviamente la suma de las longitudes $a - b - c - d$.

- **Tensión máxima:** como la componente horizontal de la tensión es constante, **el valor máximo debe producirse en el tramo de mayor pendiente, es decir, en uno de los extremos.** En el caso más general, no es posible saber *a priori* qué extremo tiene mayor tensión, porque se desconoce la forma de la figura de equilibrio. Esto obliga a asignar el valor máximo a uno cualquiera de los extremos y comprobar posteriormente si la hipótesis es verdadera o falsa. Así, la condición de tensión máxima viene dada por una de las dos condiciones siguientes:

$$T_x^2 + T_{ay}^2 = T_{max}^2$$
$$T_x^2 + T_{dy}^2 = T_{max}^2$$

Ejemplo 1: Cable sometido a cargas puntuales

Sea el cable sostenido entre dos puntos situados a la misma altura y a distancia $l = 2a + b$ (donde $b > a$). Está sometido a las cargas verticales conocidas P y $2P$. Determinar el valor de Q para el equilibrio.

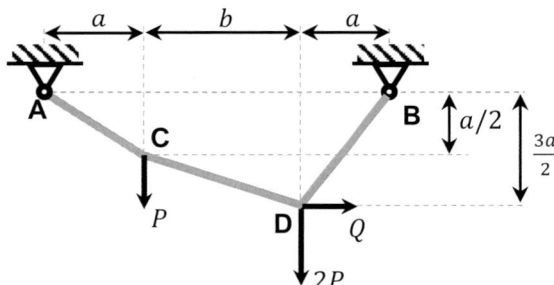

A partir de la Estática, se obtiene:

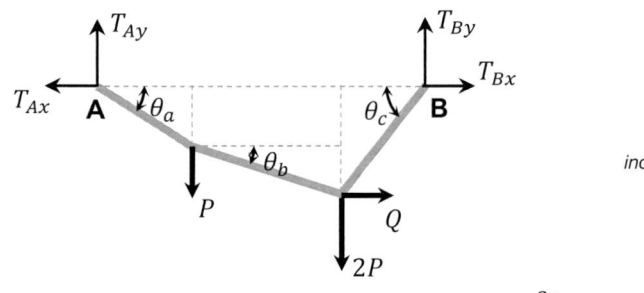

El problema incluye cinco incógnitas: las cuatro reacciones y la carga Q

$$X: T_{Bx} + Q = T_{Ax} \quad (1)$$
$$Y: T_{Ay} + T_{By} = 3P \quad (2)$$
$$\sum M_A = 0: T_{By} \cdot (2a + b) + Q \cdot \frac{3a}{2} - P \cdot a - 2P \cdot (a + b) = 0 \quad (3)$$

Sin embargo, la relación entre las reacciones horizontal y vertical en los apoyos es conocida (se puede ver como un equilibrio en los nudos A y B):

$$tan\theta_a = \frac{a/2}{a} = \frac{T_{Ay}}{T_{Ax}} \rightarrow T_{Ay} = \frac{T_{Ax}}{2} \quad (4)$$
$$tan\theta_c = \frac{3a/2}{a} = \frac{T_{By}}{T_{Bx}} \rightarrow T_{By} = 3T_{Bx}/2 \quad (5)$$

Introduciendo estas dos relaciones con las anteriores:

$$\left. \begin{array}{l} T_{Bx} + Q = T_{Ax} \quad (1') \\ T_{Ax} + 3T_{Bx} = 6P \quad (2') \end{array} \right] \; T_{Bx} + Q = 6P - 3T_{Bx} \rightarrow 4T_{Bx} = 6P - Q \quad (1'2')$$

$$\frac{3T_{Bx}}{2} \cdot (2a + b) + Q \cdot \frac{3a}{2} - P \cdot a - 2P \cdot (a + b) = 0 \quad (3')$$

Finalmente, se obtiene Q de (1'2' con 3'):

$$\frac{18P - 3Q}{8}(2a + b) + \frac{3Qa}{2} - 2P\left(\frac{3}{2}a + b\right) = 0 \qquad \text{Como } b > a: \quad \boxed{Q = \left(\frac{12a + 2b}{3b - 6a}\right)P}$$

5.4. Carga uniforme por unidad de abscisa

- Es el caso de puentes colgantes, donde el tablero está unido al cable de suspensión por medio de tirantes verticales. Se admite que la carga repartida por unidad de abscisa x es uniforme, es decir: $q(x) = q_0$.

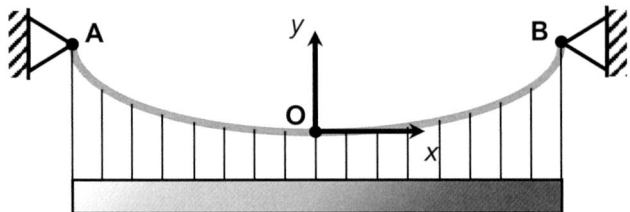

- Partiendo de la ecuación general $\left(\frac{d^2 y}{dx^2} = \frac{q_0}{T_0}\right)$ e integrando dos veces:

$$y' = \frac{q_0}{T_0} x + C_1$$
$$y = \frac{q_0}{2T_0} x^2 + C_1 x + C_2$$

- La curva de equilibrio del cable es una **curva cuadrática (parábola)**. Adoptando como origen del sistema de referencia el punto más bajo de cable (O), se obtienen las condiciones de contorno para el cálculo de las constantes ($x = 0, y = 0$ y $x = 0, y' = 0$). La ecuación toma la forma:

$$\boxed{\, y = \frac{q_0}{2T_0} x^2 \,}$$
$$\left(\frac{q_0}{T_0} x = \frac{2y}{x}\right)$$

- En este caso, la **longitud de cable** entre el punto más bajo O y otro punto cualquiera P, se calcula mediante la expresión siguiente, la cual surge de una integración:

$$s = \int_0^s ds = \int_0^{x_P} \sqrt{1 + y'^2}\ dx = \int_0^{x_P} \sqrt{1 + \left(\frac{q_0}{T_0} x\right)^2}\ dx = \cdots$$
$$= \frac{1}{2}\left[\sqrt{1 + \left(\frac{q_0}{T_0} x_P\right)^2} + \frac{T_0}{q_0} ln\left[\frac{q_0}{T_0} x_P + \sqrt{1 + \left(\frac{q_0}{T_0} x_P\right)^2}\right]\right]$$

siendo x_P la abscisa del punto P referida a O.

- Finalmente, la **fuerza en cualquier punto del cable** se obtiene cortando por una sección y resulta:

$$T = \sqrt{T_0^2 + q_0^2 x^2}$$

Ejemplo 2: Cable sometido a carga uniformemente repartida $q(x) = q_0 = cte$

Sea el cable sostenido entre dos puntos a distancia l y sometido a una carga de distribución constante q_0. Con el sistema de referencia dado, calcular:

a. Ecuación de la curva de equilibrio.
b. Si $x_{AB} = l = 100$ m y $\Delta = \delta = 10$ m, tensiones mínima y máxima.

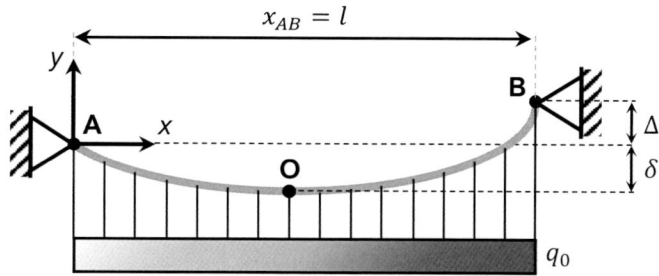

a.

Partiendo de la ecuación general e integrando dos veces:

$$\frac{d^2y}{dx^2} = \frac{q_0}{T_0} \rightarrow y' = \frac{q_0}{T_0}x + C_1 \rightarrow y = \frac{q_0}{2T_0}x^2 + C_1 x + C_2$$

E introduciendo las ecuaciones de contorno en los extremos:

$$\begin{cases} \text{Punto } A: \ y(0) = 0 \rightarrow \boldsymbol{C_2 = 0} \\ \text{Punto } B: \ y(l) = \Delta \rightarrow \Delta = \frac{q_0}{2T_0}l^2 + C_1 l \rightarrow \boldsymbol{C_1 = \frac{\Delta}{l} - \frac{q_0 l}{2T_0}} \end{cases}$$

De donde:

$$\boxed{y = \frac{q_0}{2T_0}x^2 + \left(\frac{\Delta}{l} - \frac{q_0 l}{2T_0}\right)x}$$

b.

Sin embargo, T_0 aún no ha sido determinada. Se utiliza la condición de la flecha, la cual proporciona la ubicación en abscisas del punto mínimo O:

$$y' = \frac{q_0}{T_0}x + \frac{\Delta}{l} - \frac{q_0 l}{2T_0} = 0 \rightarrow x_{min} = \frac{l}{2} - \frac{T_0\Delta}{q_0 l} = 50 - \frac{T_0}{10q_0}$$

Y prosiguiendo con más condiciones para el punto mínimo, puede platearse el cálculo de T_0:

$$y(x_{min}) = y\left(50 - \frac{T_0}{10q_0}\right) = -10 = \frac{q_0}{2T_0}\left(50 - \frac{T_0}{10q_0}\right)^2 + \left(\frac{1}{10} - \frac{5q_0}{T_0}\right)\left(50 - \frac{T_0}{10q_0}\right)$$

$$y(x_{min}) = y\left(50 - \frac{T_0}{10q_0}\right) = -10 = \frac{q_0}{2T_0}\left(50 - \frac{T_0}{10q_0}\right)^2 + \left(\frac{1}{10} - \frac{5q_0}{T_0}\right)\left(50 - \frac{T_0}{10q_0}\right) =$$

$$= \frac{q_0}{2T_0}\left(2.500 - \frac{100T_0}{10q_0} + \frac{T_0^2}{100q_0^2}\right) + \frac{T_0 - 50q_0}{10T_0}\frac{500q_0 - T_0}{10q_0} =$$

$$= \frac{2.500q_0}{2T_0} - \frac{100}{20} + \frac{T_0}{200q_0} + \frac{500T_0q_0 - T_0^2 - 25.000q_0^2 + 50T_0q_0}{100T_0q_0}$$

$$-10T_0q_0 = 1250q_0^2 - 5\,T_0q_0 + \frac{T_0^2}{200} + 5T_0q_0 - \frac{T_0^2}{100} - 250(2.100q_0) + \frac{1}{2}T_0q_0$$

$$T_0^2 - 2.100\,T_0q_0 - 200.000\,q_0^2 = 0$$

$$T_0 = \frac{2.100q_0 \pm \sqrt{(2.100q_0)^2 + 4\cdot200.000q_0^2}}{2} = \frac{2.100q_0 \pm 2.282,5q_0}{2} = \boxed{\mathbf{2.191,3\cdot q_0}}$$

Y utilizando las ecuaciones de la estática resulta:

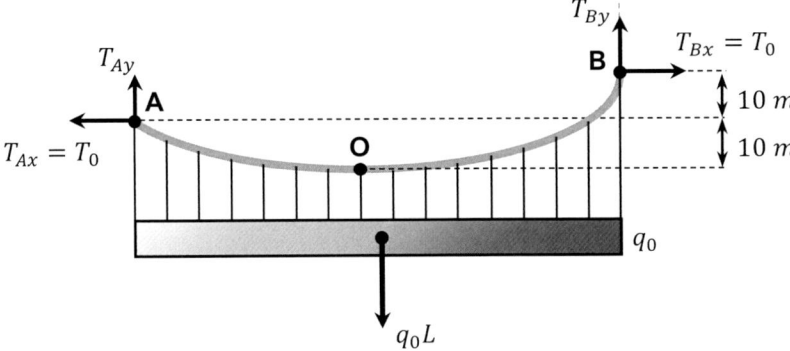

$$\left[\begin{array}{l}
T_{Ax} = T_{Bx} = T_0 \quad (1)\\
T_{Ay} + T_{By} = q_0L \quad (2)\\
\sum M_A = 0, T_{By}\,L = T_0\Delta + q_0L\frac{L}{2} \quad (3) \rightarrow T_{By}\cdot 100 = 2.191,3\cdot q_0\cdot 10 + q_0\cdot 100\cdot\\
50 \rightarrow \boldsymbol{T_{By} = 269,1\cdot q_0}
\end{array}\right.$$

$$\rightarrow T_B = \sqrt{T_{Bx}^2 + T_{By}^2} = \sqrt{(2.191,3\cdot q_0)^2 + (269,1\cdot q_0)^2} = \boxed{\mathbf{2.207,8\cdot q_0}}$$

Ejemplo 3: Cable sometido a carga de distribución triangular

Sea el cable sostenido entre dos puntos a distancia l y cuya flecha es $l\sqrt{3}/27$. Está sometido a una carga de distribución triangular cuya resultante es P, de valor conocido. Obtener:

a. Ecuación de la curva de equilibrio.
b. Tensiones en los extremos A y B.

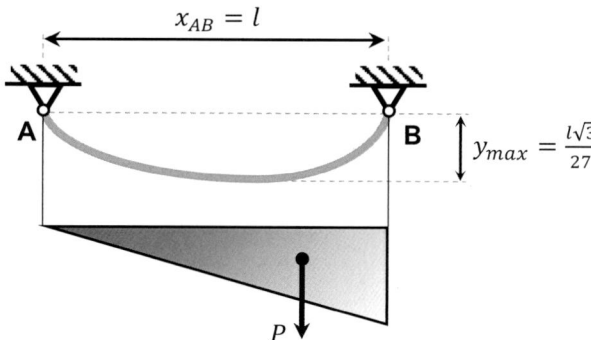

a.

En primer lugar, se trata de obtener la expresión de la distribución de carga $q(x)$ para realizar después la integración y, finalmente, imponer las condiciones de contorno. La carga P conocida es el resultado de calcular el área del triángulo:

$$P = \frac{1}{2}l \cdot h \rightarrow h = \frac{2P}{l}$$

siendo h la altura del triángulo. A continuación, se plantea la semejanza de triángulos para el cálculo de $q(x)$:

$$\frac{q(x)}{x} = \frac{h}{l} = \frac{\frac{2P}{l}}{l} = \frac{2P}{l^2} \rightarrow q(x) = \frac{2P}{l^2}x$$

Y partiendo de la ecuación diferencial del cable, se realizan las dos integraciones:

$$\frac{d^2y}{dx^2} = \frac{q(x)}{T_0} = \frac{2P}{T_0 l^2}x$$

$$\frac{dy}{dx} = \frac{P}{T_0 l^2}x^2 + K_1$$

$$y(x) = \frac{P}{3T_0 l^2}x^3 + K_1 x + K_2$$

Colocando el origen en A:

$$\begin{cases} y(0) = 0 \rightarrow y(0) = 0 + 0 + K_2 \rightarrow \boldsymbol{K_2 = 0} \\ y(l) = 0 \rightarrow y(l) = 0 = \frac{P}{3T_0 l^2} l^3 + K_1 l \rightarrow \frac{P}{3T_0 l^2} l^2 + K_1 = 0 \rightarrow \boldsymbol{K_1 = \frac{-P}{3T_0}} \end{cases}$$

$$\boxed{\boldsymbol{y(x) = \frac{P}{3T_0 l^2} x^3 + \frac{-P}{3T_0} x = \frac{Px}{3T_0}\left(\frac{x^2}{l^2} - 1\right)}}$$

Sin embargo, queda aún por calcular la tensión mínima T_0.

b.   Tensiones en los extremos A y B.

Para calcular T_0 así como las tensiones en los extremos, se utiliza la condición de la flecha máxima del cable. En este punto, la pendiente es nula (horizontal):

$$\frac{dy}{dx} = y' = \frac{P}{T_0 l^2} x^2 - \frac{P}{3T_0} = 0 \rightarrow x = \frac{l\sqrt{3}}{3}$$

Y su valor y_{max} es conocido:

$$y_{max} = -\frac{l\sqrt{3}}{27} = \left[\frac{P}{3T_0 l^2} x^3 + \frac{-P}{3T_0} x\right]_{x = \frac{l\sqrt{3}}{3}} = \frac{Pl\sqrt{3}}{9T_0}\left(\frac{3}{9} - 1\right)$$

$$-\frac{l\sqrt{3}}{27} = \frac{-6}{9}\frac{Pl\sqrt{3}}{9T_0}$$

$$1 = \frac{6}{3}\frac{P}{T_0} = 2\frac{P}{T_0}$$

$$\boldsymbol{T_0 = 2P}$$

A partir de aquí, las tensiones en los extremos pueden calcularse tomando momentos, teniendo en cuenta el equilibrio:

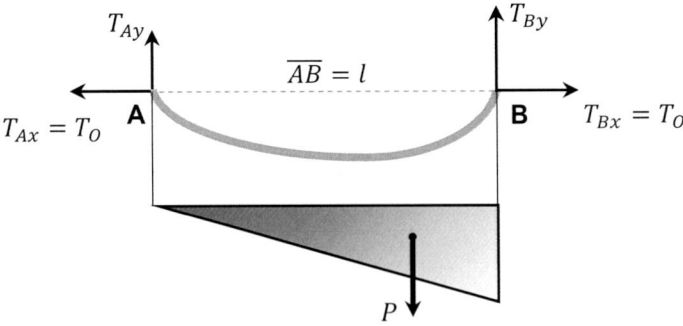

$$\begin{cases} \sum M_A = 0 \rightarrow T_{By} \cdot l = P \cdot \frac{2l}{3} \rightarrow T_{By} = \frac{2P}{3} \rightarrow T_B = \sqrt{4P^2 + 4P^2/9} = \boxed{\frac{\sqrt{40}P}{3}} \\ \sum M_B = 0 \rightarrow T_{Ay} \cdot l = P \cdot \frac{l}{3} \rightarrow T_{Ay} = \frac{P}{3} \rightarrow T_A = \sqrt{4P^2 + P^2/9} = \boxed{\frac{\sqrt{37}P}{3}} \end{cases}$$

5.5. Cable sometido a su propio peso

-   Un caso típico es el de líneas de alta tensión, donde se conoce **la fuerza distribuida por unidad de longitud de cable, pero no por longitud de abscisa**. Siendo w el peso por unidad de longitud de cable, se define c el parámetro de catenaria, como la distancia entre el punto mínimo 0 y el origen del sistema de referencia. Este planteamiento es muy útil en la determinación de las variables de interés de la catenaria.

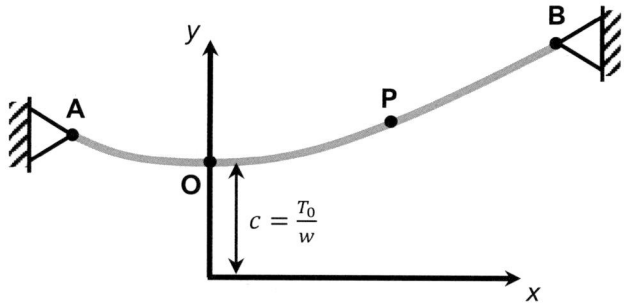

-   En primer lugar, se establece la equivalencia entre carga por unidad de cable y carga por unidad de abscisa:

$$qdx = wds \rightarrow q = w\,\frac{ds}{dx} = w\,\sqrt{1 + y'^2}$$

-   Partiendo de la ecuación diferencial general del cable:

$$\frac{d^2y}{dx^2} = \frac{q(x)}{T_0} = \frac{w}{T_0} \cdot \frac{ds}{dx} = \frac{1}{c} \cdot \frac{ds}{dx}$$

pero: $ds = dx\,\sqrt{1 + y'^2} \rightarrow \frac{ds}{dx} = \sqrt{1 + y'^2}$

-   De esta manera:

$$\frac{d^2y}{dx^2} = \frac{d}{dx}\left(\frac{dy}{dx}\right) = \frac{1}{c}\sqrt{1 + y'^2}$$

$$dy' = \frac{1}{c}\sqrt{1 + y'^2}\,dx$$

$$\frac{dy'}{\sqrt{1+y'^2}} = \frac{1}{c}\,dx$$

-   Integrando una primera vez entre los límites respectivos (O-punto más bajo y P-punto cualquiera):

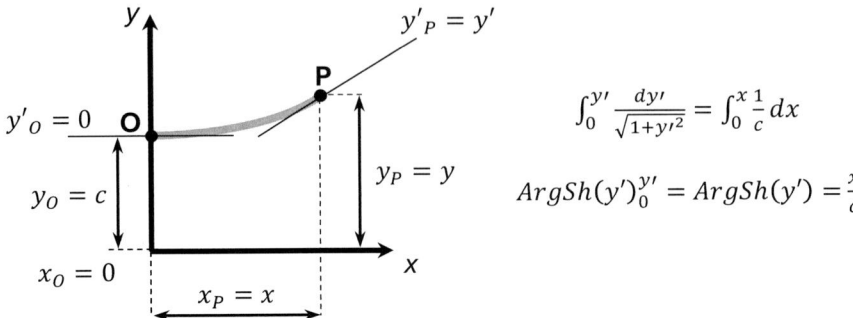

- Ecuación que puede transformarse de forma equivalente a: $y' = Sh\left(\frac{x}{c}\right)$

- Integrando por segunda vez:

$$y' = \frac{dy}{dx} = Sh\left(\frac{x}{c}\right)$$

$$\int_c^y dy = \int_0^x Sh\left(\frac{x}{c}\right) dx$$

$$y - c = c \cdot Ch\left(\frac{x}{c}\right)\Big|_0^x = c \cdot Ch\left(\frac{x}{c}\right)\Big|_0^x = c \cdot \left[Ch\left(\frac{x}{c}\right) - Ch(0)\right] = c \cdot Ch\left(\frac{x}{c}\right) - c$$

$$\longrightarrow \boxed{\, y = c \cdot Ch\left(\frac{x}{c}\right) \,}$$

- Para la longitud s del cable se integra la relación diferencial entre el punto mínimo O y un punto cualquiera P:

$$ds = dx\sqrt{1 + y'^2}$$

$$s = \int_0^x \sqrt{1 + y'^2}\, dx = \int_0^x \sqrt{1 + Sh^2\left(\frac{x}{c}\right)}\, dx = \int_0^x \sqrt{Ch^2\left(\frac{x}{c}\right)}\, dx = \int_0^x Ch\left(\frac{x}{c}\right) dx =$$

$$= c \cdot Sh\left(\frac{x}{c}\right)\Big|_0^x = c \cdot \left[Sh\left(\frac{x}{c}\right) - 0\right] = \boxed{\, c \cdot Sh\left(\frac{x}{c}\right) \,}$$

- Finalmente, se obtiene la relación para la tensión del cable en cualquier punto P del cable. Si la tensión en el punto más bajo es $(T_O = wc)$, entonces:

$$T = \sqrt{T_O^2 + w^2 s^2} = \sqrt{w^2 c^2 + w^2 s^2} = w\sqrt{c^2 + s^2} = w\sqrt{c^2 + c^2 Sh^2\left(\frac{x}{c}\right)} =$$

$$= wc\sqrt{1 + Sh^2\left(\frac{x}{c}\right)} = wc\sqrt{Ch^2\left(\frac{x}{c}\right)} = wc \cdot Ch\left(\frac{x}{c}\right) = wy \longrightarrow \boxed{\, T = wy \,}$$

- Se recuerdan las características de las funciones matemáticas seno/coseno hiperbólico de x:

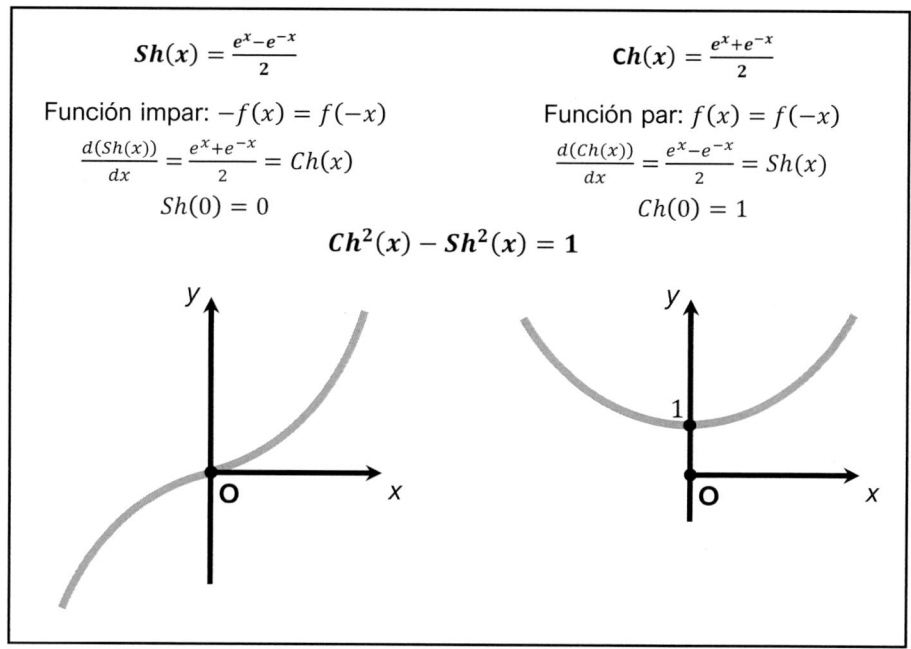

$$Sh(x) = \frac{e^x - e^{-x}}{2}$$

$$Ch(x) = \frac{e^x + e^{-x}}{2}$$

Función impar: $-f(x) = f(-x)$

Función par: $f(x) = f(-x)$

$$\frac{d(Sh(x))}{dx} = \frac{e^x + e^{-x}}{2} = Ch(x)$$

$$\frac{d(Ch(x))}{dx} = \frac{e^x - e^{-x}}{2} = Sh(x)$$

$$Sh(0) = 0$$

$$Ch(0) = 1$$

$$Ch^2(x) - Sh^2(x) = 1$$

- Utilizando las relaciones obtenidas para la ordenada y del cable y para la longitud s:

$$\left[\begin{array}{l} y = c \cdot Ch\left(\frac{x}{c}\right) \rightarrow \frac{y}{c} = Ch\left(\frac{x}{c}\right) \\ s = c \cdot Sh\left(\frac{x}{c}\right) \rightarrow \frac{s}{c} = Sh\left(\frac{x}{c}\right) \end{array} \right.$$

- Elevando al cuadrado ambas expresiones y restándolas:

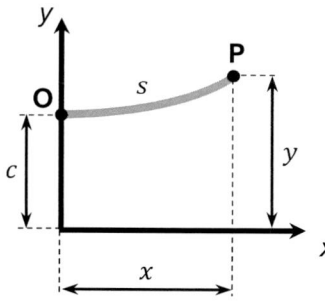

$$\left(\frac{y}{c}\right)^2 - \left(\frac{s}{c}\right)^2 = Ch^2\left(\frac{x}{c}\right) - Sh^2\left(\frac{x}{c}\right) = 1$$

$$\boxed{y^2 - s^2 = c^2}$$

La distancia s se refiere siempre respecto al punto más bajo. Para determinar la distancia de cable entre dos puntos cualesquiera del cable, debe realizarse la resta de la porción de cable de cada uno de ellos respecto del punto más bajo.

Ejemplo 4: Cable tipo catenaria

Un barco va arrastrando un cable AB para inspección del lecho oceánico con longitud suficiente para que esté en posición horizontal en su punto de unión con el rastrillo en A. El peso efectivo del cable es de $45,2\ N/m$. Despreciando el efecto de resistencia del agua sobre el cable, calcular:

a. Parámetro de catenaria c.
b. Máxima tensión del cable.
c. Longitud del cable de arrastre entre los puntos A y B.

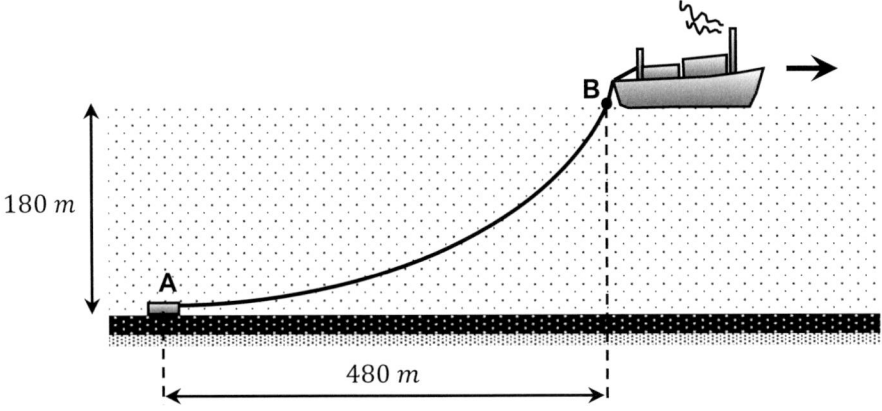

a. Fuerza horizontal aplicada al rastrillo en A.

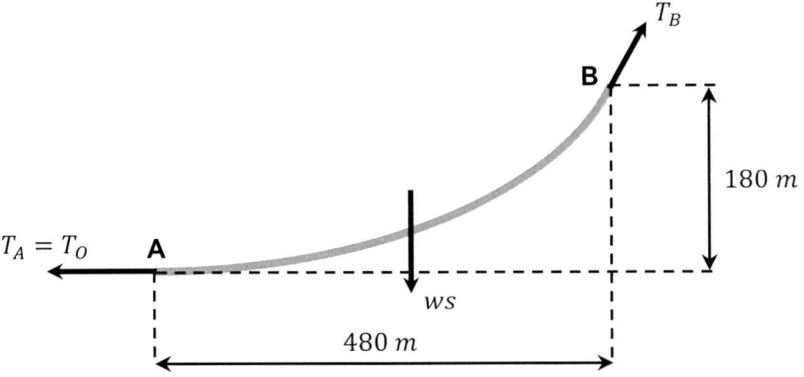

Las fuerzas internas en A y en B se definen como:

$$T_A = T_o = w \cdot c$$
$$T_B = T_{max} = w \cdot y_B$$

A su vez, sus respectivas cotas u ordenadas son:

$$y_A = c \cdot Ch(0) = c$$

$$y_B = c \cdot Ch\left(\frac{480}{c}\right) = y_A + 180 = c + 180$$

, que resulta una ecuación implícita recursiva:

$$Ch\left(\frac{480}{c}\right) = 1 + \frac{180}{c} \longrightarrow \boxed{c \approx 668\ m}$$

b.   Máxima tensión del cable.

Las fuerzas mínima y máxima se dan en A y en B (punto más alto), respectivamente:

$$T_A = T_o = 45,2 \cdot 668 = \mathbf{30,2\ kN}$$

$$T_B = T_{max} = 45,2 \cdot (668 + 180) = \boxed{\mathbf{38,3\ kN}}$$

c.   Longitud del cable de arrastre entre los puntos A y B.

Puede aplicarse la relación siguiente:

$$y_B^2 - s_{AB}^2 = c^2$$

$$s_{AB}^2 = 848^2 - 668^2 \longrightarrow \boxed{s_{AB} = 522\ m}$$

Ejemplo 5: Cable tipo catenaria

El cable móvil de un dispositivo de remonte para esquí tiene una masa total de $30\ kg/m$ por unidad de cable (sumando telesillas y pasajeros). El punto A es punto de mínima tensión. Calcular:

a.   Tensión del cable en los puntos A y B.
b.   Longitud s entre puntos A y B.

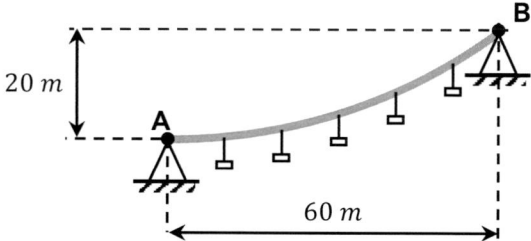

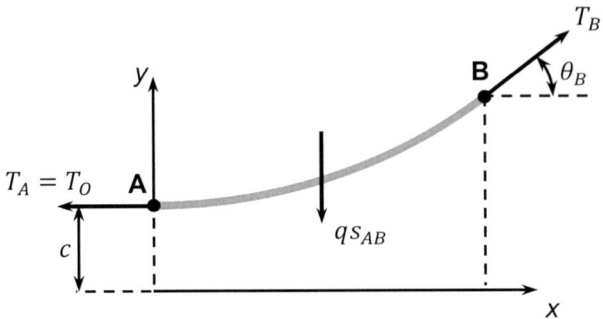

La carga q por unidad de cable es: $q = 30 \cdot 9{,}8 = 294 \; N/m$

Condición en A: $T_A = q \cdot c$; $y_A = c \cdot Ch(0) = c$

Condición en B: $T_B = q \cdot (c + 20)$; $\mathbf{y_B = c + 20 = c \cdot Ch\left(\dfrac{60}{c}\right)}$

Esta última condición es en realidad una ecuación implícita, que se resuelve fácilmente. Por ejemplo, de forma clásica, dando valores de forma iterativa hasta fijar un error mínimo:

$$1 + \frac{20}{c} = Ch\left(\frac{60}{c}\right)$$

c	$1 + \dfrac{20}{c}$		$Ch\left(\dfrac{60}{c}\right)$
60	1,333		1,543
70	1,285		1,390
90	1,222		1,231
95	1,210		1,206
92	**1,217**	$\approx$	**1,220**
....			

$$\boxed{c \approx 92 \; m}$$

$\rightarrow y_B = 112 \rightarrow y_B^2 - s_{AB}^2 = c^2 \rightarrow s_{AB} = \sqrt{y_B^2 - c^2} = \sqrt{112^2 - 92^2} = \boxed{63{,}9 \; m}$

$\rightarrow T_A = T_O = q \cdot c = 294 \cdot 92 = \boxed{27{,}048 \; kN}$

$\rightarrow T_B = 294 \cdot 112 = \boxed{32{,}928 \; kN}$

Ejemplo 6: Cables tipo catenaria encadenados

La figura muestra a los cables OA (1) -de peso por unidad de longitud de cable w_1 desconocida- y OBC (2) -de peso por unidad de longitud de cable $w_2 = \frac{2Mg}{L}$ - atados en el punto O, donde la pendiente es horizontal. Además de los datos de la figura, se conoce la longitud del tramo OA, $s_{OA} = 2\sqrt{3}L$. La polea es de radio despreciable. Obtener:

a. Longitud del tramo OB y parámetro de catenaria c_2.
b. Reacciones en la polea B.
c. Parámetro de catenaria c_1 y peso del cable (1), w_1.

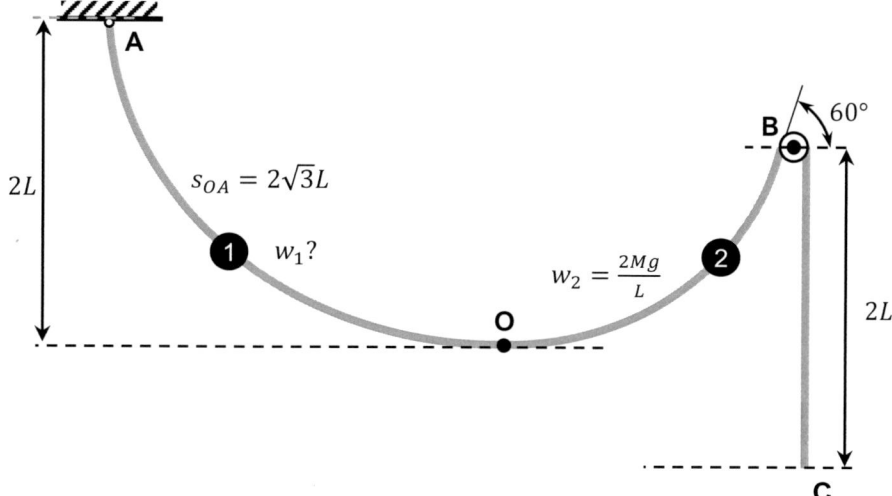

a.

$$w_2 \cdot 2L = \frac{2Mg}{L} \cdot 2L$$

$$\rightarrow T_B = 4Mg$$

$$\left[\begin{array}{l} T_O = T_{Bx} = T_B \cdot cos60° = 2Mg = \frac{2Mg}{L} \cdot c_2 \rightarrow \boxed{c_2 = L} \\[2mm] T_{By} = \frac{2Mg}{L} \cdot s_{OB} = T_B \cdot sin60° = 2\sqrt{3}Mg \rightarrow \boxed{s_{OB} = \sqrt{3}L} \end{array} \right.$$

b. Reacciones en la polea B.

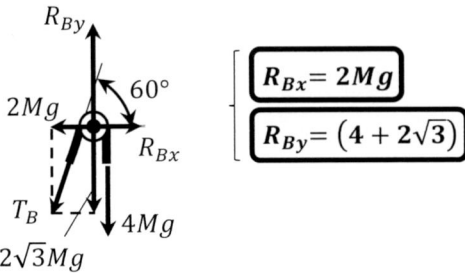

$$\left[\begin{array}{l} \boxed{R_{Bx}= 2Mg} \\ \boxed{R_{By}= (4 + 2\sqrt{3})} \end{array}\right.$$

c. Parámetro de catenaria c_1 y peso del cable (1) w_1.

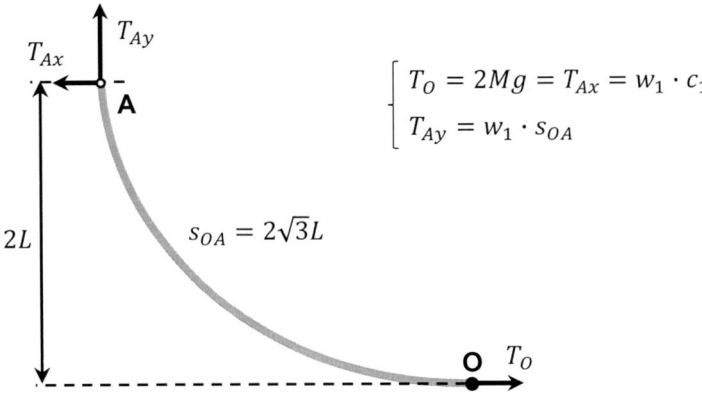

$$\left[\begin{array}{l} T_O = 2Mg = T_{Ax} = w_1 \cdot c_1 \\ T_{Ay} = w_1 \cdot s_{OA} \end{array}\right.$$

Recordando la expresión: $y_A^2 - s_{OA}^2 = c_1^2$

$$y_A^2 - s_{OA}^2 = c_1^2$$

$$(c_1 + 2L)^2 - \left(2\sqrt{3}L\right)^2 = c_1^2$$

$$4L^2 + 4Lc_1 - 12L^2 = 0 \rightarrow \boxed{c_1 = 2L}$$

Y utilizando la igualdad de la tensión en el punto más bajo por ambos lados:

$$T_O = 2Mg = w_1 \cdot 2L \rightarrow \boxed{w_1 = \frac{Mg}{L}}$$

El eje horizontal del cable (2) está situado sobre el extremo C. El eje horizontal del cable (1) está situado a $4L$ respecto de A (o a $2L$ respecto de O).

5.6. Problemas

Problema 5.1

La curva catenaria de la figura de peso w (por unidad de longitud de cable) descansa sobre un plano horizontal una longitud $CD = l$, siendo el coeficiente de fricción entre ambas superficies igual a f. Si la distancia entre el punto B y el plano horizontal es h de valor conocido, calcular:

a.   Tensión mínima del cable y parámetro de catenaria c.
b.   Diferencia de alturas entre el punto B y el extremo del cable A.
c.   Longitud total del cable.

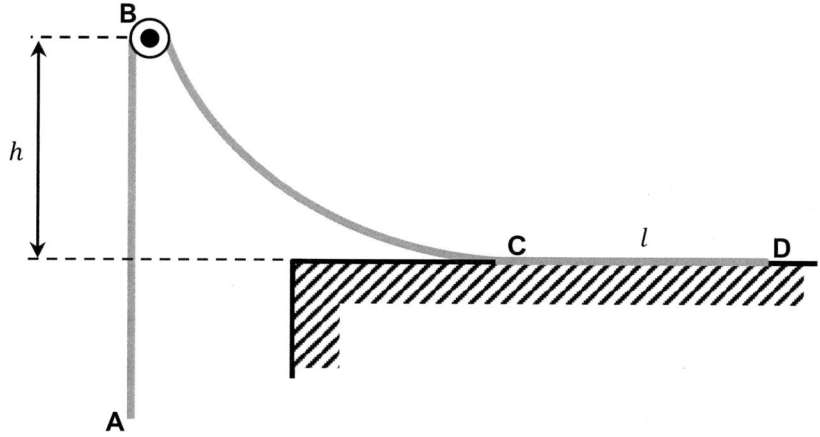

Resultados: a. $T_O = fwl$; $c = fl$; b. $z_{AB} = s_{AB} = fl + h$; c. $s_{ABCD} = (f + 1)l + h +$ $\sqrt{(fl + h)^2 - c^2}$.

Problema 5.2

La estructura de la figura está en equilibrio. Está compuesta por: 1) Un cable catenaria ABC de peso por unidad de longitud $q = Mg/R$, atado en A a un disco, en B arrollado a una polea fija y en C atado a una deslizadera que puede discurrir sin rozamiento sobre una guía prismática; 2) Un disco de masa M y radio $R/2$ apoyado sobre un plano inclinado fijo. Se sabe que en A la pendiente al cable es horizontal, y además puede despreciarse el rozamiento entre plano y disco.

a. Tensión del cable en el punto A.
b. Tensión del cable en el punto C.
c. Encontrar la altura entre los puntos B y C si el ángulo del cable por la rama izquierda es de $60°$.
d. Longitud del cable ABC.

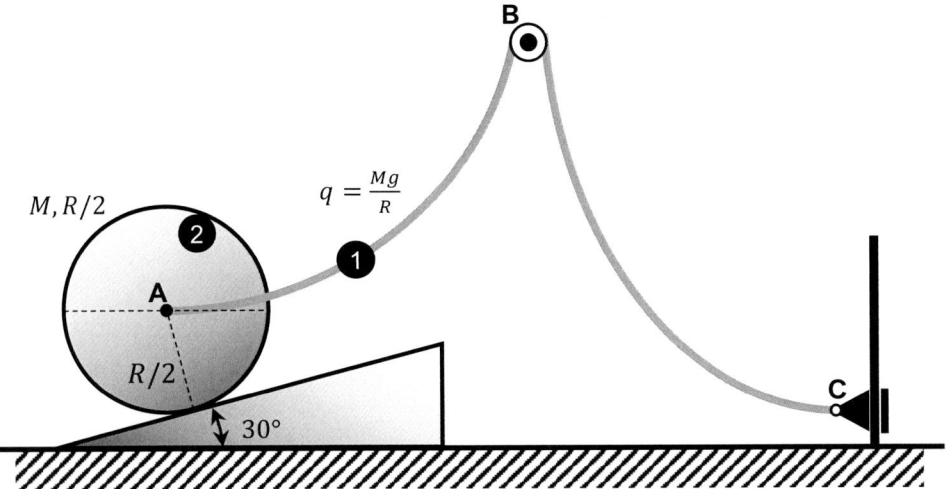

Resultados: a. $T_A = \dfrac{\sqrt{3}Mg}{3}$; b. $T_C = \dfrac{\sqrt{3}Mg}{12}$; c. $\delta_{CB} = \dfrac{7\sqrt{3}R}{12}$; d. $s_{ABC} = \left(1 + \dfrac{\sqrt{21}}{4}\right)R$.

Problema 5.3

La estructura de la figura está en equilibrio con el disco a punto de rodar. Está compuesta por: 1) Un cable catenaria OAB de peso por unidad de longitud $q = Mg/R$, en A arrollado a una polea fija y en B atado con pendiente horizontal a una estructura articulada; 2) Una estructura articulada formada por triángulos equiláteros de lado R, articulada en F a un disco y atada en C a un resorte, sometida a dos pesos puntuales Mg; 3) Un disco de masa $5M$ y radio $R/2$ apoyado sobre un plano fijo con una cierta resistencia a la rodadura desconocida μ_r; 4) Un resorte ideal de rigidez k desconocida, deformado una longitud $\dfrac{\sqrt{3}R}{2}$. Calcular:

Nota: Los puntos O, D, E y F están a la misma altura.

a. Parámetro de catenaria c y longitud total del cable s_{OAB} si $s_{OA} = R\sqrt{3}$.
b. Rigidez k del resorte.
c. Fuerzas internas en las barras BC, BE y DE.
d. Reacciones entre disco-suelo y coeficiente de resistencia a la rodadura μ_r.

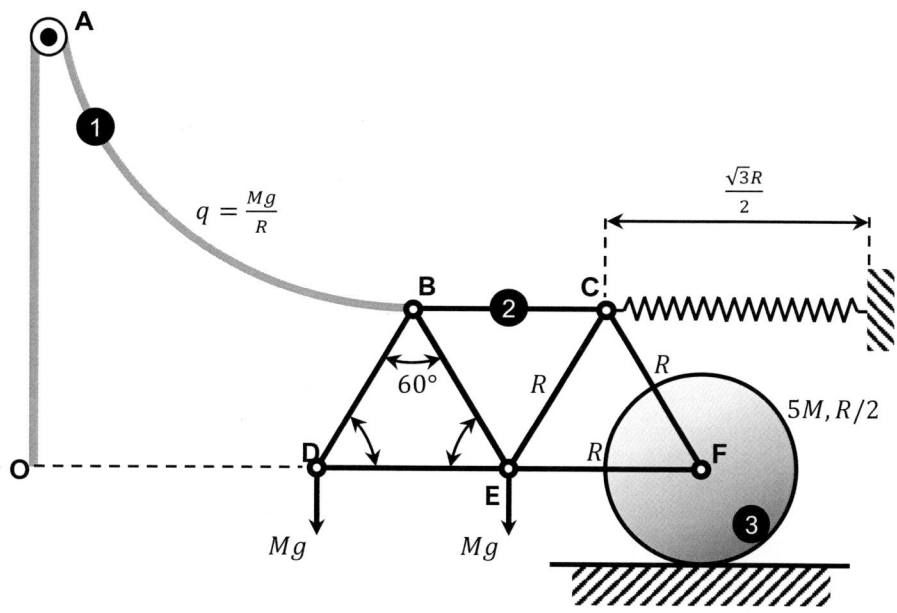

Resultados: a. $c = \dfrac{R\sqrt{3}}{2}$; $s_{OAB} = \left(\sqrt{3} + 3/2\right)R$; b. $k = \dfrac{5Mg}{R}$; c. $T_1 = \dfrac{7\sqrt{3}Mg}{6}(t)$; $T_2 = \dfrac{-2\sqrt{3}Mg}{3}(c)$; $T_3 = \dfrac{-\sqrt{3}Mg}{3}(c)$; d. $N = 7Mg$; $F_r = 2\sqrt{3}Mg$; $\mu_r = \dfrac{\sqrt{3}}{7}R$.

Problema 5.4

La estructura de la figura está en equilibrio estricto. Está compuesta por: 1) Un cable de peso por unidad de longitud de cable $q = Mg/R$ atado al punto fijo D y al vértice A del elemento triangular; 2) Un elemento triangular (equilátero y de peso despreciable) soportado en C por un apoyo fijo y contactando con un disco; 3) Un disco de masa M excéntrica, situada a $R/2$ del centro del disco, el cual contacta de forma permanente con triángulo (punto 1) y suelo (punto 2). Se proporciona el módulo de la tensión en el punto A, $T_A = \frac{2Mg}{3}$, donde el cable forma 30° con la horizontal. Utilizando el resto de datos geométricos dados en la figura, calcular:

a. Parámetro de catenaria c.
b. Tensión en D y valor de longitud de cable s_{AD}.
c. Fuerzas en los contactos del disco con triángulo (1) y con suelo (2).
d. Si el sistema está en deslizamiento inminente en (1) y rodadura inminente en (2), establecer los coeficientes de rozamiento necesarios en los puntos de contacto del disco.

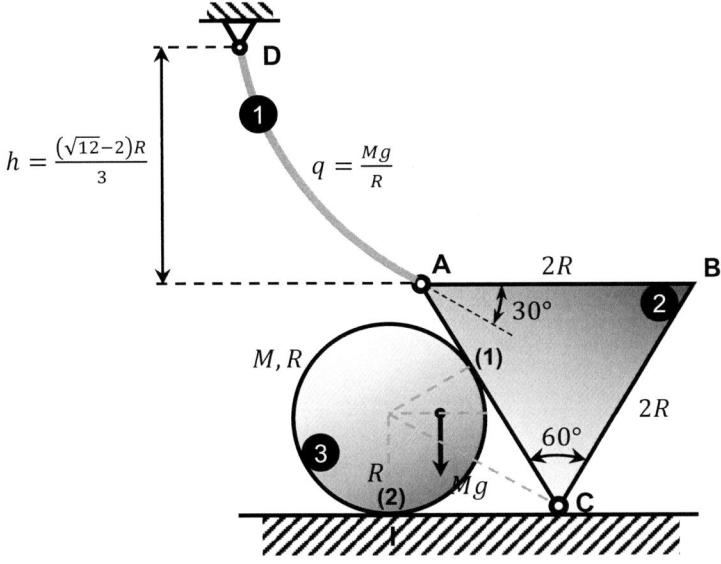

Resultados: a. $c = \frac{R\sqrt{3}}{3}$; b. $T_D = \frac{2\sqrt{3}Mg}{3}$; $s_{AD} = \frac{2}{3}R$; c. $N_1 = \frac{2\sqrt{3}Mg}{9}$; d. $f_1 = \frac{\sqrt{3}}{6}$; $f_2 = \frac{7}{18+\sqrt{3}}$.

Problema 5.5

La estructura de la figura está en equilibrio estricto. Está compuesta por: 1) Una viga OA de longitud $2L$ y de peso despreciable sobre la cual está aplicada un momento puntual de valor PL; 2) Una estructura articulada $ABCDEF$ sometida a una fuerza vertical P y atada a un resorte de constante $k = 5P/L$ y de longitud sin deformar $L_0 = 2L$; 3) Un disco de radio $L/2$ y de peso P_3 desconocido (a calcular); 4) Un cable GH de peso por unidad de longitud $q = P/L$, donde G es el punto más bajo de la catenaria. Las uniones O, A y F son articuladas. En C, la estructura está atada al muelle y en G, al cable. Calcular:

a. Reacciones en el punto O y en el punto F.
b. Tensiones en las barras BC y CD.
c. Peso del disco sabiendo que está a punto de deslizar si el coeficiente de fricción es $f = \frac{1}{2}$.
d. Longitud de cable GH.

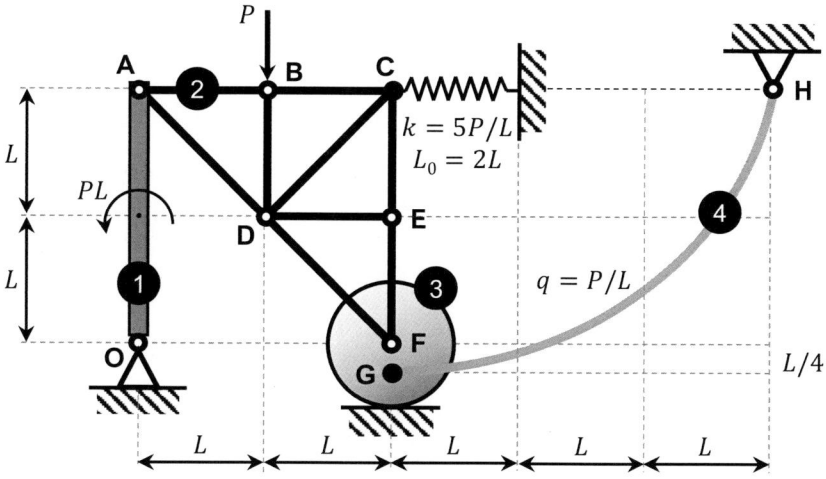

Resultados: a. $O_x = \frac{P}{2}$; $O_y = 6P$; $F_x = \frac{11P}{2}$; $F_y = 5P$; b. $T_{CD} = \frac{\sqrt{2}P}{2}$ (t); $T_{BC} = \frac{11P}{2}$ (c);
c. $P_d = 16P$; d. $s_{GH} = \frac{\sqrt{873}}{4}L$.

Tema 6:

Principios de Resistencia de Materiales

Tema 6: Principios de Resistencia de Materiales

6.1. Introducción

- Hasta ahora, no se han considerado las dimensiones de la sección transversal de los elementos estructurales tipo barra estudiados. Se han asimilado a segmentos rectilíneos dotados de rigidez, pero **no de masa** (recordar la condición de estructura articulada de no existir masas intermedias entre los nudos).

El travesaño horizontal de una máquina fresadora es un ejemplo de viga soportando una carga puntual (móvil).

- Sin embargo, en Ingeniería, se necesita un buen conocimiento de la naturaleza y magnitud de las **fuerzas internas** para diseñar con garantía los elementos mecánicos (tal y como se comenzó a ver en el Tema 5 con el cálculo de las fuerzas internas o tensiones en barras).

- Si se corta un elemento tipo viga por una sección transversal intermedia se obtienen dos mitades y aparecen unas fuerzas internas que mantienen el equilibrio en las dos. En el caso más general, **el sistema de fuerzas se reduce a una resultante oblicua a la sección y a un momento.**

6.2. Fuerzas y momentos de sección

- Se supone que la pieza prismática soporta sólo fuerzas en un plano y que se encuentra en equilibrio sometida a las **fuerzas externas o aplicadas y a las reacciones consecuencia de los enlaces o restricciones.**

- Para que cada una de las partes permanezca en equilibrio, **deben existir fuerzas internas distribuidas en la superficie de la sección de corte** de cada una de las partes en que se ha dividido. Estas fuerzas internas **deben ser iguales en módulo, dirección y de sentido contrario** (principio de acción-reacción).

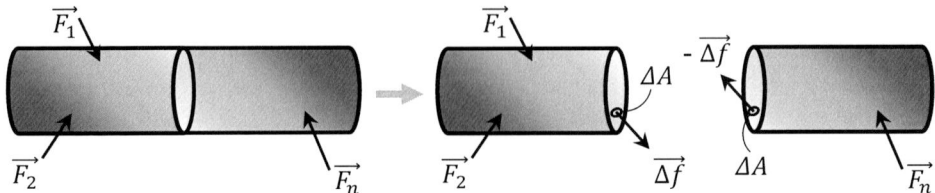

- En cada una de las partes, el sistema de fuerzas internas **puede reducirse a una resultante y a un momento resultante en el centro de gravedad de la sección**.

- Las componentes de esta resultante y momento resultante son los llamados fuerzas y momentos de sección:

  - **N_x o N: esfuerzo axial o normal**, en la dirección longitudinal x de la barra.
  - **V_y o V: esfuerzo cortante o tangencial**, en la dirección vertical y (contenido en el plano de corte).
  - **M_z o M: momento flector**, contenido en el plano xy (vector en dirección z).

Observar las direcciones fundamentales y convenio de signos:

x longitudinal y saliente de la sección de corte
y vertical, hacia abajo
z perpendicular a las dos anteriores en un sistema dextrógiro.

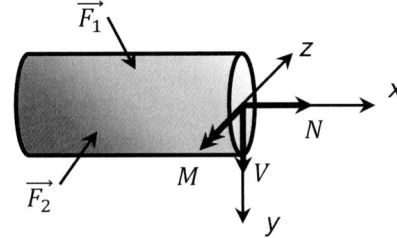

Esfuerzos de sección

- Se representan los tres esfuerzos de sección fundamentales en un estado de cargas plano. Sin embargo, en general, pueden aparecer un esfuerzo cortante en dirección z (V_z), un momento flector (M_y) y un momento torsor (M_x).

- Finalmente, se representa el **convenio de signos** a la hora de determinar los esfuerzos en una sección:

Convenio de signos para fuerzas y momentos de sección

Se representan dos caras de la misma sección (dependiendo de si el corte se realiza desde la derecha o desde la izquierda). Se indican los sentidos positivos para los tres tipos principales de esfuerzos de sección

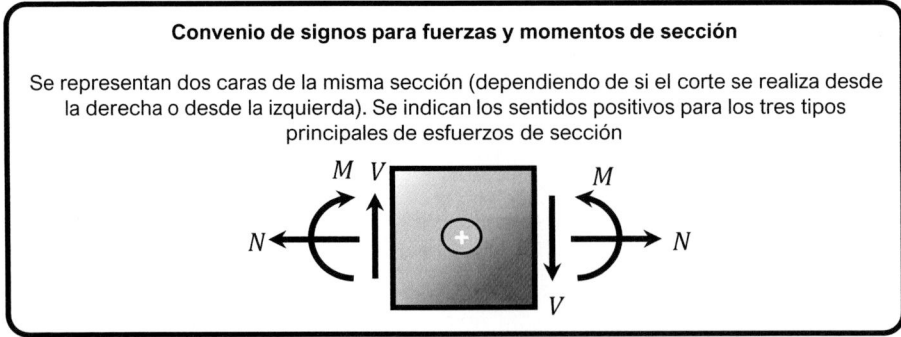

6.3. Equilibrio de un elemento diferencial

- Se supone un elemento diferencial de la viga prismática que soporta una fuerza por unidad de longitud de componentes $q_x(x)$ y $q_y(x)$. Se supone que en la longitud infinitesimal dx ambas fuerzas por unidad de longitud son *uniformes*.

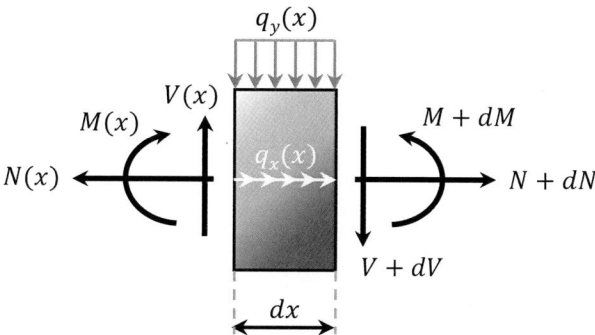

Equilibrio en elemento diferencial de viga

- Aplicando las ecuaciones de equilibrio:

$$\left[\begin{array}{l} \sum F_x = 0, (N + dN) - N + q_x dx = 0 \\ \sum F_y = 0, -(V + dV) + V - q_y dx = 0 \\ \sum M_G = 0, -V dx + q_y \, dx \, \frac{dx}{2} - M + (M + dM) = 0 \end{array} \right.$$

- Realizando operaciones y despreciando infinitésimos de segundo orden, se llega a las siguientes relaciones:

$$\boxed{\frac{dN}{dx} = -q_x, \qquad \frac{dV}{dx} = -q_y, \qquad \frac{dM}{dx} = V}$$

- **El comportamiento axial a tracción/compresión no está relacionado con el comportamiento a cortadura y flexión.** Sin embargo, **el momento flector y la fuerza cortante, sí**:

$$\boxed{\frac{d^2M}{dx^2} = -q_y}$$

6.4. Diagramas de fuerzas y momentos de sección

- Desde el punto de vista del diseño, interesa saber **la distribución de fuerzas y momentos internos a lo largo de la pieza prismática**. Así, pueden determinarse las secciones de la pieza que soportan las máximas fuerzas y momentos de sección y, en base a ello, **dimensionar la sección** de la misma. Los diagramas de fuerzas normales, cortantes y momentos flectores pueden dibujarse de tres modos posibles:

1) **Cortando una sección genérica** definida por una coordenada en cada tramo del diagrama (siempre que se produzca alguna discontinuidad) y calculando mediante Estática las fuerzas y momento flector. A cada tramo, es conveniente evaluar los valores para una mejor trazabilidad.

2) **Integrando directamente las ecuaciones mostradas** y teniendo en cuenta que las condiciones de contorno pueden obtenerse aplicando el equilibrio a la pieza entera y determinando las reacciones.

3) **Teniendo en cuenta el cálculo diferencial y las ecuaciones, solo es necesario el cálculo de fuerzas y momentos en los extremos de cada tramo.** Como el comportamiento axial está desacoplado del cortando y de la flexión, se analizan las ecuaciones:

$$\frac{dV}{dx} = -q_y, \qquad \frac{dM}{dx} = V, \qquad \frac{d^2 M}{dx^2} = -q_y$$

* Dependiendo del signo de las derivadas y segundas derivadas,
se puede obtener información de la pendiente y de la curvatura

q_y	V	M
0	Grado 0: uniforme (constante)	Grado 1: lineal
q_0	Grado 1: lineal	Grado 2: parábola
$q_0 + q_1 x$	Grado 2: parábola	Grado 3: cúbica

Relaciones entre cortantes y flectores según tipo de carga aplicada

- Algunas consideraciones de carácter general son las siguientes:

- **Los empotramientos** se sustituyen con **3 incógnitas: 2 esfuerzos (horizontal-H y vertical-V) y 1 momento (M)**.
- **Los apoyos fijos** se sustituyen con **2 incógnitas: 2 esfuerzos (H-V)**.
- **Los apoyos móviles** se sustituyen con **1 incógnita: 1 esfuerzo (V)**.
- **Si hay una rótula** (partiendo la viga en dos):
    - **Hay que dividir la estructura completa en dos subestructuras** (visto en el **Tema 3**), generándose dos reacciones nuevas en la rótula (como un apoyo fijo).
    - **El momento es 0 en ese punto** (chequear en el diagrama de momentos M_z).
- Las **fuerzas puntuales (verticales) aplicadas y las reacciones (verticales) en los apoyos** (fijo o móvil) aparecen en los diagramas de esfuerzos cortantes como una **bajada abrupta en el valor de V_y y como un cambio de la pendiente en M_z**.
- Para un tramo cualquiera donde no hay apoyos ni fuerzas (puntuales o distribuidas), V_y **se mantiene constante**.
- Las **fuerzas puntuales y/o reacciones horizontales en los apoyos** aparecen en los diagramas de esfuerzos cortantes como una **bajada abrupta en el valor de N_x**.
- **Un momento aplicado en una sección concreta conlleva un descenso abrupto de M_z**.
- Las **cargas uniformemente distribuidas (rectangulares)** se ven en el diagrama V_y como **rectas de pendientes constantes** y en el de M_z, como **parábolas**.

Ejemplo 1: Diagramas de esfuerzos axiales, cortantes y momentos flectores en viga sometida a cargas y momentos puntuales

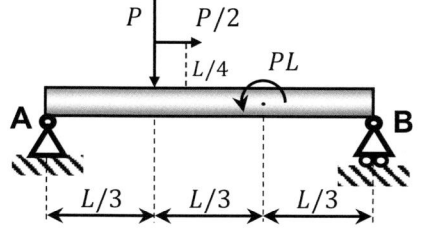

La carga horizontal $P/2$ se aplica en la misma sección que la carga vertical P a una distancia $L/4$

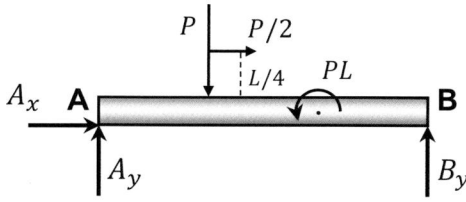

$$\left[\begin{array}{l} X: A_x + \dfrac{P}{2} = 0 \quad (1) \rightarrow \boldsymbol{A_x = -\dfrac{P}{2}} \\[2mm] Y: A_y + B_y = P \quad (2) \\[2mm] \sum M_A = 0 : B_y L + PL - \dfrac{PL}{3} - \dfrac{P}{2} \cdot \dfrac{L}{4} = 0 \quad (3) \rightarrow B_y = \dfrac{P}{8} - \dfrac{2P}{3} = \boldsymbol{\dfrac{-13P}{24}} \end{array} \right.$$

$$\rightarrow A_y = \frac{37P}{24}$$

Deben realizarse tres cortes: el primero claramente desde la izquierda y el tercero claramente desde la derecha. El segundo se va a realizar de las dos formas posibles:

Corte 1: $0 \leq x \leq L/3$

$$\left[\begin{array}{l} X: N_x = \dfrac{P}{2} \\[2mm] Y: V_y = \dfrac{37P}{24} \\[2mm] M: M_z = \dfrac{37P}{24}\,x \left\{ \begin{array}{l} x = 0, M_z = 0 \\[1mm] x = L/3, M_z = \dfrac{37PL}{72} \end{array} \right. \end{array} \right.$$

Corte 3: $0 \leq x \leq L/3$

$$X: N_x = 0$$
$$Y: V_y = \frac{13P}{24}$$
$$M: M_z = -\frac{13P}{24}x \quad \begin{cases} x = 0, M_z = 0 \\ x = L/3, M_z = \dfrac{-13PL}{72} \end{cases}$$

Corte 2: $L/3 \leq x \leq 2L/3$ **(desde la izquierda)**

$$X: N_x + \frac{P}{2} = \frac{P}{2} \rightarrow N_x = 0$$
$$Y: V_y = \frac{37P}{24} - P = \frac{13P}{24}$$
$$M: M_z = \frac{37P}{24}x - P\left(x - \frac{L}{3}\right) + \frac{P}{2}\cdot\frac{L}{4} = \frac{13P}{24}x + \frac{11PL}{24}$$

$$\begin{cases} x = \dfrac{L}{3}, M_z = \dfrac{13PL}{72} + \dfrac{33PL}{72} = \dfrac{46PL}{72} \\ x = \dfrac{2L}{3}, M_z = \dfrac{26PL}{72} + \dfrac{33PL}{72} = \dfrac{59PL}{72} \end{cases}$$

Alternativa Corte 2: $L/3 \leq x \leq 2L/3$ **(desde la derecha)**

$$X: N_x = 0$$
$$Y: V_y = \frac{13P}{24}$$
$$M: M_z = -\frac{13P}{24}x + PL \quad \begin{cases} x = \dfrac{L}{3}, M_z = \dfrac{59PL}{72} \\ x = \dfrac{2L}{3}, M_z = \dfrac{46PL}{72} \end{cases}$$

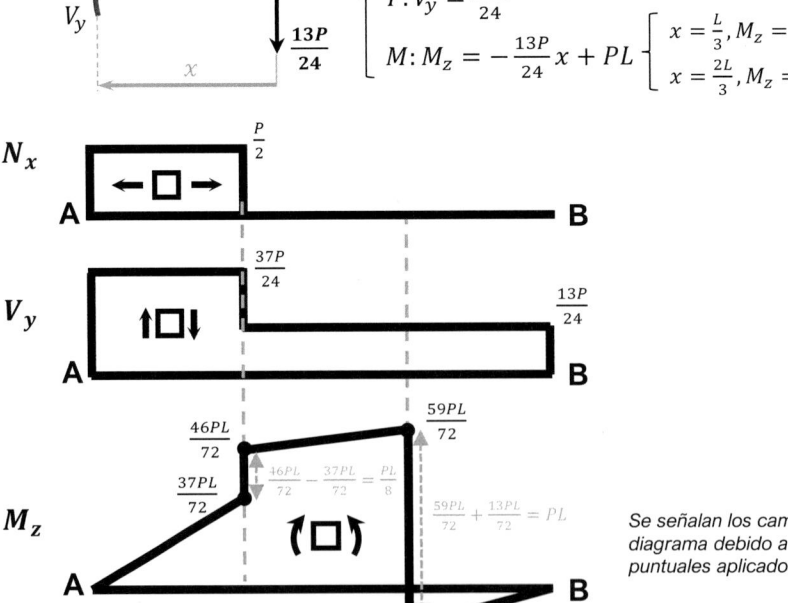

Se señalan los cambios bruscos en el diagrama debido a los dos momentos puntuales aplicados.

Ejemplo 2: Diagramas de esfuerzos cortantes y momentos flectores en viga sometida a cargas puntuales y distribuidas

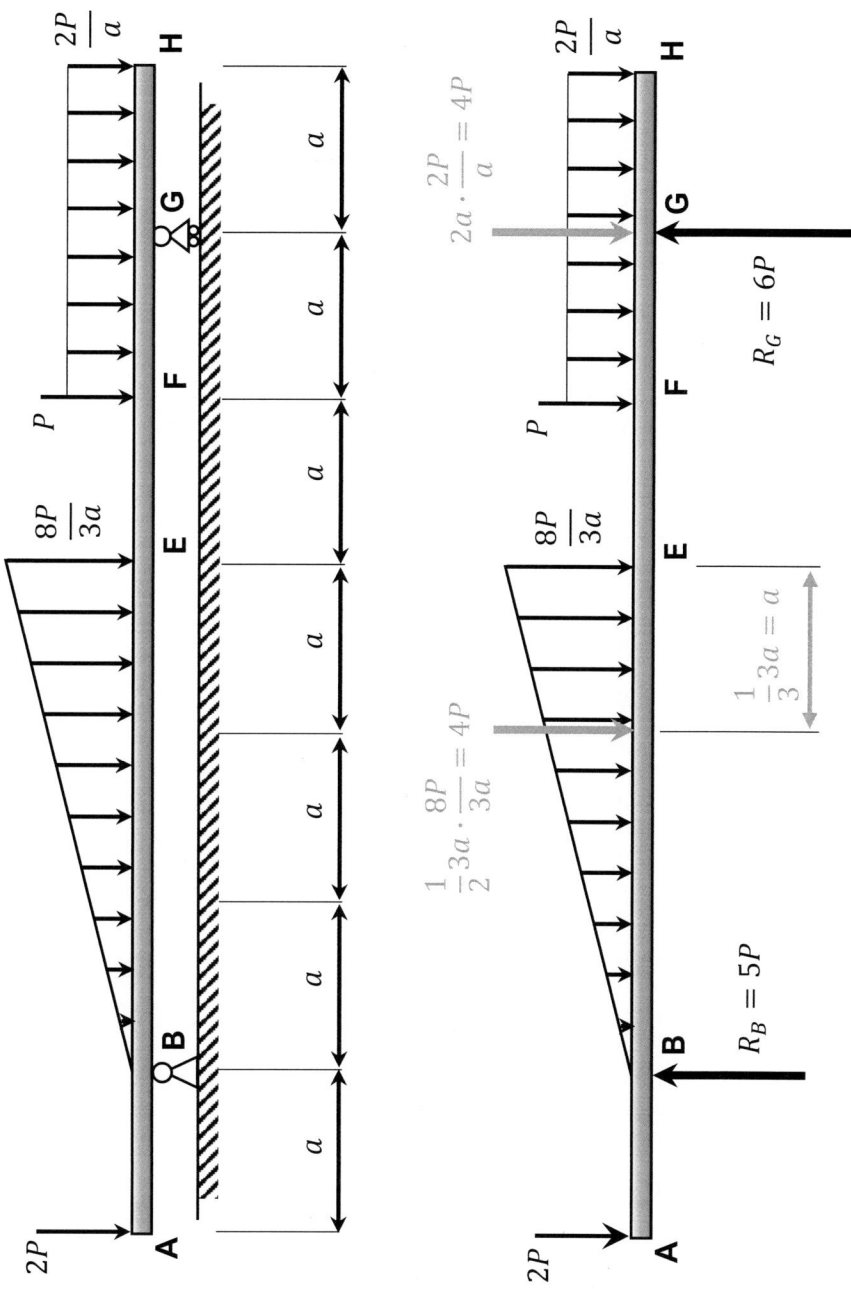

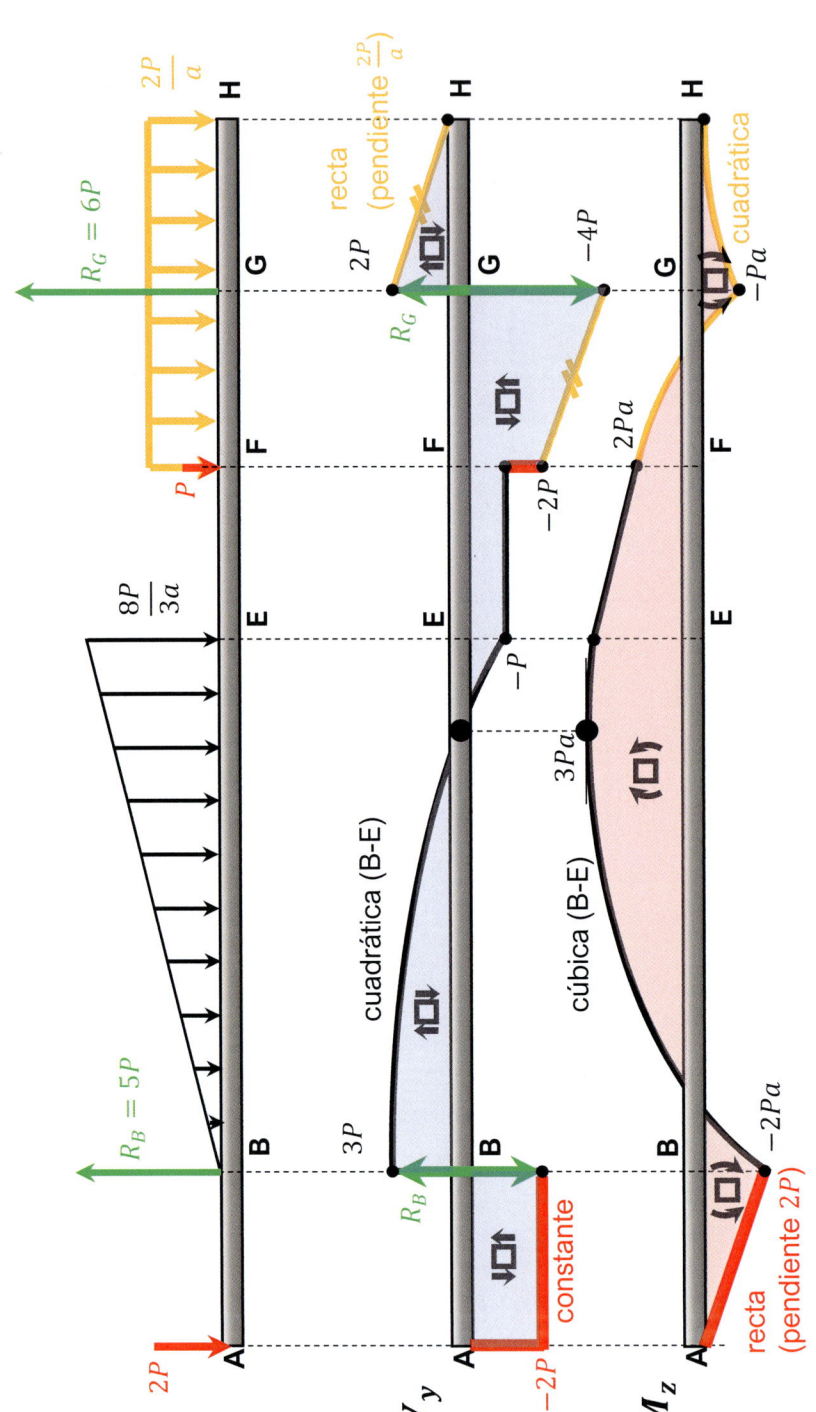

6.5. Tensiones

- Sea un cuerpo sometido a un sistema de fuerzas. Si se divide en dos partes mediante una sección de corte, deben aparecer fuerzas internas para mantener el equilibrio de cada parte:

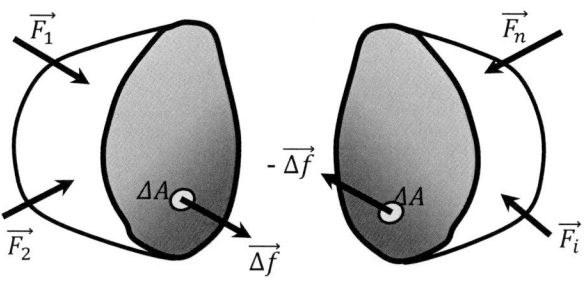

Convenio de signos para las componentes de tensión:

En este caso, no se trata de un elemento diferencial sino de un cubo centrado alrededor de un punto de la sección de corte de interés

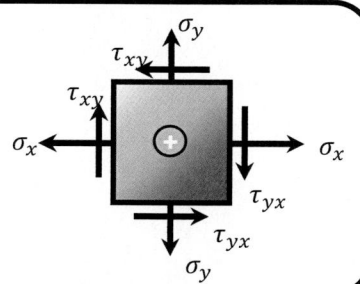

- El vector tensión se define como la **fuerza interna por unidad de superficie** y viene dado por:

$$\vec{S} = \lim_{\Delta A \to 0} \frac{\overrightarrow{\Delta f}}{\Delta A}$$

- Se puede descomponer en una componente normal a la superficie de corte y una componente contenida en la superficie de corte. La **componente normal** se denomina **tensión normal** σ y la **componente en el plano tensión cortante o tangencial** τ.

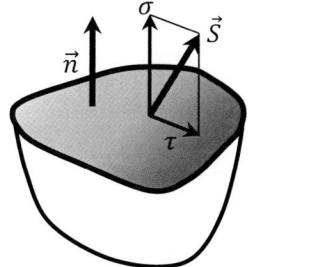 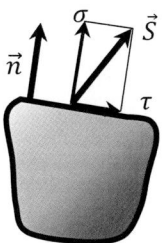

6.6. Deformaciones unitarias

- Cuando un sólido soporta un sistema de fuerzas, se deforma. Suponiendo que la deformación no varía de forma sustancial la geometría del cuerpo, la geometría deformada y no deformada se pueden considerar equivalentes para el cálculo de reacciones y de fuerzas y momentos internos. En un cuerpo prismático, se distinguen **tres tipos de variaciones**:

  - **Traslación**: del elemento diferencial como sólido rígido (SR).

  - **Rotación**: del elemento diferencial como SR.

  - **Deformación pura**: esta es la parte relacionada con las tensiones. A su vez, puede tratarse de **variación de volumen** (variación de longitud de aristas del paralelepípedo original) o **variación de forma** (o distorsión o pérdida de perpendicularidad entre aristas inicialmente perpendiculares).

    - **Deformación unitaria normal:** es el cambio relativo de longitud en una determinada dirección.

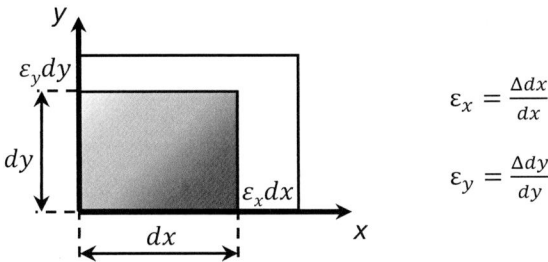

$$\varepsilon_x = \frac{\Delta dx}{dx}$$

$$\varepsilon_y = \frac{\Delta dy}{dy}$$

    - **Deformación unitaria tangencial, angular o cortante:** representa la variación (positiva o incremento y negativa o disminución) de ángulo de dos direcciones inicialmente perpendiculares.

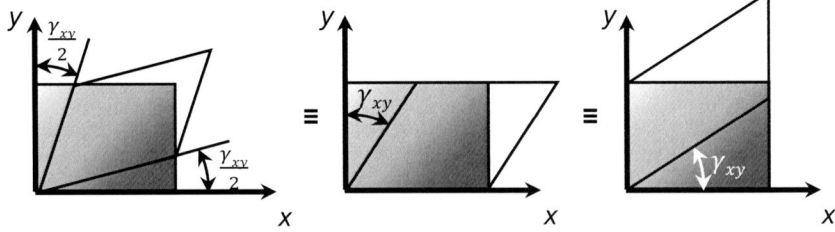

6.7. Relación entre tensiones y deformaciones

- En un **material isótropo**, si se realiza una tracción en la dirección x, se producen deformaciones normales en las direcciones x e y. Además, no se producen deformaciones tangenciales. Si la tensión es de tracción, la dirección x se alarga y la dirección y se contrae. La tabla muestra las tensiones y deformaciones generadas en cada dirección.

	σ_x	σ_y
ε_x	σ_x/E	$-v\,\sigma_y/E$
ε_y	$-v\,\sigma_x/E$	σ_y/E

Relación entre tensiones y deformaciones para materiales sometidos a tracción/compresión

donde E es el módulo de elasticidad lineal o módulo de Young y v es el coeficiente de Poisson (en material isótropo $-1 < v < 0.5$). Aplicando el **principio de superposición**, la deformación obtenida al aplicar simultáneamente las tensiones $\sigma\sigma$ es la suma de las deformaciones obtenidas al aplicar las tensiones por separado. Las deformaciones normales se escriben como:

$$\varepsilon_x = \frac{1}{E}\left(\sigma_x - v\sigma_y\right)$$
$$\varepsilon_y = \frac{1}{E}\left(\sigma_y - v\sigma_x\right)$$

- Por otro lado, la relación entre deformación y tensión tangencial también es lineal:

$$\gamma_{xy} = \frac{\tau_{xy}}{G}$$

donde G es el módulo de elasticidad a cortadura. Las relaciones anteriores constituyen la **ley de Hooke en el plano Oxy en el caso de material isótropo**. Las constantes E, v y G no son independientes:

$$G = \frac{E}{2(1+v)}$$

6.8. Relación entre tensiones y fuerzas y momentos de sección

6.8.1. Fuerza normal

Hipótesis de Navier: tras la deformación las caras planas permanecen planas y paralelas (no hay deformación angular).

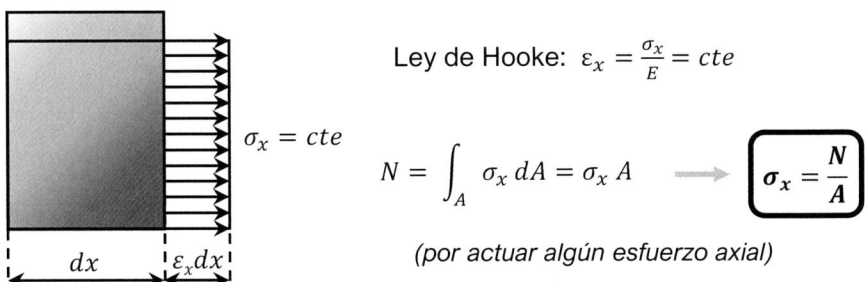

Ley de Hooke: $\varepsilon_x = \dfrac{\sigma_x}{E} = cte$

$\sigma_x = cte$

$$N = \int_A \sigma_x \, dA = \sigma_x A \qquad \Longrightarrow \qquad \boxed{\sigma_x = \dfrac{N}{A}}$$

(por actuar algún esfuerzo axial)

6.8.2. Flexión pura y compuesta

Hipótesis de Navier: tras la deformación, las caras permanecen planas y perpendiculares al eje de la pieza prismática (directriz de la viga deformada) y a todas las fibras longitudinales.

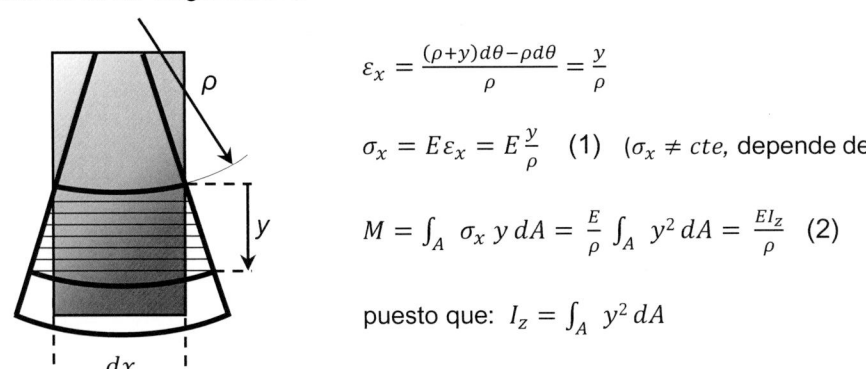

$$\varepsilon_x = \frac{(\rho + y)d\theta - \rho d\theta}{\rho} = \frac{y}{\rho}$$

$$\sigma_x = E\varepsilon_x = E\frac{y}{\rho} \quad (1) \quad (\sigma_x \neq cte, \text{ depende de } y)$$

$$M = \int_A \sigma_x \, y \, dA = \frac{E}{\rho} \int_A y^2 \, dA = \frac{EI_z}{\rho} \quad (2)$$

puesto que: $I_z = \int_A y^2 \, dA$

Despejando E/ρ en (1) y (2) e igualando: $\dfrac{E}{\rho} = \dfrac{\sigma_x}{y} = \dfrac{M}{I_z} \qquad \Longrightarrow \qquad \boxed{\sigma_x = \dfrac{My}{I_z}}$

(por actuar algún momento flector)

- Si se combinan fuerza normal y flexión pura, se obtiene **flexión compuesta** y deben tenerse en cuenta los dos efectos y la tensión normal se calcula como:

$$\Longrightarrow \qquad \boxed{\sigma_x = \dfrac{N}{A} + \dfrac{My}{I_z}}$$

6.8.3. Flexión simple

- También, puede establecerse la relación entre **tensión cortante** y **esfuerzo cortante**. En este caso, se estudia el equilibrio en un elemento diferencial de viga dx, entre una fibra cualquiera y la más extrema. Suponiendo viga de sección prismática:

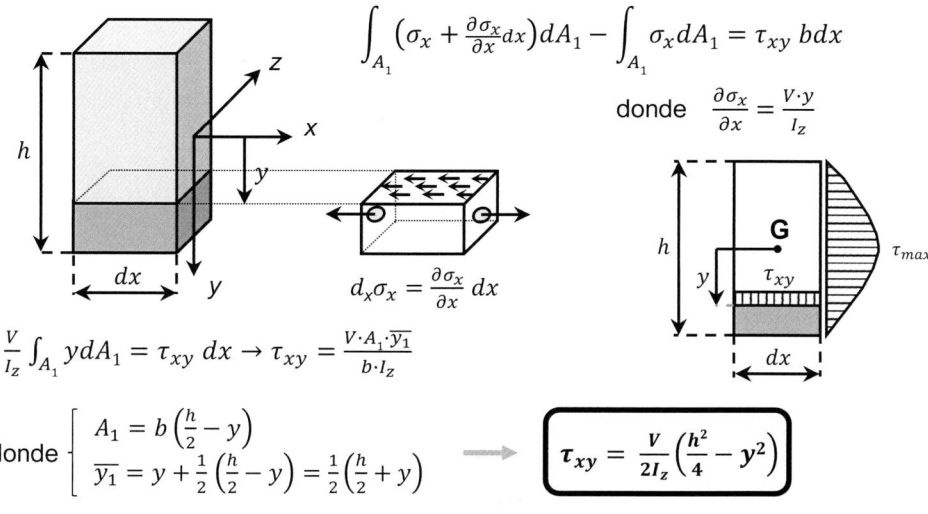

$$\int_{A_1} \left(\sigma_x + \frac{\partial \sigma_x}{\partial x}dx\right)dA_1 - \int_{A_1} \sigma_x dA_1 = \tau_{xy}\, b\, dx$$

donde $\quad \dfrac{\partial \sigma_x}{\partial x} = \dfrac{V\cdot y}{I_z}$

$d_x\sigma_x = \dfrac{\partial \sigma_x}{\partial x}\, dx$

$$\frac{V}{I_z}\int_{A_1} y\, dA_1 = \tau_{xy}\, dx \to \tau_{xy} = \frac{V\cdot A_1\cdot \overline{y_1}}{b\cdot I_z}$$

donde $\begin{bmatrix} A_1 = b\left(\dfrac{h}{2} - y\right) \\ \overline{y_1} = y + \dfrac{1}{2}\left(\dfrac{h}{2} - y\right) = \dfrac{1}{2}\left(\dfrac{h}{2} + y\right) \end{bmatrix}$ $\longrightarrow$ $\boxed{\; \boldsymbol{\tau_{xy} = \dfrac{V}{2I_z}\left(\dfrac{h^2}{4} - y^2\right)} \;}$

- Si $I_z = \dfrac{bh^3}{12}$, entonces la tensión máxima es $\tau_{max} = \dfrac{3V}{2bh}$.

6.8.4. Momento torsor

- También, existe relación entre la tensión cortante y el momento torsor. En este caso, se estudia el equilibrio en un elemento diferencial de viga dx. Suponiendo viga de sección cilíndrica:

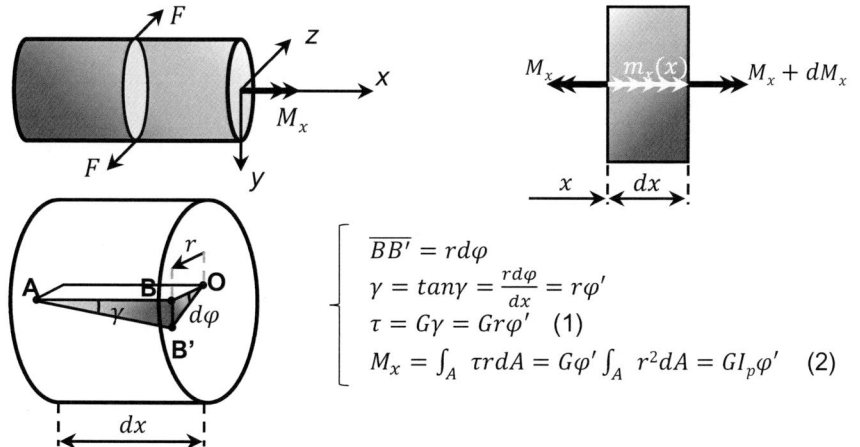

$\begin{bmatrix} \overline{BB'} = r\, d\varphi \\ \gamma = \tan\gamma = \dfrac{r\, d\varphi}{dx} = r\varphi' \\ \tau = G\gamma = Gr\varphi' \quad (1) \\ M_x = \int_A \tau r\, dA = G\varphi' \int_A r^2 dA = GI_p\varphi' \quad (2) \end{bmatrix}$

- Despejando $G\varphi'$ en (1) y (2) e igualando: $G\varphi' = \dfrac{\tau}{r} = \dfrac{M_x}{I_p}$

$$\boxed{\tau = \dfrac{M_x \cdot r}{I_p}}$$

- Si $I_p = \dfrac{\pi D^4}{32}$, entonces la tensión máxima es $\tau_{max} = \dfrac{16 M_x}{\pi D^3}$.

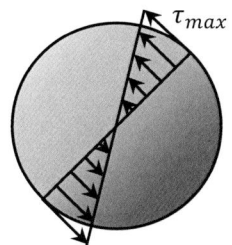

Ejemplo 3: Diagramas en viga acodada sometida a cargas puntuales excéntricas

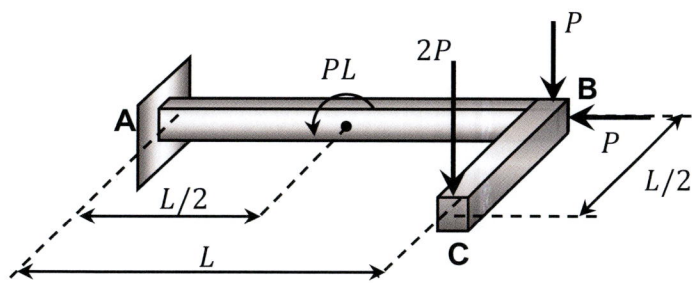

En primer lugar, se obtienen las reacciones en el empotramiento rígido en A:

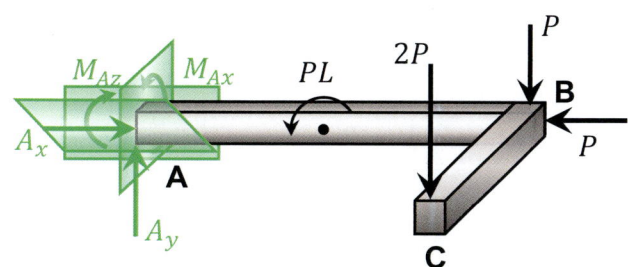

$$
\begin{cases}
X: & A_x - P = 0 \quad (1) \quad \rightarrow \boldsymbol{A_x = P} \\
Y: & A_y - P - 2P = 0 \quad (2) \quad \rightarrow \boldsymbol{A_y = 3P} \\
\sum M_{z,A} = 0: & PL - PL - 2PL - M_{Az} = 0 \quad (3) \quad \rightarrow \boldsymbol{M_{Az} = -2PL} \\
\sum M_{x,A} = 0: & M_{Ax} + 2P\frac{L}{2} = 0 \quad (4) \quad \rightarrow \boldsymbol{M_{Az} = PL}
\end{cases}
$$

Observar el cambio de signo en el momento flector M_{Az}

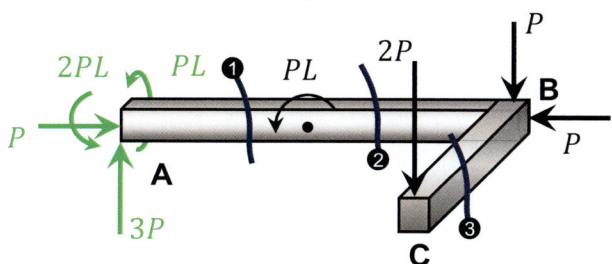

Se realizarán tres cortes: dos sobre el tramo *AB* (antes y después del momento aplicado) y un corte en el tramo *BC*:

Corte 1: $0 \le x \le L/2$

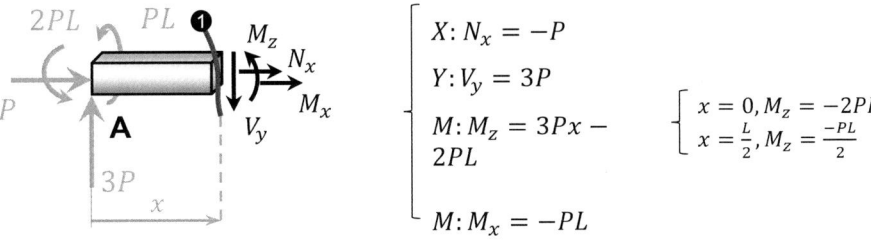

$$\begin{cases} X: N_x = -P \\ Y: V_y = 3P \\ M: M_z = 3Px - 2PL \\ M: M_x = -PL \end{cases} \quad \begin{cases} x = 0, M_z = -2PL \\ x = \frac{L}{2}, M_z = \frac{-PL}{2} \end{cases}$$

Corte 2: $L/2 \le x \le L$

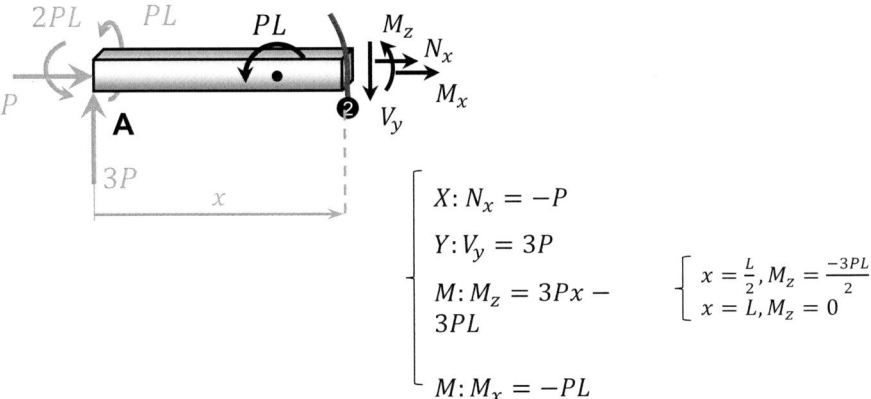

$$\begin{cases} X: N_x = -P \\ Y: V_y = 3P \\ M: M_z = 3Px - 3PL \\ M: M_x = -PL \end{cases} \quad \begin{cases} x = \frac{L}{2}, M_z = \frac{-3PL}{2} \\ x = L, M_z = 0 \end{cases}$$

Corte 3: $0 \le x \le L/2$

$$\begin{cases} X: N_x = 0 \\ Y: V_y = -2P \\ M: M_z = -2Px \\ M: \text{No hay torsores en este tramo} \end{cases} \quad \begin{cases} x = 0, M_z = 0 \\ x = \frac{L}{2}, M_z = -PL \end{cases}$$

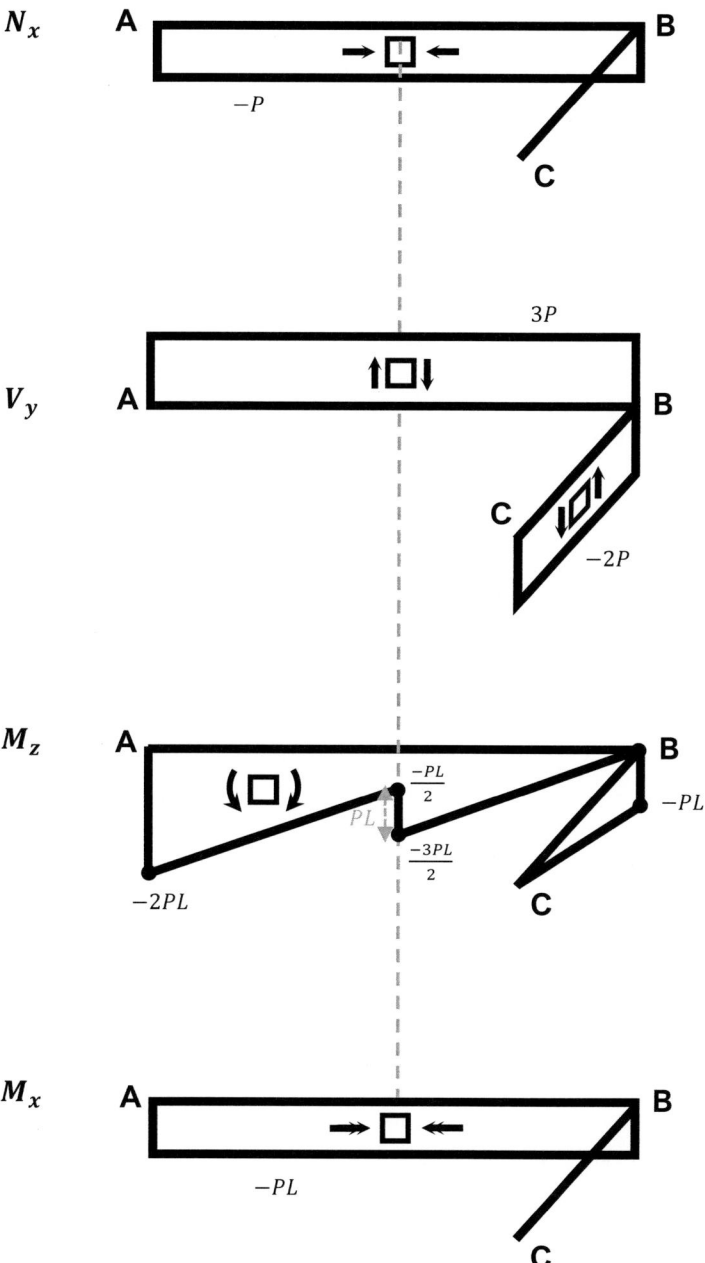

6.9. Problemas

Problema 6.1

Calcular el momento flector máximo M y el valor correspondiente en abscisas x_0 en el puente grúa para el cual se produciría ese momento.

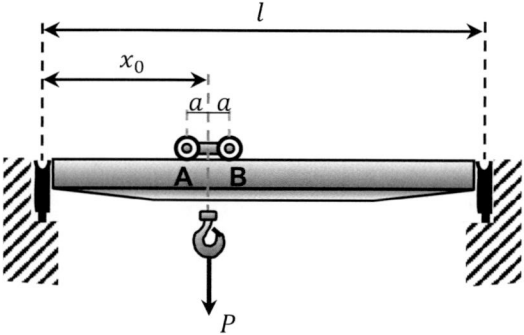

Resultados: $M_{max} = \frac{P}{4l}(l-a)^2$; $x = \frac{a+l}{2}$.

Problema 6.2

Obtener los diagramas de esfuerzos axiales, cortantes y momentos flectores del siguiente sistema formado por dos vigas. Para la aplicación numérica, tomar $P = 1.000\ kg$ y $L = 1\ m$.

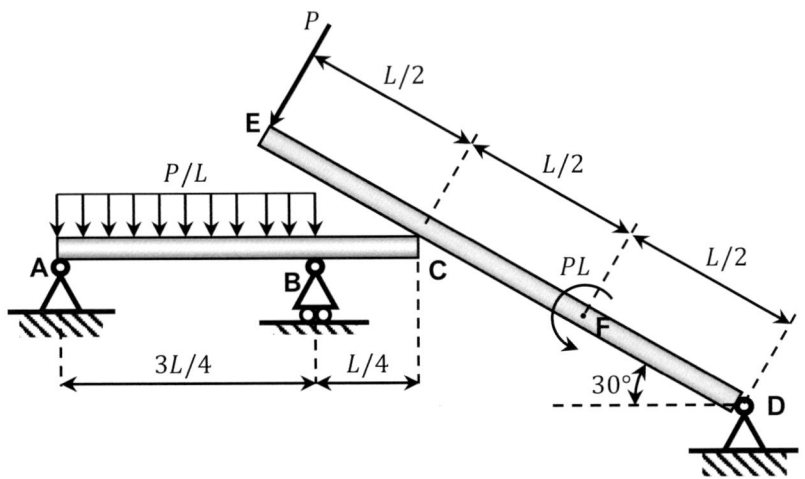

Resultados: [-].

Problema 6.3

Obtener los diagramas de esfuerzos axiales, cortantes y momentos flectores en el siguiente pórtico:

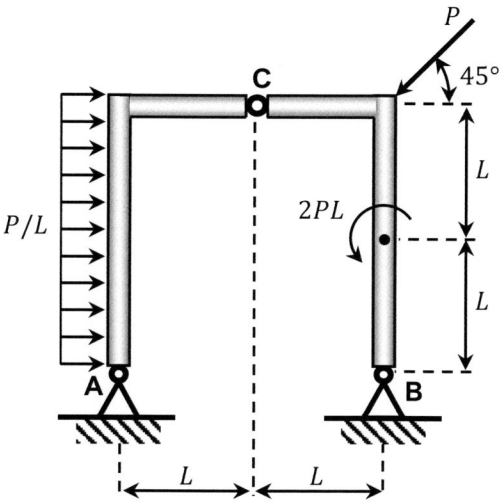

Resultados: [-].

Problema 6.4

Calcular las tensiones máximas normales de la siguiente viga con sección en T invertida:

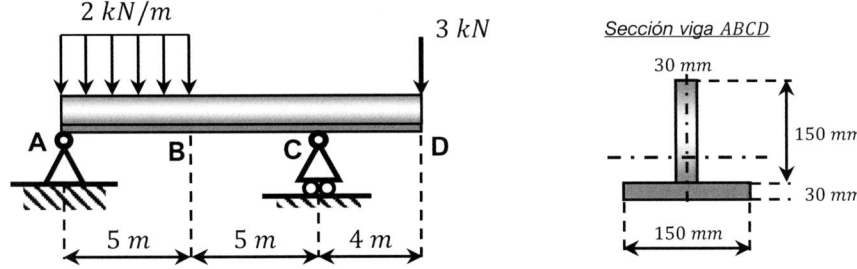

Resultados: $\sigma_{max,t} = 53{,}3\ MPa;\ \sigma_{max,c} = -44{,}1\ MPa.$

Problema 6.5

La figura muestra una operación llamada *pinch turning*, habitual en el torneado de grandes carcasas y anillos aeronáuticos. Se trata de una operación donde dos herramientas actúan simultáneamente sobre una pieza de gran diámetro que está girando sobre su eje vertical. Se desea estudiar el comportamiento estático de la pieza, para lo cual se considera el sistema en equilibrio en la posición de la figura. El sistema está formado por:

- Amarre (1) (base inferior de la pieza): que se puede tomar como empotramiento rígido (sección O).
- Pieza (2): un anillo o cilindro hueco dispuesto como viga en voladizo, de diámetro exterior D e interior $0,8D$, y de longitud $0,2D$.
- Un sistema de fuerzas formado por: 1) fuerza vertical de valor P actuando en el diámetro exterior (sección A) y 2) fuerza horizontal de valor P situada a $0,15D$ del empotramiento en el amarre (sección B).

Calcular:

a. Reacciones en el empotramiento O.
b. Diagramas de esfuerzos axiales, cortantes y momentos flectores.
c. Tensión normal máxima y lugar donde ocurre.

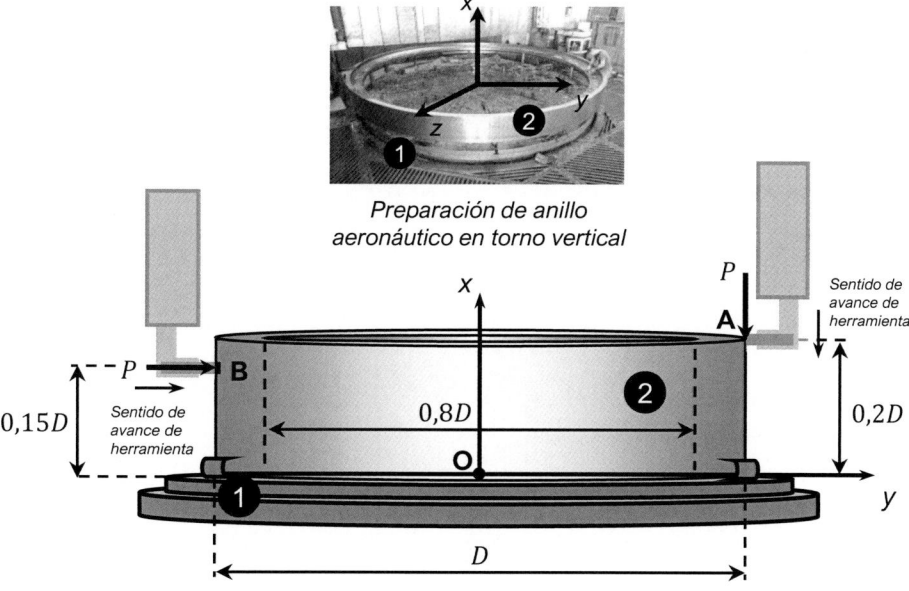

Preparación de anillo aeronáutico en torno vertical

Resultados: a. $O_x = P$; $O_y = P$; $M_O = 0,65PD$; b. [-]; c. $\sigma_x = \frac{-14,75P}{D^2}$.

Problema 6.6

La figura representa un sistema en equilibrio formado por una viga ABC de sección rectangular hueca apoyada en dos apoyos A y B y sometida a una carga distribuida de valor constante $p\ [N/m]$ y al momento aplicado en B de valor pL^2. Además, esta viga lleva atado en su extremo C un cable CDE de peso propio de valor $p\ [N/m]$ por unidad de cable arrollado sobre una polea sin rozamiento de radio despreciable (D). La pendiente del cable en C es horizontal y en D forma un ángulo de $60°$ con respecto a la horizontal.

Notas:
- Se desprecia el peso propio de la viga.
- Tomar p como dato para todo el ejercicio salvo para el apartado e).

Calcular:

a. Parámetro de catenaria c y tensión mínima en el cable en función de p.
b. Longitud del cable CDE.
c. Diagramas de esfuerzos axiales, cortantes y momentos flectores.
d. Tensión normal máxima explicando en qué sección se produce y si es de tracción o compresión.
e. Valor crítico de p que provocaría el colapso de la viga si la tensión máxima admisible por el material es de $250\ kg/cm^2$ y $L = 5\ m$.

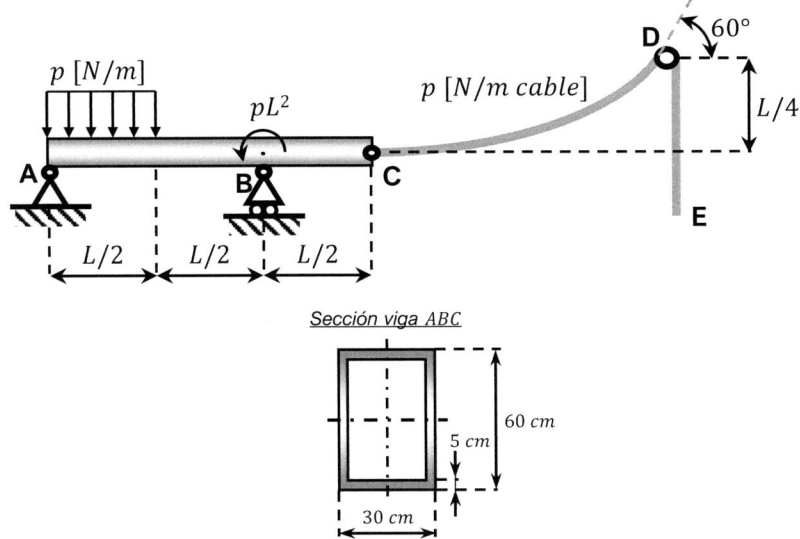

Sección viga ABC

Resultados: a. $c = \frac{L}{4}$; b. $s_{CDE} = \frac{L(\sqrt{3}+2)}{4}$; d. $\sigma_x = \frac{pL/4}{BH-bh} + \frac{pL^2 \cdot (H/2)}{\frac{1}{12}(BH^3-bh^3)}$; e. $p \approx 11\ \frac{kg}{cm}$.

Problema 6.7

La figura representa un sistema en equilibrio formado por la viga OA en doble T fabricada en acero al carbono A42b de longitud $L = 100\ cm$. La viga tiene la sección recta mostrada y soporta una carga puntual de valor $p \cdot L$. El cable está atado en los puntos A y B soportando una carga distribuida constante por unidad de abscisa de valor $p\ [kg/cm]$.

Notas:
- La carga soportada por la viga es puntual, pero está en función del valor p (por eso se multiplica por una longitud L).
- Recomendación: seguir todo el proceso de resolución en función de p y L. Sustituir la numéricamente solo al aplicar la condición de tensión máxima.

Si la tensión máxima admisible por el acero de la viga es $2.700\ kg/cm^2$, calcular:

a. Reacciones en los apoyos A y B y ecuación de la curva $y(x)$ del cable.
b. Diagramas de esfuerzos y momentos.
c. Valor p máximo admisible por la viga (señalar la sección x respecto de O donde ocurre el momento máximo).

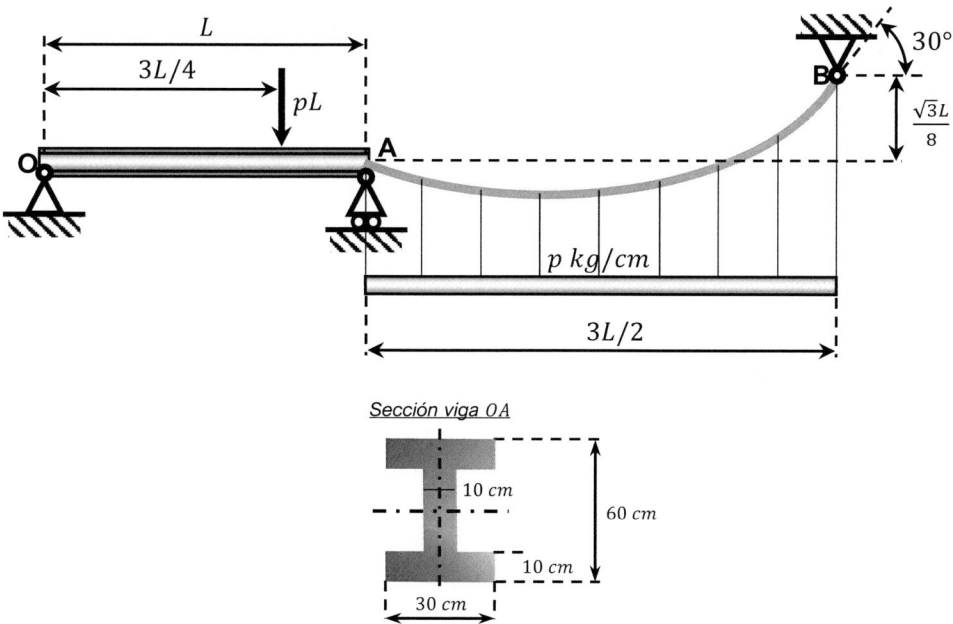

Sección viga OA

Resultados: a. $A_x = \sqrt{3}pL$; $B_y = pL$; $y(x) = \dfrac{x^2}{2\sqrt{3}L}$; c. $p \approx 9.000\ \dfrac{kg}{cm}$.

Problema 6.8

El sistema mecánico de la figura está en equilibrio en la posición mostrada. La estructura articulada $OABCDEF$ está atada a un hilo OO' (peso despreciable) y en F está articulada a una vida FG. La viga EF soporta una carga distribuida de valor $\frac{P}{L}$, está empotrada en G y tiene sección rectangular $b \times h$:

Si la tensión máxima admisible por el acero de la viga es $2.700\ kg/cm^2$, calcular:

a. Tensión (fuerza interna) en el hilo OO'.
b. Fuerzas internas en barras OB, AB y AC.
c. Reacciones en el empotramiento G.
d. Diagramas de esfuerzos axiales, cortantes y momentos flectores en la viga FG, indicando los valores máximos.
e. Obtener la tensión normal máxima señalando la sección donde se produce.

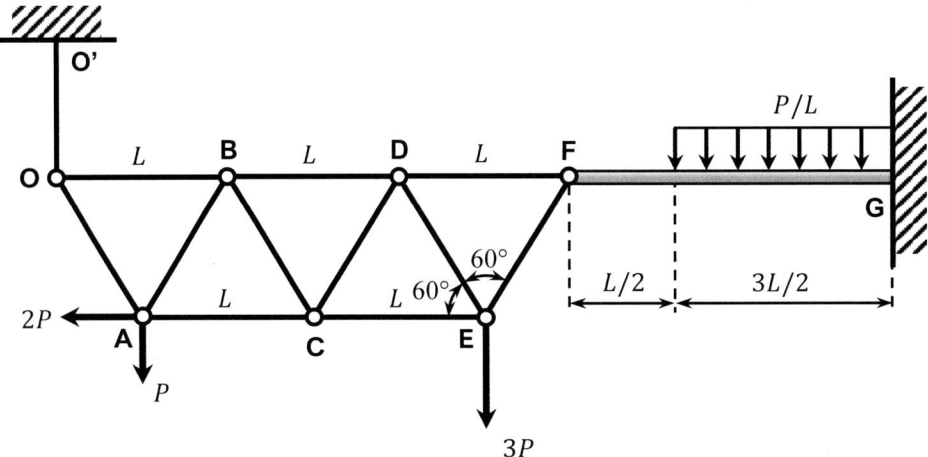

Resultados: a. $T = \frac{4-\sqrt{3}}{3}P$; b. $T_{OB} = -\frac{4\sqrt{3}-3}{9}P$(c); $T_{AC} = \frac{5\sqrt{3}+12}{9}P$(t); c. $G_x = 2P$; $G_y = \left(\frac{\sqrt{3}}{3}+\frac{3}{2}\right)P$; $M_G = \left(\frac{2\sqrt{3}}{3}+\frac{9}{8}\right)PL$; e. $\sigma_x = \frac{2P}{bh} + \frac{-\left(\frac{2\sqrt{3}}{3}+\frac{9}{8}\right)PL\cdot\left(-\frac{h}{2}\right)}{\frac{1}{12}bh^3}$.

Problema 6.9

El sistema mecánico de la figura muestra las fuerzas producidas sobre el extremo de una herramienta (derecha de la figura, barra de mandrinar de sección cilíndrica de diámetro D) durante una operación de torneado de interiores. Sobre la herramienta de corte en el extremo de la barra de mandrinar se aplican: 1) una fuerza puntual de valor $2P$ en la dirección del eje x (se asumirá por sencillez aplicada en el punto A); 2) una fuerza puntual vertical de valor $4P$ en la periferia (punto A'). La barra está rígidamente empotrada en su extremo derecho (sección O). Calcular en función de P y D:

a. Diagramas de esfuerzos normales, cortantes, flectores y torsores.
b. Tensión normal máxima y tensión cortante máxima debido al momento torsor.
c. Tomando $P = 3.000\ N$, calcular el valor de D mínimo, si el valor admisible por el material en dirección normal es $\sigma_{adm} = 1.500\ MPa$.

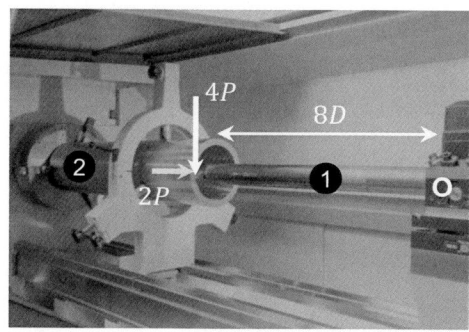

Operación de torneado de interiores: la pieza o cilindro hueco (2) está ayudada de luneta de apoyo para no flectar; la herramienta (1) trabaja como viga en voladizo

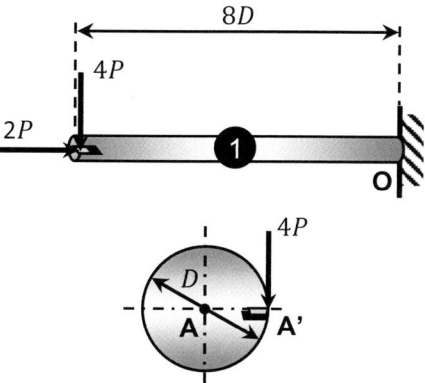

Resultados: a. [–]; b. $\sigma_{x,max} = \dfrac{-1.032P}{\pi D^2}$; $\tau_{xy,max} = \dfrac{32P}{\pi D^2}$; c. $D = 25\ mm$.

Problema 6.10

Una manera alternativa de achaflanar un agujero (ver Problema 1.1) es incorporando las dos operaciones de taladrado y avellanado sobre la misma herramienta. Este es el caso de la broca bidiametral (ver figura) con dos filos de corte. La herramienta avanza en dirección axial a la vez que gira. La peor situación se presenta cuando la herramienta está cortando con los dos diámetros al mismo tiempo. El sistema puede asimilarse a una barra cilíndrica bidiametral sometida a un par de fuerzas en las secciones AA y BB, y empotrada en la sección centrada en O. Se considera que en el diámetro menor D se produce una fuerza aplicada en el punto más alejado (zonas cónicas, ver sección AA) de valor P, mientras que sobre el diámetro mayor $2D$ se produce un par de fuerzas de valor $2P$ (sección BB, igualmente, aplicadas cada una en los puntos más alejados).

Calcular en función de P y D:

a. Reacciones en el empotramiento de la herramienta en la pinza (punto O) y diagramas relevantes.
b. Tensión cortante máxima y punto de la herramienta donde se produce (sección y localización respecto del eje).
c. Valor mínimo de D antes de la rotura con un factor de seguridad de 1,5, si la tensión cortante máxima admisible del acero rápido HSS es $\tau_{adm} = \tau$.

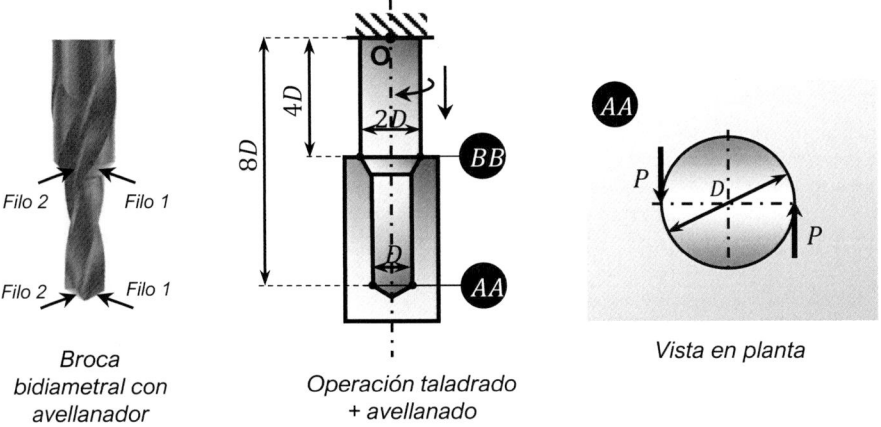

Broca
bidiametral con
avellanador

Operación taladrado
+ avellanado

Vista en planta

Resultados: a. $[-]$; b. $\tau_{xy,max} = \frac{16P}{\pi D^2}$; c. $D = \sqrt{\frac{24P}{\pi\tau}}$.

Problemas resueltos

Tema 1

Problema 1.1

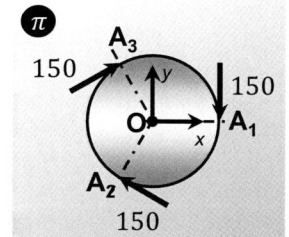

a.

Tomando como sistema de referencia el señalado:

$$\vec{R} = \overrightarrow{F_1} + \overrightarrow{F_2} + \overrightarrow{F_3} =$$

$$= -150\,\vec{j} + 150(-cos30°\vec{i} + sin30°\vec{j}) + 150(cos30°\vec{i} + sin30°\vec{j}) = \boxed{0}$$

El momento resultante respecto a O tiene dirección z, donde el momento producido por cada fuerza es igual. Veámoslo:

$$\overrightarrow{M_O} = \overrightarrow{M_{O,1}} + \overrightarrow{M_{O,2}} + \overrightarrow{M_{O,3}} = \overrightarrow{OA_1} \times \overrightarrow{F_1} + \overrightarrow{OA_2} \times \overrightarrow{F_2} + \overrightarrow{OA_3} \times \overrightarrow{F_3} =$$

$$= \begin{vmatrix} \vec{i} & \vec{j} & \vec{k} \\ 0{,}005 & 0 & 0 \\ 0 & -150 & 0 \end{vmatrix} + \begin{vmatrix} \vec{i} & \vec{j} & \vec{k} \\ -0{,}0025 & -0{,}0025\sqrt{3} & 0 \\ -75\sqrt{3} & 75 & 0 \end{vmatrix} + \begin{vmatrix} \vec{i} & \vec{j} & \vec{k} \\ -0{,}0025 & 0{,}0025\sqrt{3} & 0 \\ 75\sqrt{3} & 75 & 0 \end{vmatrix} =$$

$$= -0{,}75\vec{k} + (-75 \cdot 4 \cdot 0{,}0025)\vec{k} + (-75 \cdot 4 \cdot 0{,}0025)\vec{k} = \boxed{-2{,}25\vec{k}} \ [Nm]$$

b.

El invariante escalar es nulo, puesto que la resultante del sistema es nula también. Estamos ante un sistema cuyo equivalente es un vector libre en el espacio, es decir, caso 2.1. El momento es idéntico en cualquier punto del espacio:

$$\boxed{\tau = \vec{R} \cdot \overrightarrow{M_O} = 0}$$

c.

$$v_O = v_{O,1} + v_{O,2} + v_{O,3} = \overrightarrow{OA_1} \cdot \overrightarrow{F_1} + \overrightarrow{OA_2} \cdot \overrightarrow{F_2} + \overrightarrow{OA_3} \cdot \overrightarrow{F_3} =$$

$$= 0{,}005\vec{i} \cdot (-150\,\vec{j}) + (-0{,}0025\vec{i} - 0{,}0025\sqrt{3}\vec{j})(-75\sqrt{3}\vec{i} + 75\vec{j}) +$$

$$+ (-0{,}0025\vec{i} + 0{,}0025\sqrt{3}\vec{j})(75\sqrt{3}\vec{i} + 75\vec{j}) = \boxed{0}$$

d.

$$\vec{R} = \overrightarrow{F_1} + \overrightarrow{F_2} = -150\,\vec{j} + (-75\sqrt{3}\vec{i} + 75\vec{j}) = \boxed{-75\sqrt{3}\vec{i} - 75\vec{j}} \ [N]$$

$$\overrightarrow{M_O} = \overrightarrow{M_{O,1}} + \overrightarrow{M_{O,2}} = \overrightarrow{OA_1} \times \overrightarrow{F_1} + \overrightarrow{OA_2} \times \overrightarrow{F_2} = \boxed{-1{,}5\vec{k}} \ [Nm]$$

$$\tau = \vec{R} \cdot \overrightarrow{M_O} = (-75\sqrt{3}\vec{i} - 75\vec{j}) \cdot (-1{,}5\vec{k}) = \boxed{0} \quad \text{(caso 2.2)}$$

$$\boxed{v_O = 0}$$

d.

Para el cálculo del EC, se plantea la ecuación de momentos sabiendo que el momento es mínimo (el invariante escalar es nulo):

$$\overrightarrow{M_O} = \overrightarrow{M_{O_\tau}} + \overrightarrow{OO_\tau} \times \vec{R} = 0 + \begin{vmatrix} \vec{\imath} & \vec{\jmath} & \vec{k} \\ x - 0 & y - 0 & z - 0 \\ -75\sqrt{3} & -75 & 0 \end{vmatrix} =$$

$$= -1{,}5\vec{k} = (75z)\vec{\imath} + \left(-75\sqrt{3}z\right)\vec{\jmath} + \left(-75x + 75\sqrt{3}y\right)\vec{k}$$

$$\left[\begin{array}{l} 0 = 75z \rightarrow \boxed{z = 0} \\ 0 = -75\sqrt{3}z \\ \boxed{-1{,}5 = -75x + 75\sqrt{3}y} \end{array} \right. \begin{array}{l} \rightarrow si\ x = 0,\ y = -0{,}0115 \\ \rightarrow si\ y = 0,\ x = 0{,}02 \end{array}$$

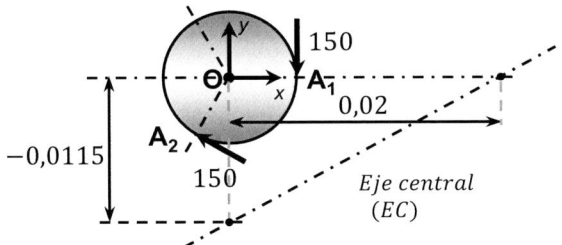

Problema 1.2

a.

En primer lugar, se calcula la resultante del sistema:

$$\vec{R} = \overrightarrow{F_x} + \overrightarrow{F_y} = -2.500\vec{\imath} - 3.500\vec{\jmath}\ [N]$$

A continuación, hay que calcular el momento respecto del punto O. En este caso, el punto de aplicación de las dos fuerzas puede trasladarse a A, con lo cual:

$$\overrightarrow{M_O} = \overrightarrow{OA} \times \overrightarrow{F_x} + \overrightarrow{OA} \times \overrightarrow{F_y} = \overrightarrow{OA} \times \left(\overrightarrow{F_x} + \overrightarrow{F_y}\right) = \begin{vmatrix} \vec{\imath} & \vec{\jmath} & \vec{k} \\ 0{,}125 & 0{,}010 & 0 \\ -2.500 & -3.500 & 0 \end{vmatrix} =$$

$$= (-3.500 \cdot 0{,}125 + 2.500 \cdot 0{,}010)\vec{k} = -412{,}5\vec{k}\ [Nm]$$

Por tanto, el invariante escalar es: $\boxed{\tau = \vec{R} \cdot \overrightarrow{M_O} = 0}$

tratándose del caso 2.2 de Clasificación de sistemas de vectores (Varignon). El momento mínimo también es nulo:

$$\boxed{\overrightarrow{M_{min}} = \frac{\tau}{R}\overrightarrow{u_R} = 0}$$

b.

Para el cálculo del EC, se plantea la ecuación de momentos:

$$\overrightarrow{M_O} = \overrightarrow{M_{O_\tau}} + \overrightarrow{OO_\tau} \times \vec{R} = 0 + \begin{vmatrix} \vec{\imath} & \vec{\jmath} & \vec{k} \\ x-0 & y-0 & z-0 \\ -2.500 & -3.500 & 0 \end{vmatrix} =$$

$$= -412{,}5\vec{k} = (3.500\,z)\vec{\imath} + (-2.500\,z)\vec{\jmath} + (-3.500\,x + 2.500\,y)\vec{k}$$

$$\left[\begin{array}{l} 0 = 3.500\,z \;\rightarrow\boxed{z = 0} \\ 0 = -2.500\,z \\ \boxed{-412{,}5 = -3.500\,x + 2.500\,y} \quad \begin{array}{l} \rightarrow si\ x = 0, y = -0{,}165 \\ \rightarrow si\ y = 0, x = 0{,}118 \end{array} \end{array} \right.$$

El EC está en la intersección de los planos xy ($z = 0$) y $-412{,}5 = -3.500\,x + 2.500\,y$

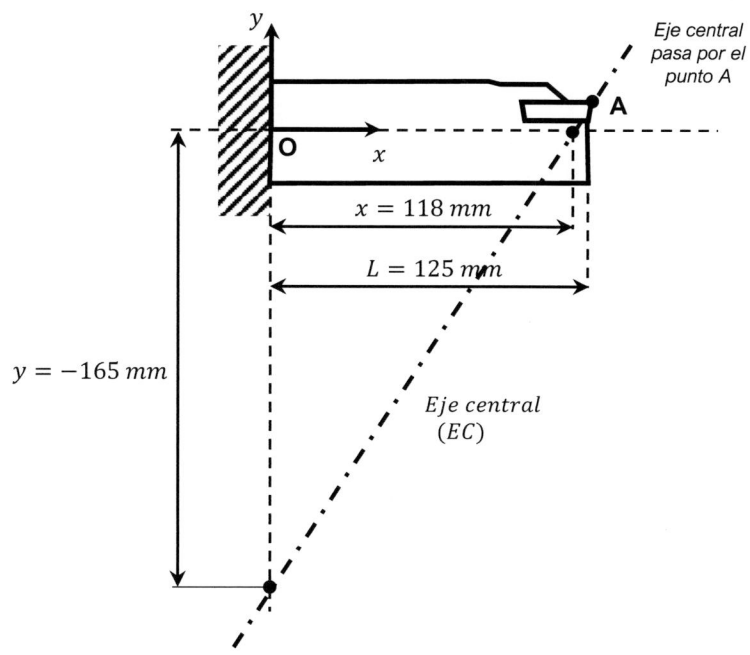

c.

Inversamente para garantizar el cumplimiento de esta condición:

$$\overrightarrow{M_O} = \overrightarrow{OA} \times \left(\overrightarrow{F_x} + \overrightarrow{F_y}\right) = \begin{vmatrix} \vec{\imath} & \vec{\jmath} & \vec{k} \\ L & 0{,}010 & 0 \\ -2{.}500 & -3{.}500 & 0 \end{vmatrix} = -200\,\vec{k}\ [Nm]$$

$$= (-3{.}500 \cdot L + 2{.}500 \cdot 0{,}010)\,\vec{k} \;\rightarrow\; \boxed{L = 0{,}064\ m = 64{,}2\ mm}$$

Problema 1.3

a.

En primer lugar, se calcula la resultante del sistema:

$$\vec{R} = \overrightarrow{F_x} + \overrightarrow{F_y} + \overrightarrow{F_z} = 1{.}500\,\vec{\imath} + 2{.}500\,\vec{\jmath} + 2{.}000\,\vec{k}\ [N]$$

El módulo y vector unitario de la resultante son:

$$\left|\vec{R}\right| = \sqrt{F_x^2 + F_y^2 + F_z^2} = \sqrt{1{.}500^2 + 2{.}500^2 + 2{.}000^2} = 3{.}535{,}53\ [N]$$

$$\overrightarrow{u_R} = \frac{\vec{R}}{\left|\vec{R}\right|} = \sqrt{F_x^2 + F_y^2 + F_z^2} = \sqrt{1{.}500^2 + 2{.}500^2 + 2{.}000^2} =$$

$$= 0{,}424\,\vec{\imath} + 0{,}707\,\vec{\jmath} + 0{,}566\,\vec{k} = \cos\alpha\,\vec{\imath} + \cos\beta\,\vec{\jmath} + \cos\gamma\,\vec{k}$$

$$\rightarrow \boxed{\alpha = 64{,}9°,\ \beta = 45°,\ \gamma = 55{,}5°}$$

b.

Se deben expresar los vectores unitarios del sistema tnc en función de los vectores unitarios del sistema xyz:

$$\left\lbrace \begin{array}{l} \vec{t} = \cos(90 - \kappa_r)\vec{\imath} - \sin(90 - \kappa_r)\vec{k} = \cos(15°)\vec{\imath} - \sin(15°)\vec{k} \\ \vec{c} = \vec{\jmath} \\ \vec{n} = \sin(90 - \kappa_r)\vec{\imath} + \cos(90 - \kappa_r)\vec{k} = \sin(15°)\vec{\imath} + \cos(15°)\vec{k} \end{array} \right.$$

O también:

$$\left\lbrace \begin{array}{l} \vec{t} = \sin\kappa_r\,\vec{\imath} - \cos\kappa_r\,\vec{k} \\ \vec{c} = \vec{\jmath} \\ \vec{n} = \cos\kappa_r\,\vec{\imath} + \sin\kappa_r\,\vec{k} \end{array} \right. \quad \Longrightarrow \quad \left\{ \begin{array}{c} \vec{t} \\ \vec{c} \\ \vec{n} \end{array} \right\} = \begin{bmatrix} \sin\kappa_r & 0 & -\cos\kappa_r \\ 0 & 1 & 0 \\ \cos\kappa_r & 0 & \sin\kappa_r \end{bmatrix} \cdot \left\{ \begin{array}{c} \vec{\imath} \\ \vec{\jmath} \\ \vec{k} \end{array} \right\}$$

$$[T] = \begin{bmatrix} \sin\kappa_r & 0 & -\cos\kappa_r \\ 0 & 1 & 0 \\ \cos\kappa_r & 0 & \sin\kappa_r \end{bmatrix}$$

c.

Esta transformación se obtiene a partir del concepto de matriz inversa (matriz traspuesta de la adjunta dividido por el determinante):

$$[T]^{-1}\begin{Bmatrix} \vec{t} \\ \vec{c} \\ \vec{n} \end{Bmatrix} = [T]^{-1} \cdot [T] \cdot \begin{Bmatrix} \vec{i} \\ \vec{j} \\ \vec{k} \end{Bmatrix} = \begin{Bmatrix} \vec{i} \\ \vec{j} \\ \vec{k} \end{Bmatrix} = \frac{1}{1}\begin{bmatrix} \sin\kappa_r & 0 & \cos\kappa_r \\ 0 & 1 & 0 \\ -\cos\kappa_r & 0 & \sin\kappa_r \end{bmatrix} \cdot \begin{Bmatrix} \vec{t} \\ \vec{c} \\ \vec{n} \end{Bmatrix}$$

$$[T]^{-1} = \begin{bmatrix} \sin\kappa_r & 0 & \cos\kappa_r \\ 0 & 1 & 0 \\ -\cos\kappa_r & 0 & \sin\kappa_r \end{bmatrix}$$

Y la fuerza resultante expresada en el sistema tcn es:

$$\vec{R} = 1.500\,\vec{i} + 2.500\,\vec{j} + 2.000\,\vec{k} = 1.500(\sin\kappa_r\,\vec{t} + \cos\kappa_r\,\vec{n}) + 2.500\,\vec{c} +$$

$$+2.000(-\cos\kappa_r\,\vec{t} + \sin\kappa_r\,\vec{n}) = \boxed{931,25\,\vec{t} + 2.500\,\vec{c} + 2.320,08\,\vec{n}}$$

d.

La fuerza resultante es de módulo $3.535,53\,[N]$, el ángulo de posición afecta a las direcciones xz o tn luego $F_y' = F_c' = 2.500\,[N]$:

$$\vec{R} = F_x'\,\vec{t} + F_y'\,\vec{c} + F_z'\,\vec{n} = F_t'\,\vec{t} + F_c'\,\vec{c} + F_n'\,\vec{n}$$

$$|\vec{R}| = \sqrt{F_x'^2 + F_y'^2 + F_z'^2} = \sqrt{F_t'^2 + F_c'^2 + F_n'^2}$$

$$= \sqrt{1.500^2 + 2.500^2 + 2.000^2} = 3.535,53 = \sqrt{F_t'^2 + 2.500^2 + 1.800^2}$$

$$\rightarrow F_t' = 1.734,9\,[N]$$

$$\rightarrow \vec{R} = 1.734,9\,\vec{t} + 2.500\,\vec{c} + 1.800\,\vec{n}$$

$$F_x = 1.500 = 1.734,9 \cdot \sin\kappa_r + 1.800 \cdot \cos\kappa_r$$
$$F_z = 2.000 = -1.734,9 \cdot \cos\kappa_r + 1.800 \cdot \sin\kappa_r$$

ecuaciones que se pueden resolver dando valores. A partir de cualquiera de las dos:

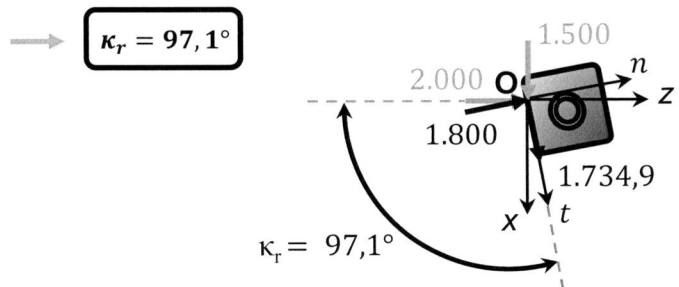

$$\boxed{\kappa_r = 97,1°}$$

Problema 1.4

a.

De los seis dientes en contacto, en realidad, únicamente, existe contribución en cinco de ellos, ya que el diente de la parte superior se encuentra en la posición $\theta = 0$. Por tanto, se plantea la suma vectorial:

$$\vec{R} = \sum_{i=1}^{6} \vec{F_i} = 0 + \vec{F_2} + \vec{F_3} + \vec{F_4} + \vec{F_5} + \vec{F_6} = (500 \cdot sin30) \cdot cos30\,\vec{\imath} - $$
$$(500 \cdot sin30) \cdot sin30\,\vec{\jmath} + (500 \cdot sin60) \cdot cos60\,\vec{\imath} - (500 \cdot sin60) \cdot sin60\,\vec{\jmath} - $$
$$(500 \cdot sin90) \cdot sin90\,\vec{\jmath} - (500 \cdot sin60) \cdot cos60\,\vec{\imath} - (500 \cdot sin60) \cdot sin60\,\vec{\jmath} - $$
$$(500 \cdot sin30) \cdot cos30\,\vec{\imath} - (500 \cdot sin30) \cdot sin30\,\vec{\jmath}$$

Y la fuerza resultante:

$$\vec{R} = -125\,\vec{\jmath} - 375\,\vec{\jmath} - 500\,\vec{\jmath} - 375\,\vec{\jmath} - 125\,\vec{\jmath} = \boxed{-1.500\,\vec{\jmath}}$$

b.

El momento respecto del eje de la fresa es el momento respecto de O, dado que se trata de un sistema de vectores en el plano. El momento resultante se obtiene fácilmente como:

$$\vec{M_O} = -[(F_2 \cdot 10) + (F_3 \cdot 10) + (F_4 \cdot 10) + (F_5 \cdot 10) + (F_6 \cdot 10)]\,\vec{k} = $$

$$= -[(250 \cdot 10) + (433 \cdot 10) + (500 \cdot 10) + (433 \cdot 10) + (250 \cdot 10)]\,\vec{k} = $$

$$= \boxed{-18.660\,\vec{k}}$$

Alternativamente, puede aplicarse la fórmula general para sistemas de vectores:

$$\overrightarrow{M_O} = \Sigma_{i=1}^{6}\,\overrightarrow{OA_i} \times \overrightarrow{F_i} = \begin{vmatrix} \vec{\imath} & \vec{\jmath} & \vec{k} \\ 10\cdot sin30 & 10\cdot cos30 & 0 \\ 250\cdot cos30 & -250\cdot sin30 & 0 \end{vmatrix} + \begin{vmatrix} \vec{\imath} & \vec{\jmath} & \vec{k} \\ 10\cdot sin60 & 10\cdot cos60 & 0 \\ 433\cdot cos60 & -433\cdot sin60 & 0 \end{vmatrix} +$$

$$\begin{vmatrix} \vec{\imath} & \vec{\jmath} & \vec{k} \\ 10 & 0 & 0 \\ 0 & -500 & 0 \end{vmatrix} + \begin{vmatrix} \vec{\imath} & \vec{\jmath} & \vec{k} \\ 10\cdot sin60 & -10\cdot cos60 & 0 \\ -433\cdot cos60 & -433\cdot sin60 & 0 \end{vmatrix} + \begin{vmatrix} \vec{\imath} & \vec{\jmath} & \vec{k} \\ 10\cdot sin30 & -10\cdot cos30 & 0 \\ -250\cdot cos30 & -250\cdot sin30 & 0 \end{vmatrix} =$$

$$= (-625 - 1.875)\,\vec{k} + (-3.247{,}5 - 1.082{,}5)\,\vec{k} + (-5.000)\,\vec{k} + (-3.247{,}5 - 1.082{,}5)\,\vec{k} +$$

$$+(-625 - 1.875)\,\vec{k} = \boxed{-18.660\,\vec{k}}$$

c.

Para ello, debe calcularse el invariante escalar. Se observa que el vector resultante $\vec{R}$ y el momento $\overrightarrow{M_O}$ son perpendiculares, luego $\tau = 0$. Se cumple el teorema de Varignon.

d.

Para el cálculo del EC, se plantea la ecuación de momentos:

$$\overrightarrow{M_O} = \overrightarrow{M_{O_\tau}} + \overrightarrow{OO_\tau} \times \vec{R} = 0 + \begin{vmatrix} \vec{\imath} & \vec{\jmath} & \vec{k} \\ x - 0 & y - 0 & z - 0 \\ 0 & -1.500 & 0 \end{vmatrix} =$$

$$= -1.500\cdot x\,\vec{k} + 1.500\cdot z\,\vec{\imath} = -18.660\,\vec{k}$$

Así:

$$\begin{cases} 1.500\cdot z = 0 \rightarrow \boxed{z = 0} \\ 0 = 0 \\ -1.500\cdot x = -18.660 \rightarrow \boxed{x = 12{,}44} \end{cases}$$

El EC es la intersección de los dos planos anteriores. Veámoslo:

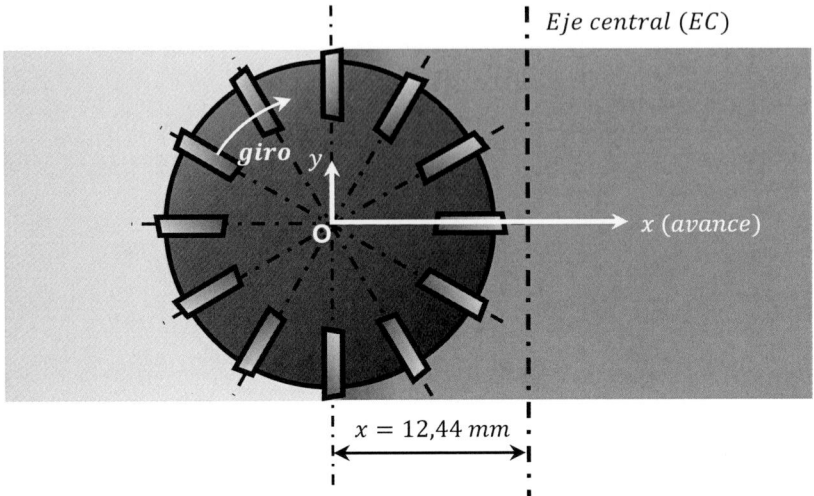

Como comprobación puede calcularse el momento respecto a cualquier punto perteneciente al EC. Aplicando campo de momentos entre el punto O y un punto del EC, por ejemplo, $E(12,44;\ 10)$:

$$\overrightarrow{M_E} = \overrightarrow{M_O} + \vec{R} \times \overrightarrow{OE} = -18.660\ \vec{k} + \begin{vmatrix} \vec{\imath} & \vec{\jmath} & \vec{k} \\ 0 & -1.500 & 0 \\ 12,44 & 10 & 0 \end{vmatrix} =$$

$$= -18.660\ \vec{k} + 18.660\ \vec{k} = 0$$

demostrando, por tanto, que el momento es mínimo e igual a cero.

Tema 2

Problema 2.1

a.

Elemento diferencial de volumen tipo disco de radio r_x (variable en x) y espesor dx:

$$x_G = \frac{\int_V x\,dV}{\int_V dV}$$

$$dV = \pi r_x^2\,dx \quad \Longrightarrow \quad dV = \pi \frac{x-K_2}{K_1}\,dx$$

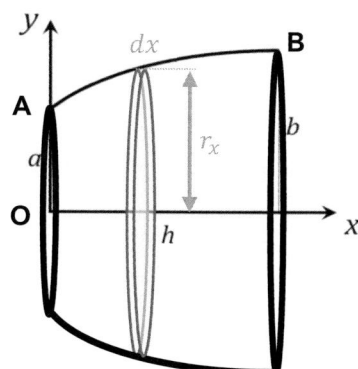

Observamos que r_x el radio del disco elegido con esa notación porque cambia a lo largo de x es precisamente la ordenada y de la parábola luego $r_x = y = \sqrt{\frac{x-K_2}{K_1}}$:

$$x_G = \frac{\int_0^h x\pi\frac{x-K_2}{K_1}dx}{\int_0^h \pi\frac{x-K_2}{K_1}dx} = \frac{\int_0^h (x^2-xK_2)dx}{\int_0^h (x-K_2)dx} =$$

$$= \frac{\left(\frac{x^3}{3}-K_2\frac{x^2}{2}\right)_0^h}{\left(\frac{x^2}{2}-K_2 x\right)_0^h} = \frac{\frac{h^2}{3}-K_2\frac{h}{2}}{\frac{h}{2}-K_2} = \frac{h}{3}\cdot\frac{2h-3K_2}{h-2K_2}$$

$$\Longrightarrow \quad x_G = \frac{h}{3}\cdot\frac{\frac{2h(b^2-a^2)}{b^2-a^2}+\frac{3ha^2}{b^2-a^2}}{\frac{h(b^2-a^2)}{b^2-a^2}+\frac{2ha^2}{b^2-a^2}} = \frac{h}{3}\cdot\frac{2h(b^2-a^2)+3ha^2}{h(b^2-a^2)+2ha^2} = \boxed{\frac{h}{3}\cdot\frac{a^2+2b^2}{a^2+b^2}}$$

Problema 2.2

a.

El centro de gravedad de media esfera (Ejemplo 4) es: $z_{G,e} = \frac{3R}{8}$

En cuanto al centro de gravedad de un cono, el planteamiento es similar a un triángulo:

$$z_{G,c} = \frac{\int_V z\,dV}{V} = \frac{\int_0^h z\cdot\pi r_z^2\,dz}{\int_0^h \pi r_z^2\,dz}$$

Para obtener r_z en función de z, se plantea semejanza de triángulos:

$$\frac{R-r_z}{R-0} = \frac{0-z}{0-h} \ , r_z = R\left(1-\frac{z}{h}\right)$$

$$z_{G,c} = \frac{\pi R^2 \int_0^h z\cdot\left(1-\frac{z}{h}\right)^2 dz}{\pi R^2 \int_0^h \left(1-\frac{z}{h}\right)^2 dz} = \frac{\int_0^h \left(z - 2\frac{z^2}{h} + \frac{z^3}{h^2}\right)dz}{\int_0^h \left(1 - 2\frac{z}{h} + \frac{z^2}{h^2}\right)dz} =$$

$$= \frac{\left.\frac{z^2}{2} - 2\frac{z^3}{3h} + \frac{z^4}{4h^2}\right|_0^h}{\left.z - 2\frac{z^2}{2h} + \frac{z^3}{3h^2}\right|_0^h} = \frac{\frac{h^2}{12}}{\frac{h}{3}} = \frac{h}{4}$$

Conocidos ambos centros de gravedad, el centro de gravedad de la figura compuesta puede calcularse a partir de:

$$2M \cdot z_G = M \cdot z_{G,e} + M \cdot z_{G,c} \rightarrow 0 = M \cdot \left(\frac{-3R}{8}\right) + M \cdot \frac{h}{4}$$

$$\boxed{h = \frac{3R}{2}}$$

b.

El momento de inercia respecto del eje vertical es la suma de los momentos de inercia de cono (c) y de la media esfera (e):

$$I_z = I_{z,c} + I_{z,e}$$

$$I_{z,c} = \int_M r^2 \cdot dm = \frac{1}{2}\int_V r^2 \cdot \rho dV = \frac{1}{2}\int_0^h r^2 \cdot \frac{M}{\frac{1}{3}\pi R^2 h}\pi r_z^2 dz =$$

$$= \frac{3M}{2R^2 h}\int_0^h R^4\left(1-\frac{z}{h}\right)^4 dz = \frac{3MR^2}{2h^5}\int_0^h (h-z)^4 dz = \frac{3MR^2}{10}$$

El momento de inercia respecto del eje z puede obtenerse a partir del momento polar respecto del punto O:

$$I_{O,e} = \int_M r^2 \cdot dm = \int_V r^2 \cdot \rho dV =$$

$$= \frac{M}{\frac{2}{3}\pi R^3}\int_0^R r^2 \cdot 2\pi r^2 dr = \frac{3M}{R^3}\int_0^R r^4 \cdot dr =$$

$$= \frac{3M}{R^3}\cdot\frac{R^5}{5} = \frac{3MR^2}{5}$$

$$I_{O,e} = I_{1,e} + I_{2,e} + I_{3,e} = \frac{3MR^2}{5}$$

Como: $I_{1,e} = I_{2,e} = I_{3,e} = \frac{MR^2}{5}$

$$I_{z,e} = I_{1,e} + I_{2,e} = \frac{2MR^2}{5}$$

$$I_z = \frac{3MR^2}{10} + \frac{2MR^2}{5} = \boxed{\frac{7MR^2}{10}}$$

Problema 2.3

a.

$$\begin{cases} x_G = 1,5t \\ A \cdot y_G = A_1 \cdot y_{G,1} + A_2 \cdot y_{G,2} - A_3 \cdot y_{G,3} \end{cases}$$

$$\rightarrow y_G = \frac{3t \cdot 5t \cdot 2,5t + 3t \cdot t \cdot 5,5t - t \cdot 3t \cdot 2,5t}{3t \cdot 5t + 3t \cdot t - t \cdot 3t} = \boxed{3,1t}$$

b.

Aplicando el segundo teorema de Guldin:

$$V = 2\pi x_G \cdot A = 2\pi \cdot 1,5t \cdot 15t^2 = 2\pi \cdot 1,5t \cdot 15t^2 = \boxed{45\pi t^3}$$

c.

El momento de inercia de una superficie rectangular de base b y altura h respecto de un eje x horizontal que pasa por su centro de gravedad es:

$$I_x = \frac{1}{12}bh^3$$

A partir de esta relación, puede obtenerse el momento de inercia respecto del eje que pasa por el centro de gravedad G de la sección completa utilizando el teorema de Steiner entre ejes y sumando la contribución de cada elemento por separado:

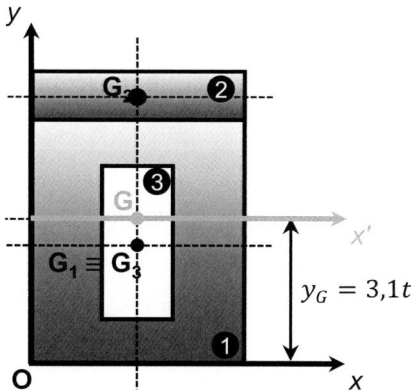

$$I_{x'} = \left(\frac{1}{12}3t \cdot (5t)^3 + (3t \cdot 5t) \cdot (3,1t - 2,5t)^2\right) + \left(\frac{1}{12}3t \cdot t^3 + (3t \cdot t) \cdot (5,5t - 2,5t)^2\right)$$
$$- \left(\frac{1}{12}t \cdot (3t)^3 + (t \cdot 3t) \cdot (3,1t - 2,5t)^2\right) = \frac{125}{4}t^4 + 16,2t^4 = \boxed{47,45\ t^4}$$

Problema 2.4

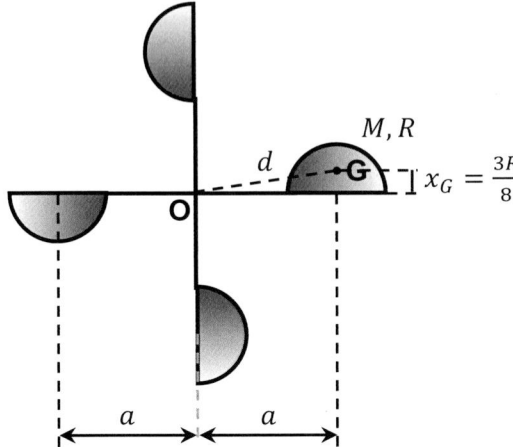

$$M, R$$
$$x_G = \frac{3R}{8}$$

- El momento de inercia del sistema completo respecto del eje z que pasa por O se puede definir aplicando Steiner entre ejes para las cuatro semiesferas:

$$I_{z,OS} = 4\left(I_{z,G} + M \cdot d^2\right) = 4\left(I_{z,G} + M \cdot \left(a^2 + \frac{9R^2}{64}\right)\right)$$

donde $I_{z,G}$ es el momento de inercia respecto al eje z que pasa por el centro de gravedad G (no confundir con el centro de las esferas).

- La estrategia es empezar por el sistema de referencia centrado en A (centro de una semiesfera cualquiera), puesto que el planteamiento de integral para el cálculo del momento de inercia polar respecto del centro es muy sencillo:

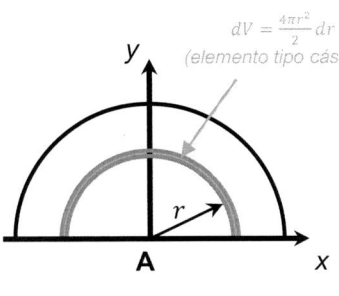

$$dV = \frac{4\pi r^2}{2} dr$$
(elemento tipo cáscara)

$$\rho = \frac{M}{V} = \frac{M}{\frac{2\pi R^3}{3}} = \frac{dm}{dV}$$

- Momento de inercia polar en A:

$$I_A$$
$$= \int_M r^2 dm = \frac{3M}{2\pi R^3} \int_M r^2 dV = \frac{3M}{2\pi R^3} \int_0^R r^2 \cdot 2\pi r^2 dr =$$

$$= \frac{3M}{R^3} \int_0^R r^4 dr = \frac{3M}{R^3} \cdot \frac{R^5}{5} = \frac{3}{5} M R^2$$

- Pero además:

$$I_A = I_{1,A} + I_{2,A} + I_{3,A} \quad \text{donde } I_{1,A} = I_{2,A} = I_{3,A} \text{ (por simetría)}$$

Por tanto, por cada esfera (y siendo A su centro particular), se puede escribir:

$$I_A = 3I_{1,A} = \frac{3}{5}MR^2 \quad \rightarrow \quad I_{1,A} = \frac{1}{5}MR^2 = I_{2,A} = I_{3,A}$$

$$I_{x,A} = I_{2,A} + I_{3,A} = 2I_{2,A} = \frac{2}{5}MR^2$$
$$I_{y,A} = I_{1,A} + I_{3,A} = 2I_{1,A} = \frac{2}{5}MR^2$$
$$I_{z,A} = I_{1,A} + I_{2,A} = 2I_{1,A} = \frac{2}{5}MR^2$$

de los cuales interesa especialmente el último $I_{z,A}$.

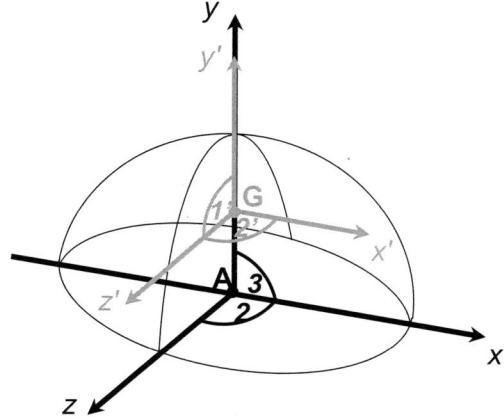

- De esta manera, aplicando el teorema de Steiner entre ejes paralelos que pasan por el centro de gravedad (G) y del centro de la semiesfera (A), se puede escribir:

$$I_{z,A} = I_{z,G} + M \cdot \left(\frac{3R}{8}\right)^2$$

$$I_{z,G} = I_{z,A} - \frac{9MR^2}{64} = \frac{2MR^2}{5} - \frac{9MR^2}{64} = \frac{83MR^2}{320}$$

- Finalmente:

$$I_{z,OS} = 4\left(\frac{83MR^2}{320} + Ma^2 + \frac{9MR^2}{64}\right) = 4\left(\frac{128MR^2}{320} + Ma^2\right) = \boxed{M\left(\frac{8R^2}{5} + 4a^2\right)}$$

Problema 2.5

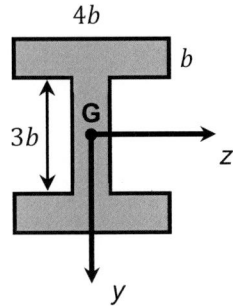

Sección 1:

$$I_z = \frac{1}{12} b \cdot (3b)^3 + 2 \cdot \left(\frac{1}{12} 3b \cdot b^3 + b \cdot 3b \cdot (2b)^2 \right) =$$

$$= \frac{1}{12} 27 \cdot b^4 + 2 \left(\frac{b^4}{4} + 12b^4 \right) = \frac{27}{12} b^4 + \frac{49}{2} b^4 = \frac{321}{12} b^4 =$$

$$= \frac{107}{4} b^4$$

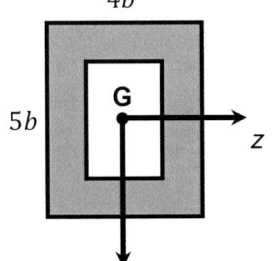

Sección 2:

$$I_z = \frac{500}{12} 4b \cdot (5b)^3 - \frac{1}{12} 2b \cdot (3b)^3 = \frac{500}{12} b^4 - \frac{54}{12} b^4 =$$

$$= \frac{446}{12} b^4 = \frac{223}{6} b^4$$

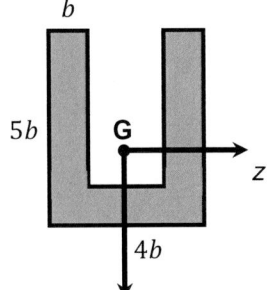

Sección 3:

Primero hay que ubicar el centro de gravedad G:

$$2b \cdot b \cdot \frac{b}{2} + 2 \cdot \left(5b \cdot b \cdot \frac{5b}{2} \right) = (2b \cdot b + 2 \cdot 5b \cdot b) \cdot y_G$$

$$b^3 + 25\,b^3 = 26b^3 = (10b^2 + 2b^2) \cdot y_G$$

$$\boldsymbol{y_G = \frac{13}{6} b}$$

$$I_z = 2 \cdot \left(\frac{1}{12} b \cdot (5b)^3 + 5b \cdot b \cdot \left(\frac{5b}{2} - \frac{13b}{6} \right)^2 \right) + \frac{1}{12} 2b \cdot b^3 + 2b \cdot b \cdot \left(\frac{13b}{6} - \frac{b}{2} \right)^2 =$$

$$= 2 \cdot \left(\frac{125b^4}{12} + \frac{20b^4}{36} \right) + \frac{b^4}{6} + \frac{100b^4}{18} = 2 \cdot \left(\frac{395b^4}{36} \right) + \frac{103b^4}{18} = \frac{498b^4}{18} = \frac{83}{3} b^4$$

El perfil más eficiente desde el punto de vista de I_z es la sección 2:

$$\boxed{I_z = \frac{223}{6} b^4}$$

Problema 2.6

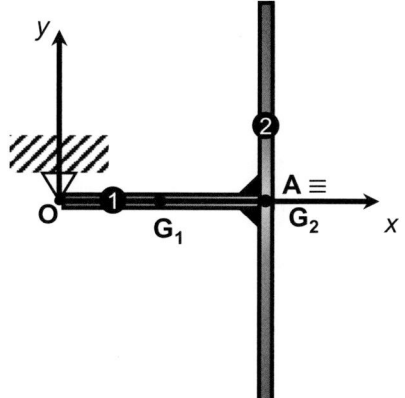

a.

Elegir un origen de referencia.

$y_G = 0 \ (por \ simetría \ respecto \ al \ eje \ x)$
$z_G = 0 \ (z = 0 \ en \ todos \ los \ puntos)$
$x_G = ? \ (esto \ es \ lo \ que \ se \ pide)$

Las dos barras pesan lo mismo, pero la longitud es diferente. Tienen **distinta densidad lineal.**

$$M_T \cdot x_G = M_1 \cdot x_{G1} + M_2 \cdot x_{G2}$$

$$2M \cdot x_G = M \cdot \frac{L}{2} + M \cdot L$$

$$x_G = \frac{M \cdot L\left(\frac{1}{2}+1\right)}{2 \cdot M} = \boxed{\frac{3L}{4}}$$

b.

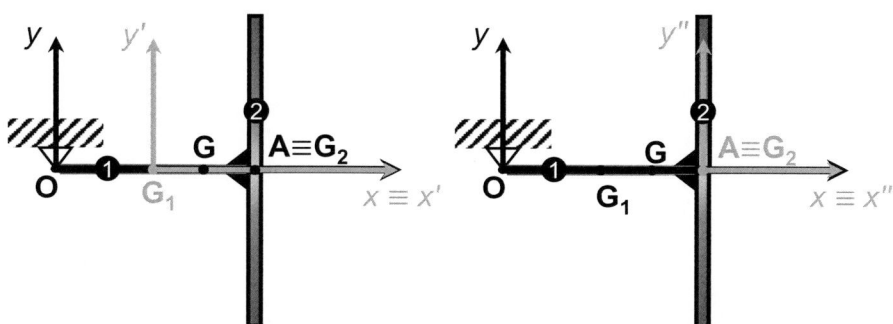

Se pide momento de inercia del conjunto T al completo respecto al punto G. Para un elemento barra, **el momento respecto de su punto G es idéntico al momento respecto del eje perpendicular al plano del dibujo z' que pasa por G.** Veamos por qué:

Para la barra 1:

$I_{1'} = \int_M x^2 dm = \int_M x^2 \rho_L dL$
En el caso de elementos lineales usamos mejor una densidad lineal:
$\rho_L = \frac{M}{L} = \frac{dm}{dL} = \frac{dm}{dx}$ (o $= \frac{dm}{dy}$ para la barra 2)

$I_{2'} = \int_M y^2 dm = 0$
(todos los elementos diferenciales se encuentran ubicados sobre el eje x', coincidente con el plano 2', luego todos los elementos diferenciales de la barra están a una distancia $y = 0$)

$I_{3'} = \int_M z^2 dm = 0$ *(todos los elementos diferenciales de la barra están en el plano x'y' = 3', es decir, z = 0 en todos)*

$I_{x'} = I_{2'} + I_{3'} = 0$ *(todos los elementos diferenciales de la barra están sobre el eje x')*

$I_{y'} = I_{1'} + I_{3'} = I_{1'}$

$I_{z'} = I_{1'} + I_{2'} = I_{1'}$

$I_{G1} = I_{1'} + I_{2'} + I_{3'} = I_{1'}$ y como $I_{1'} = I_{z'} = I_{y'}$, se cumple lo que queríamos demostrar, es decir: **el momento respecto de su punto G_1 es idéntico al momento respecto del eje perpendicular al plano del dibujo z' que pasa por G_1 ($I_{z'}$). También, es igual al momento respecto del otro eje perpendicular a la barra que pasa por G_1 ($I_{y'}$).**

De la misma forma:

Para la barra 2:

$I_{1''} = \int_M x^2 dm = 0$ *(todos los elementos diferenciales se encuentran ubicados sobre el eje y'', coincidente con el plano 1'', luego todos poseen x = 0)*

$I_{2''} = \int_M y^2 dm$

$I_{3''} = \int_M z^2 dm = 0$ *(todos los elementos diferenciales de la barra están en el plano x'y' = 3', es decir, z = 0 en todos)*

$I_{x''} = I_{2''} + \cancel{I_{3''}} = I_{2''}$

$I_{y''} = \cancel{I_{1''}} + \cancel{I_{3''}} = 0$ *(todos los elementos diferenciales de la barra están sobre e eje y'' coincidente con el plano 1'')*

$I_{z''} = \cancel{I_{1''}} + I_{2''} = I_{2''}$

$I_{G2} = \cancel{I_{1''}} + I_{2''} + \cancel{I_{3''}} = I_{2''}$ y como $I_{2''} = I_{x''} = I_{z''}$, En este caso, **el momento respecto de su punto G_2 es idéntico al momento respecto del eje perpendicular al plano del dibujo z'' que pasa por G_2 ($I_{z''}$). También, es igual al momento respecto del otro eje perpendicular a la barra que pasa por G_2 ($I_{x''}$).**

Así, para obtener el momento de inercia del elemento T respecto al punto G, hay que partir del momento de inercia respecto de G_1 y G_2 de cada una de las barras y luego aplicar Steiner sobre *un punto cualquiera para las barras $1 - 2$*, que es el punto final G:

$$I_G = [I_{G1} + Md_1^2] + [I_{G2} + Md_2^2] = \left[I_{z'} + M\left(\frac{3L}{4} - \frac{L}{2}\right)^2 \right] + \left[I_{z''} + M\left(L - \frac{3L}{4}\right)^2 \right]$$

donde:

$$I_{z'} = \int_{-L_1/2}^{L_1/2} x^2 \rho_{L,1} dx = \frac{M}{L} \int_{-L/2}^{L/2} x^2 dx = \frac{Mx^3}{3L}\bigg|_{-L/2}^{L/2} = \frac{M(L^3+L^3)}{3\cdot 8\cdot L} = \frac{2ML^3}{24L} = \frac{ML^2}{12}$$

$$I_{z''} = \int_{-L_2/2}^{L_2/2} x^2 \rho_{L,2} dx = \frac{M}{2L} \int_{-L}^{L} x^2 dx = \frac{Mx^3}{6L}\bigg|_{-L}^{L} = \frac{M(L^3+L^3)}{6L} = \frac{ML^2}{3}$$

$$\rightarrow I_G = \left[\frac{ML^2}{12} + \frac{ML^2}{16} + \frac{ML^2}{3} + \frac{ML^2}{16}\right] = ML^2\left[\frac{5}{12} + \frac{2}{16}\right] = \boxed{\frac{13ML^2}{24}}$$

c.

Opción 1: Aplicar Steiner sobre el sistema al completo:

$$I_{O,sist} = I_{G,sist} + 2M \cdot \left(\frac{3L}{4}\right)^2 = \frac{13ML^2}{24} + \frac{18ML^2}{16} = \frac{640ML^2}{384} = \boxed{\frac{5ML^2}{3}}$$

Opción 2: Aplicar Steiner por separado para cada barra:

$$I_{O,sist} = I_{O,1} + I_{O,2} = \frac{1}{3}ML^2 + [I_{z''} + M \cdot L^2] = \frac{ML^2}{3} + \frac{4ML^2}{3} = \boxed{\frac{5ML^2}{3}}$$

Tema 3

Problema 3.1

a.

Los dos muelles trabajan a tracción. La rigidez del muelle 1 es superior a la del muelle 2, con lo cual la posición de equilibrio se desplaza hacia la izquierda.

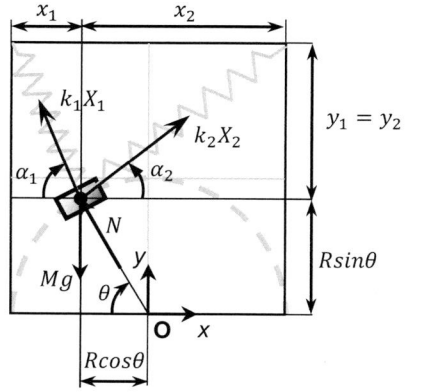

$$sin\alpha_1 = \frac{y_2}{X_1}; \quad cos\alpha_1 = \frac{x_1}{X_1}$$
$$sin\alpha_2 = \frac{y_2}{X_2}; \quad cos\alpha_2 = \frac{x_2}{X_2}$$

$$x_1 = R(1 - cos\theta)$$
$$y_1 = R(2 - sin\theta)$$
$$x_2 = R(1 + cos\theta)$$
$$y_2 = y_1$$

X: $k_2X_2cos\alpha_2 - k_1X_1cos\alpha_1 - Ncos\theta = 0$ (1)
Y: $k_2X_2sin\alpha_2 + k_1X_1sin\alpha_1 + Nsin\theta = Mg$ (2)

$Ncos\theta = k_2X_2cos\alpha_2 - k_1X_1cos\alpha_1 = k_2x_2 - k_1x_1 = k_2R(1 + cos\theta) - k_1R(1 - cos\theta)$
$Nsin\theta = Mg - k_2X_2sin\alpha_2 - k_1X_1sin\alpha_1 = Mg - k_2y_2 - k_1y_1 = Mg - (k_1 + k_2)y_2$

Dividiendo la segunda ecuación entre la primera:

$$tan\theta = \frac{Mg-(k_1+k_2)R(2-sin\theta)}{k_2R(1+cos\theta)-k_1R(1-cos\theta)} =$$

$$= \frac{1-\left(1+\frac{1}{2}\right)(2-sin\theta)}{\frac{1}{2}(1+cos\theta)-(1-cos\theta)} = \frac{\frac{3}{2}sin\theta-2}{\frac{1}{2}+\frac{1}{2}cos\theta-1+cos\theta} = \frac{\frac{3}{2}sin\theta-2}{\frac{3}{2}cos\theta-\frac{1}{2}} = \frac{3sin\theta-4}{3cos\theta-1} = \frac{sin\theta}{cos\theta}$$

$$3sin\theta cos\theta - sin\theta = 3sin\theta cos\theta - 4cos\theta$$

$$tan\theta = 4 \rightarrow \theta = \text{atan}(4) = \boxed{75,96°}$$

b.

En este caso, el muelle no trabajaría en la posición de partida, con lo que la posición de equilibrio se desplaza hacia la derecha. Veamos esta posición de equilibrio.

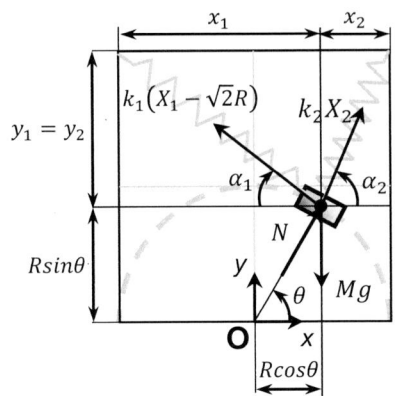

$$sin\alpha_1 = \frac{y_2}{X_1}; \quad cos\alpha_1 = \frac{x_1}{X_1}$$

$$sin\alpha_2 = \frac{y_2}{X_2}; \quad cos\alpha_2 = \frac{x_2}{X_2}$$

$$x_1 = R(1 + cos\theta)$$
$$y_1 = R(2 - sin\theta)$$
$$x_2 = R(1 - cos\theta)$$
$$y_2 = y_1$$

$$X_1 = \sqrt{x_1^2 + y_1^2} = R\sqrt{(1 + cos\theta)^2 + (2 - sin\theta)^2}$$
$$= R\sqrt{1 + 2cos\theta + 1 + 4 - 4sin\theta}$$
$$= R\sqrt{6 + 2cos\theta - 4sin\theta}$$

$X: k_2X_2cos\alpha_2 - k_1(X_1 - \sqrt{2}R)cos\alpha_1 - Ncos\theta = 0$ (1)

$Y: k_2X_2sin\alpha_2 + k_1(X_1 - \sqrt{2}R)sin\alpha_1 + Nsin\theta = Mg$ (2)

$$Ncos\theta = k_2X_2cos\alpha_2 - k_1(X_1 - \sqrt{2}R)cos\alpha_1 = k_2x_2 - k_1(X_1 - \sqrt{2}R)\frac{x_1}{X_1}$$
$$Nsin\theta = Mg - k_2X_2sin\alpha_2 - k_1X_1sin\alpha_1 = Mg - k_2y_2 - k_1(X_1 - \sqrt{2}R)\frac{y_2}{X_1}$$

$$tan\theta = \frac{Mg - k_2y_2 - k_1\left(1 - \frac{\sqrt{2}R}{X_1}\right)y_2}{k_2x_2 - k_1\left(1 - \frac{\sqrt{2}R}{X_1}\right)x_1} = \frac{1 - \frac{1}{2R}y_2 - \frac{1}{R}\left(1 - \frac{\sqrt{2}R}{X_1}\right)y_2}{\frac{1}{2R}x_2 - \frac{1}{R}\left(1 - \frac{\sqrt{2}R}{X_1}\right)x_1} = \frac{1 + \left(\frac{\sqrt{2}R}{X_1} - \frac{3}{2}\right)(2 - sin\theta)}{\frac{1}{2}(1 - cos\theta) - \left(1 - \frac{\sqrt{2}R}{X_1}\right)(1 + cos\theta)}$$

donde:
$$X_1 = R\sqrt{6 + 2cos\theta - 4sin\theta}$$

Problema 3.2

a.

Planteando el equilibrio en el nudo A:

$$\begin{cases} A_x + T_{AB} = 0 \quad (1) \\ A_y + T_{AC} + P = 0 \quad (2) \\ \sum M_A = 0, T - P\frac{L}{8} = 0 \quad (3) \end{cases}$$

$$\boxed{T = \frac{PL}{8}}$$

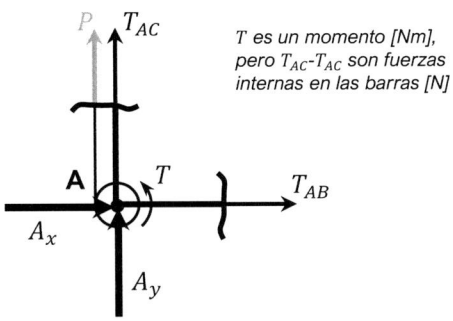

T es un momento [Nm], pero T_{AC}-T_{AC} son fuerzas internas en las barras [N]

b.

Planteando el DSL de la estructura y sustituyendo las reacciones en los apoyos $A - B$:

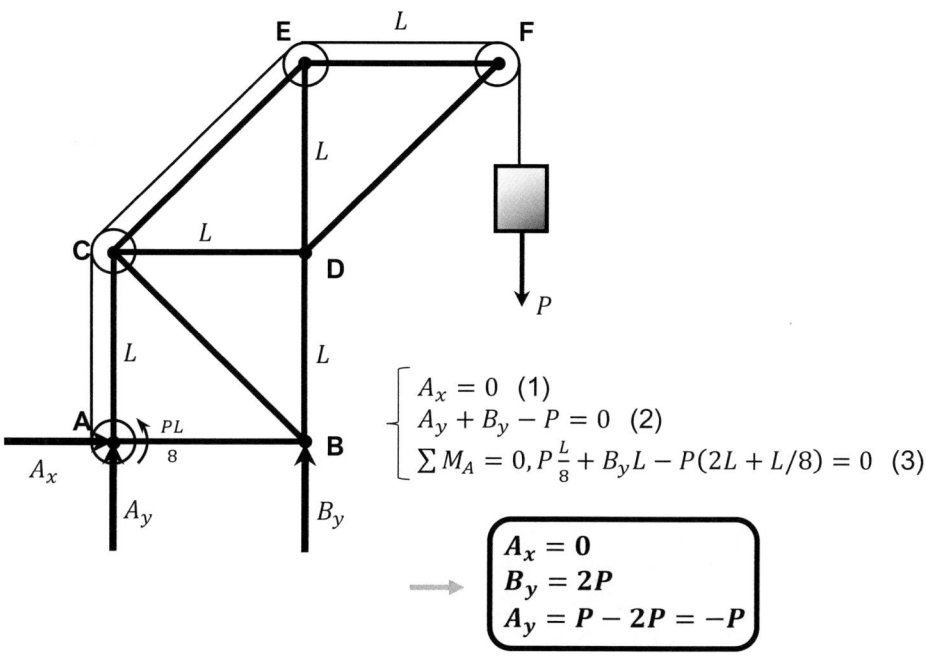

$$\begin{bmatrix} A_x = 0 \quad (1) \\ A_y + B_y - P = 0 \quad (2) \\ \sum M_A = 0, P\frac{L}{8} + B_y L - P(2L + L/8) = 0 \quad (3) \end{bmatrix}$$

$$\boxed{\begin{aligned} A_x &= 0 \\ B_y &= 2P \\ A_y &= P - 2P = -P \end{aligned}}$$

<u>*DSL resuelto*</u>

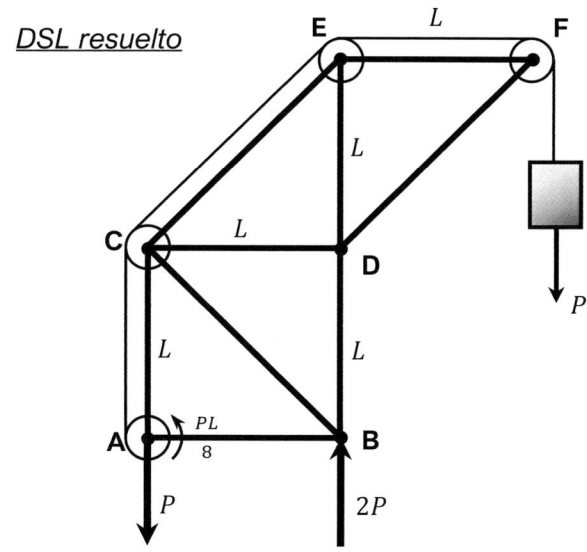

c.

Cortar por una sección que rompa a las tres barras y tomar momentos en *puntos estratégicos.*

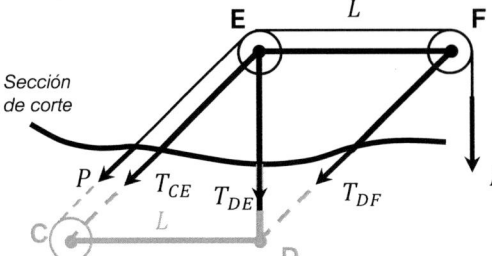

Nos quedamos con la parte superior. Podríamos haber hecho al revés, en cuyo caso, habría que tomar todo el resto (desde la sección de corte hasta las reacciones en los apoyos incluidos

Se puede tomar momentos **en cualquier punto del espacio** (no necesariamente en la parte con la cual nos quedamos). De hecho, tomamos momentos en el punto D:

$$\sum M_D = 0, T_{CE}\frac{L\sqrt{2}}{2} + P\left(\frac{L\sqrt{2}}{2} + \frac{L}{8}\right) - P\left(L + \frac{L}{8}\right) = 0 \quad (1) \Rightarrow \boxed{T_{CE} = P(\sqrt{2} - 1) \ (t)}$$

$$\sum M_E = 0, P\frac{L}{8} - T_{DF}\frac{L\sqrt{2}}{2} - P\left(L + \frac{L}{8}\right) = 0 \quad (2) \longrightarrow \boxed{T_{DF} = -\sqrt{2}P \ (c)}$$

$$Para\ T_{DE}: \sum F_y = 0, -P - P\frac{\sqrt{2}}{2} - T_{CE}\frac{\sqrt{2}}{2} - T_{DE} - T_{DF}\frac{\sqrt{2}}{2} = 0 \quad (3)$$

$$\rightarrow -P - P\frac{\sqrt{2}}{2} - P\left(1 - \frac{\sqrt{2}}{2}\right) - T_{DE} + P = 0 \longrightarrow \boxed{T_{DE} = -P \ (c)}$$

Problema 3.3

a.

La estructura completa se subdivide en dos subestructuras:

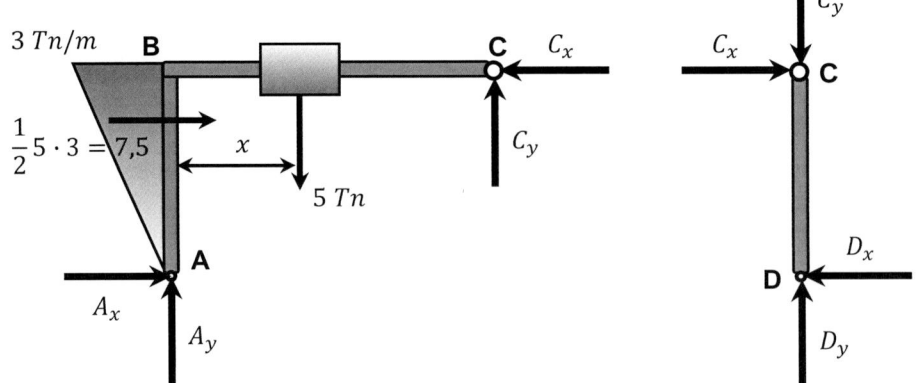

$$
\left\{
\begin{array}{l}
A_x + 7{,}5 = C_x \quad (1) \\
A_y + C_y = 5 \quad (2) \\
\sum M_C = 0, A_x \cdot 5 + 7{,}5 \cdot \frac{5}{3} + 5 \cdot (10 - x) = A_y \cdot 10 \quad (3)
\end{array}
\right.
\qquad
\left\{
\begin{array}{l}
C_x = D_x \quad (4) \\
C_y = D_y \quad (5) \\
\sum M_D = 0, C_x = 0 \quad (6)
\end{array}
\right.
$$

(1)+(6): $\boxed{A_x = -7{,}5\ Tn}$ $\longrightarrow$ $\boxed{D_x = 0}$

(3): $A_y = 2{,}5 - 0{,}5x$ $\rightarrow$ $C_y = 2{,}5 + 0{,}5x = D_y$

El peor valor posible para el apoyo A, se produce cuando A_y es máxima (ya que A_x es independiente de x), es decir, cuando $x = 0$ (carga aplicada en A):

$$A_y = 2{,}5\ Tn \text{ y } C_y = 2{,}5\ Tn$$

Pero cuando $x = 10$ (carga aplicada en C):

$$\boxed{A_y = 2{,}5 - 5 = -2{,}5\ Tn \text{ y } C_y = 7{,}5\ Tn}$$

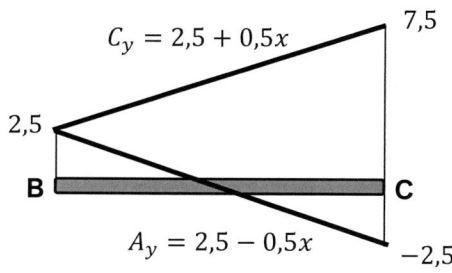

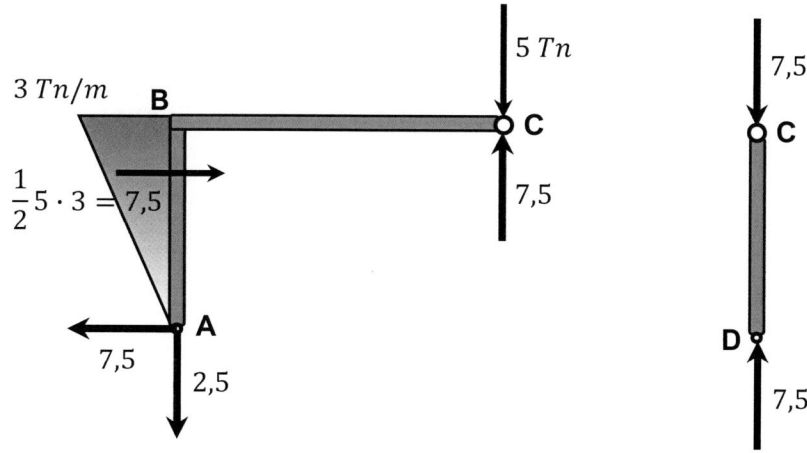

Problema 3.4

a.

$$N_1 = N_2 = N_3 = N$$

$$\left[\begin{array}{l} N \cdot cos60° - N \cdot cos45° + N \cdot sin\alpha_3 = 0 \quad (1) \\ N \cdot sin60° - N \cdot sin45° + N \cdot cos\alpha_3 = 4Mg \quad (2) \\ \sum M_O = 0, \text{ trivial (todas concurrentes)} \end{array} \right.$$

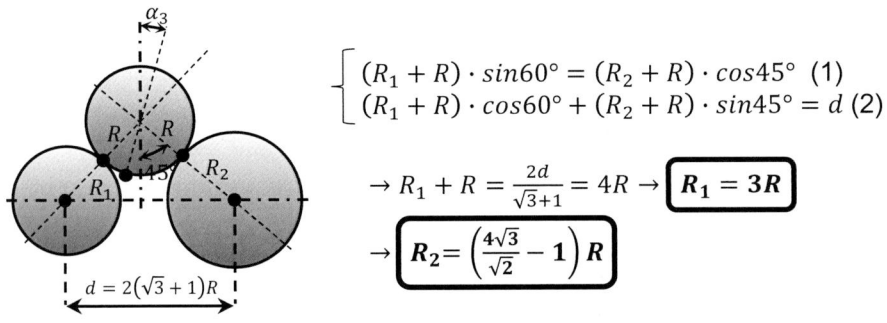

$(1)\ cos60° - cos45° + sin\alpha_3 = 0 \rightarrow sin\alpha_3 = \dfrac{\sqrt{2}-1}{2}$

$$\boxed{\alpha_3 = 11,95°}$$

$(2)\ N = \dfrac{4Mg}{\left(\frac{\sqrt{3}-\sqrt{2}}{2}+0,9783\right)} = \boxed{3,517Mg}$

b.

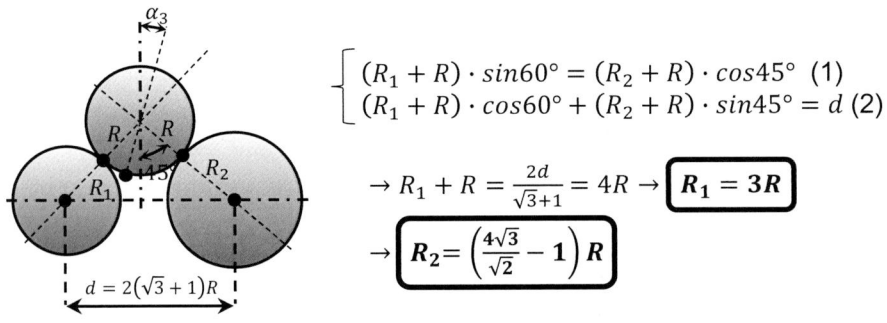

$$\left[\begin{array}{l} (R_1 + R) \cdot sin60° = (R_2 + R) \cdot cos45° \quad (1) \\ (R_1 + R) \cdot cos60° + (R_2 + R) \cdot sin45° = d \quad (2) \end{array} \right.$$

$\rightarrow R_1 + R = \dfrac{2d}{\sqrt{3}+1} = 4R \rightarrow \boxed{R_1 = 3R}$

$\rightarrow \boxed{R_2 = \left(\dfrac{4\sqrt{3}}{\sqrt{2}} - 1\right)R}$

c.

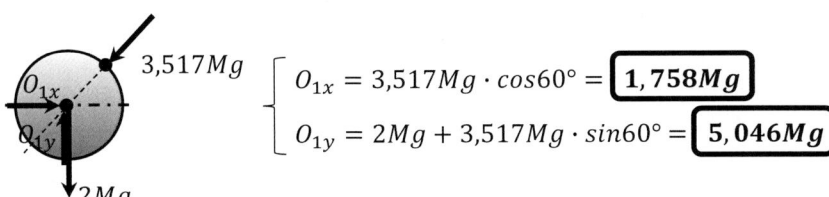

$$\left[\begin{array}{l} O_{1x} = 3,517Mg \cdot cos60° = \boxed{1,758Mg} \\ O_{1y} = 2Mg + 3,517Mg \cdot sin60° = \boxed{5,046Mg} \end{array} \right.$$

$$\left[\begin{array}{l} O_{2x} = 3,517Mg \cdot cos45° = \boxed{2,487Mg} \\ O_{2y} = Mg + 3,517Mg \cdot sin45° = \boxed{3,487Mg} \end{array} \right.$$

Problema 3.5

Se plantea el DSL de los tres sólidos que forman el sistema. Se dispone de ocho ecuaciones con ocho incógnitas: O_x, O_y, N_1, N_2, N_3, N_4, k, P.

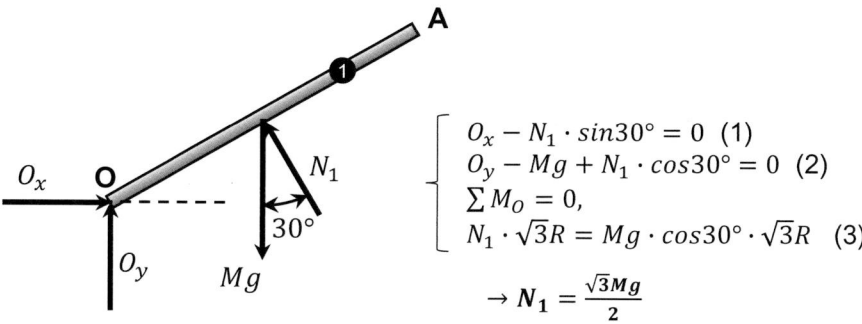

$$\begin{cases} O_x - N_1 \cdot sin30° = 0 \quad (1) \\ O_y - Mg + N_1 \cdot cos30° = 0 \quad (2) \\ \sum M_O = 0, \\ N_1 \cdot \sqrt{3}R = Mg \cdot cos30° \cdot \sqrt{3}R \quad (3) \end{cases}$$

$$\rightarrow N_1 = \frac{\sqrt{3}Mg}{2}$$

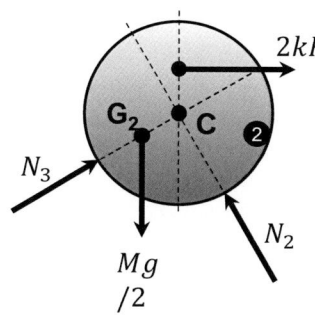

$$\begin{cases} N_3 + 2kR \cdot cos30° - Mg \cdot cos60° = 0 \quad (4) \\ N_2 - Mg \cdot cos30° - 2kR \cdot cos60° = 0 \quad (5) \\ \sum M_C = 0, \\ 2kR \cdot R/2 = \frac{Mg}{2} \cdot R/2 \quad (6) \rightarrow \boxed{k = \frac{Mg}{4R}} \end{cases}$$

$$\rightarrow N_2 = \frac{Mg}{4R}R + \frac{\sqrt{3}Mg}{2} = \frac{(1+2\sqrt{3})Mg}{2}$$

$$\rightarrow N_3 = \frac{Mg}{2} - 2\frac{Mg}{4} \cdot \frac{\sqrt{3}}{2} = \frac{(2-\sqrt{3})Mg}{4}$$

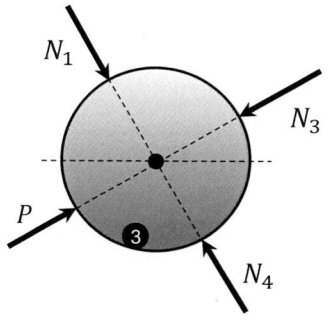

$$\begin{cases} P - N_3 = 0 \quad (7) \rightarrow \boxed{P = \frac{(2-\sqrt{3})Mg}{4}} \\[2mm] N_4 = N_1 \quad (8) \rightarrow N_4 = \frac{\sqrt{3}Mg}{2} \\[2mm] \sum M = 0 \rightarrow 0 = 0 \quad (-) \end{cases}$$

Problema 3.6

Buscaremos resolver un sistema de cuatro ecuaciones con cuatro incógnitas (las cuatro reacciones en los apoyos). En primer lugar, sobre la estructura completa, se evalúa el equilibrio en horizontal y vertical:

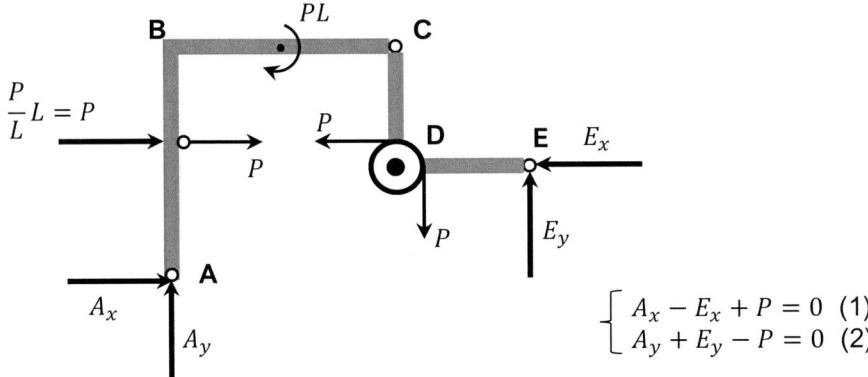

$$\begin{cases} A_x - E_x + P = 0 & (1) \\ A_y + E_y - P = 0 & (2) \end{cases}$$

Y a continuación, se parte la estructura en dos subestructuras por la rótula C y se toman momentos respecto de C:

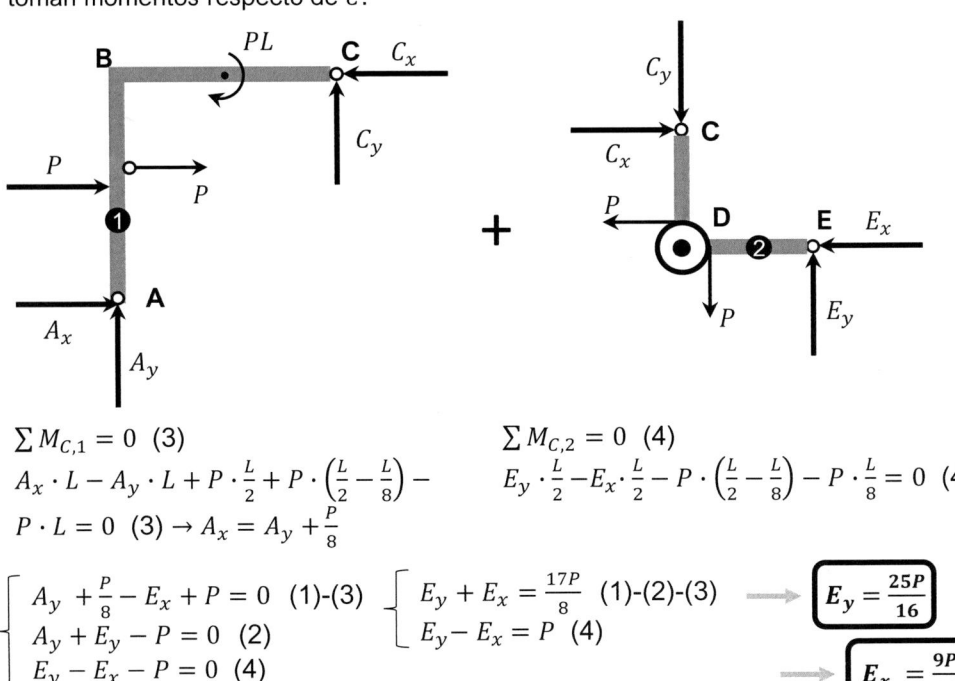

$\sum M_{C,1} = 0$ (3)

$A_x \cdot L - A_y \cdot L + P \cdot \frac{L}{2} + P \cdot \left(\frac{L}{2} - \frac{L}{8}\right) -$

$P \cdot L = 0$ (3) $\rightarrow A_x = A_y + \frac{P}{8}$

$\sum M_{C,2} = 0$ (4)

$E_y \cdot \frac{L}{2} - E_x \cdot \frac{L}{2} - P \cdot \left(\frac{L}{2} - \frac{L}{8}\right) - P \cdot \frac{L}{8} = 0$ (4)

$\begin{cases} A_y + \frac{P}{8} - E_x + P = 0 & (1)-(3) \\ A_y + E_y - P = 0 & (2) \\ E_y - E_x - P = 0 & (4) \end{cases}$ $\begin{cases} E_y + E_x = \frac{17P}{8} & (1)-(2)-(3) \\ E_y - E_x = P & (4) \end{cases}$ ⟶ $\boxed{E_y = \frac{25P}{16}}$

⟶ $\boxed{E_x = \frac{9P}{16}}$

⟶ $\boxed{A_y = -\frac{9P}{16}}$ ⟶ $\boxed{A_x = -\frac{7P}{16}}$

Problema 3.7

Se dispone de cuatro sólidos rígidos (de peso despreciable):

El embolo en B se trataría como una guía prismática, donde el movimiento a lo largo del eje no está impedido. Sin embargo, en Estática, el punto B no se mueve en la posición considerada.

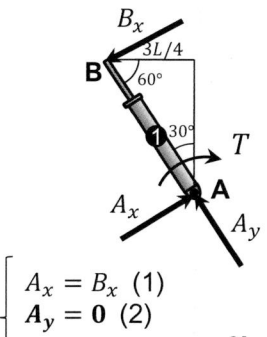

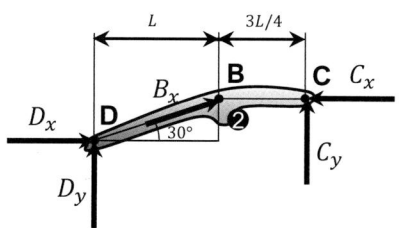

$$\left[\begin{array}{l} A_x = B_x \ (1) \\ A_y = 0 \ (2) \\ \sum M_A = 0, T = B_x \dfrac{3L}{2} \ (3) \end{array}\right.$$

$$\left[\begin{array}{l} D_x + B_x \dfrac{\sqrt{3}}{2} = C_x \ (4) \\ D_y + B_x \dfrac{1}{2} + C_y = 0 \ (5) \\ \sum M_B = 0, D_x \dfrac{L}{2} + C_y \dfrac{3L}{4} = D_y L \ (6) \end{array}\right.$$

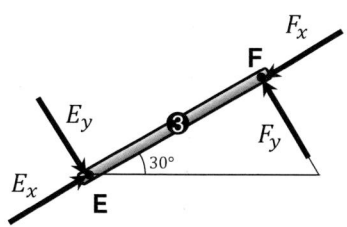

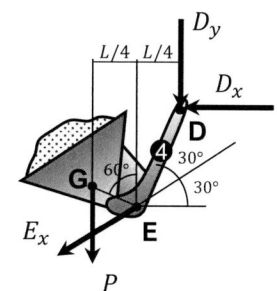

$$\left[\begin{array}{l} E_x = F_x \ (7) \\ E_y = F_y \ (8) \\ \sum M_E = 0, F_y = 0 \ \to E_y = 0 \ (9) \end{array}\right.$$

$$\left[\begin{array}{l} -D_x - E_x \dfrac{\sqrt{3}}{2} = 0 \ (10) \\ -D_y - E_x \dfrac{1}{2} - P = 0 \ (11) \\ \sum M_D = 0, P\dfrac{L}{2} = E_x \dfrac{L}{4} \ (12) \end{array}\right.$$

$\to E_x = 2P$ (12) $\to D_y = -2P$ (11) $\to D_x = -\sqrt{3}P$ (10)

$\to F_x = 2P$ (7) $\to C_y = -\dfrac{2(4-\sqrt{3})P}{3}$ (6)

$\to B_x = 4P + \dfrac{4(4-\sqrt{3})P}{3} = \dfrac{12P+16P-4\sqrt{3}P}{3} = \dfrac{28-4\sqrt{3}}{3}P$ (5)

$\to C_x = \dfrac{11\sqrt{3}-6}{3}P$ (4) $\implies \boxed{T = (14 - 2\sqrt{3})PL}$ (3)

DSLs resueltos

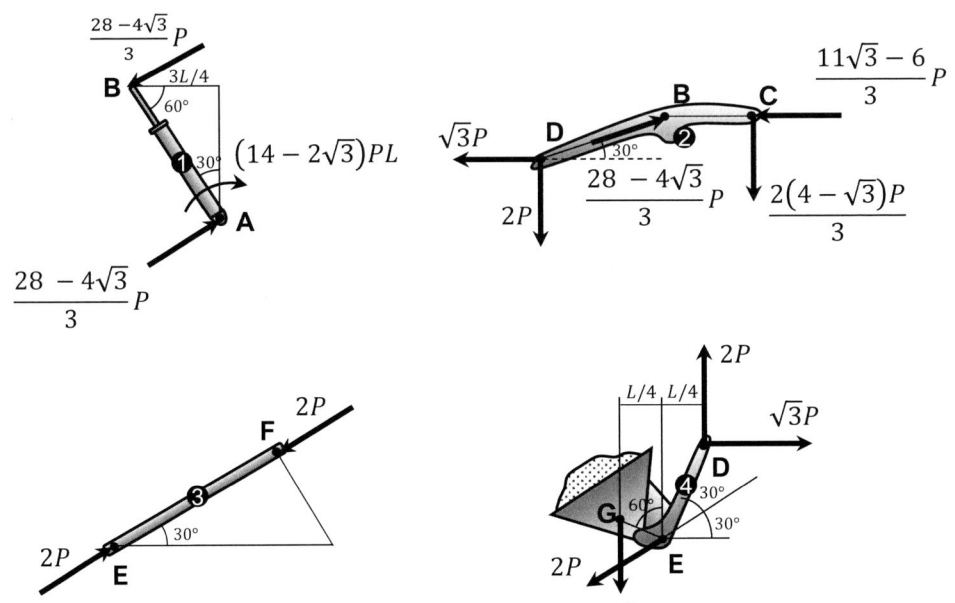

$\dfrac{28-4\sqrt{3}}{3}P$

B

$3L/4$

$60°$

$\mathbf{1}$ $30°$ $\left(14-2\sqrt{3}\right)PL$

A

$\dfrac{28-4\sqrt{3}}{3}P$

$\dfrac{11\sqrt{3}-6}{3}P$

B   C

$\sqrt{3}P$ D

$30°$

$\mathbf{2}$

$2P$ $\dfrac{28-4\sqrt{3}}{3}P$ $\dfrac{2\left(4-\sqrt{3}\right)P}{3}$

$2P$

F

$\mathbf{3}$

$30°$

$2P$

E

$2P$

$L/4$ $L/4$

$\sqrt{3}P$

$\mathbf{4}$ D

$60°$ $30°$

G $30°$

$2P$ E

P

Tema 4

Problema 4.1

- Tracción delantera:

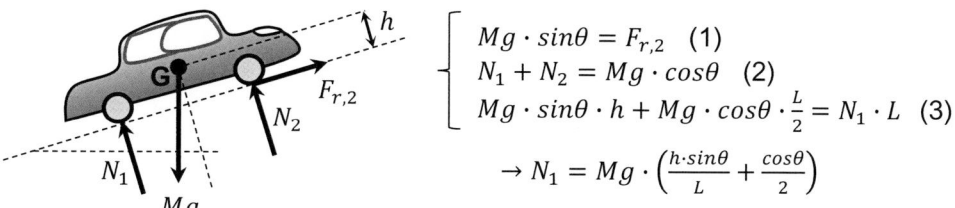

$$Mg \cdot sin\theta = F_{r,2} \quad (1)$$
$$N_1 + N_2 = Mg \cdot cos\theta \quad (2)$$
$$Mg \cdot sin\theta \cdot h + Mg \cdot cos\theta \cdot \frac{L}{2} = N_1 \cdot L \quad (3)$$

$$\rightarrow N_1 = Mg \cdot \left(\frac{h \cdot sin\theta}{L} + \frac{cos\theta}{2}\right)$$

En el instante de comienzo del derrape $F_{r,2} = fN_2$:

$$Mg \cdot sin\theta = fN_2$$
$$N_2 = Mg \cdot cos\theta - N_1$$
$$N_1 = Mg \cdot \left(\frac{h \cdot sin\theta}{L} + \frac{cos\theta}{2}\right)$$

$$\rightarrow Mg \cdot sin\theta = f(Mg \cdot cos\theta - N_1) =$$
$$= fMg \left(cos\theta - \frac{h \cdot sin\theta}{L} - \frac{cos\theta}{2}\right)$$

$$\rightarrow sin\theta = f \frac{cos\theta}{2} - \frac{fh \cdot sin\theta}{L} \rightarrow 1 + \frac{fh}{L} = \frac{f}{2} \cdot \frac{1}{tan\theta} \rightarrow \boxed{\boldsymbol{tan\theta = \frac{fL}{2(L+fh)}}}$$

- Propulsión trasera:

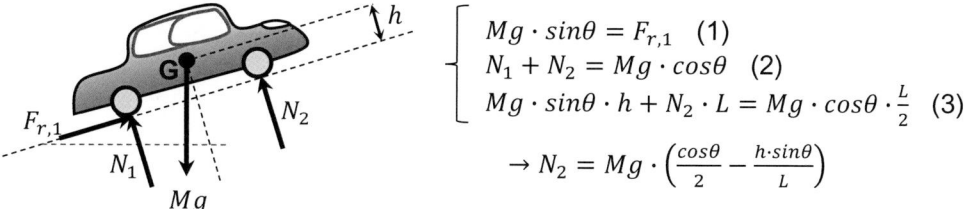

$$Mg \cdot sin\theta = F_{r,1} \quad (1)$$
$$N_1 + N_2 = Mg \cdot cos\theta \quad (2)$$
$$Mg \cdot sin\theta \cdot h + N_2 \cdot L = Mg \cdot cos\theta \cdot \frac{L}{2} \quad (3)$$

$$\rightarrow N_2 = Mg \cdot \left(\frac{cos\theta}{2} - \frac{h \cdot sin\theta}{L}\right)$$

En el instante de comienzo del derrape $F_{r,1} = fN_1$:

$$Mg \cdot sin\theta = fN_1$$
$$N_1 = Mg \cdot cos\theta - N_2$$
$$N_2 = Mg \cdot \left(\frac{cos\theta}{2} - \frac{h \cdot sin\theta}{L}\right)$$

$$\rightarrow Mg \cdot sin\theta = f \cdot (Mg \cdot cos\theta - N_2) =$$
$$= fMg \left(\frac{cos\theta}{2} + \frac{h \cdot sin\theta}{L}\right)$$

$$\rightarrow sin\theta = f \left(\frac{cos\theta}{2} + \frac{h \cdot sin\theta}{L}\right) \rightarrow 1 - \frac{fh}{L} = \frac{f}{2} \cdot \frac{1}{tan\theta} \rightarrow \boxed{\boldsymbol{tan\theta = \frac{fL}{2(L-fh)}}}$$

Cuanto menor es el denominador en la expresión obtenida, **mayor es la tangente y, por tanto, el ángulo mínimo de derrape.** Por tanto, el **coche de propulsión trasera podrá subir una mayor pendiente antes del derrape.**

Problema 4.2

Colocando el peso en el arrollamiento a:

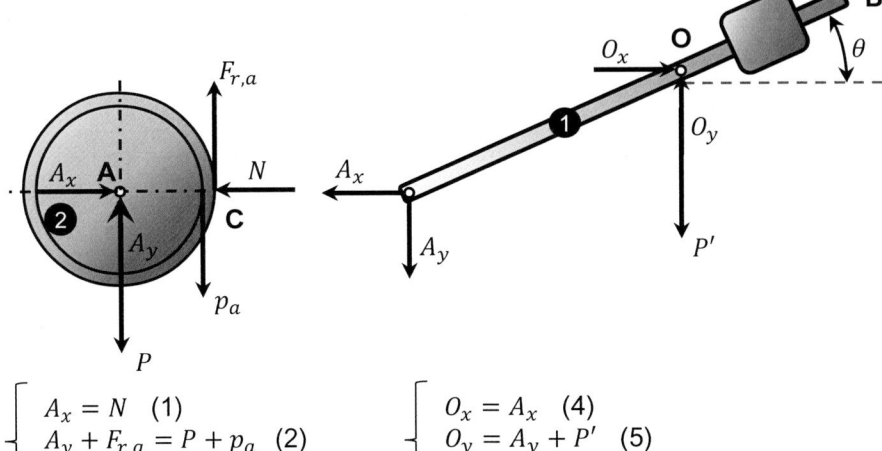

$$\left[\begin{array}{l} A_x = N \quad (1) \\ A_y + F_{r,a} = P + p_a \quad (2) \\ F_{r,a} \cdot R = p_a \cdot r \quad (3) \end{array} \right. \qquad \left[\begin{array}{l} O_x = A_x \quad (4) \\ O_y = A_y + P' \quad (5) \\ A_x \cdot Lsin\theta = A_y \cdot Lcos\theta \quad (6) \end{array} \right.$$

Las ecuaciones (4) y (5) son necesarias para el cálculo de las reacciones en O, por lo que no se utilizarán. Introduciendo sobre (2) y (3), las relaciones (1) y (6) y considerando el momento de deslizamiento inminente:

$$\left[\begin{array}{l} A_y + f \cdot N = P + p_a \rightarrow A_x tan\theta + f \cdot N = P + p_a \rightarrow N \cdot (f + tan\theta) = P + p_a \\ f \cdot N = \dfrac{p_a \cdot r}{R} \end{array} \right.$$

$$\rightarrow N = \frac{P+p_a}{f+tan\theta} = \frac{p_a \cdot r}{f \cdot R} \rightarrow fPR + fp_a R = fp_a r + tan\theta \cdot p_a r \quad \Longrightarrow \quad \boxed{f = \frac{r \cdot tan\theta}{\left(\frac{P}{p_a}+1\right)R-r}}$$

Igualmente, colocando el peso en el arrollamiento b:

$$\left[\begin{array}{l} A_x = N \quad (1) \\ A_y = F_{r,b} + P + p_b \quad (2) \\ F_{r,b} \cdot R = p_b \cdot r \quad (3) \\ A_y = A_x \cdot tan\theta \quad (6) \end{array} \right.$$

$$\left[\begin{array}{l} A_y = f \cdot N + P + p_b \rightarrow Ntan\theta = f \cdot N + P + p_b \\ f \cdot N = \dfrac{p_b \cdot r}{R} \end{array} \right.$$

$$\rightarrow N = \frac{P+p_b}{tan\theta-f} = \frac{p_b \cdot r}{f \cdot R} \rightarrow fPR + fp_b R = tan\theta \cdot p_b r - fp_b r \quad \Longrightarrow \quad \boxed{f = \frac{r \cdot tan\theta}{\left(\frac{P}{p_b}+1\right)R+r}}$$

Problema 4.3

Existen dos posibilidades, en ambos casos a resolver seis ecuaciones con seis incógnitas: A_x, A_y, B_x, B_y, N, P.

1) C se desplaza hacia arriba (gana momento M) → fN hacia abajo

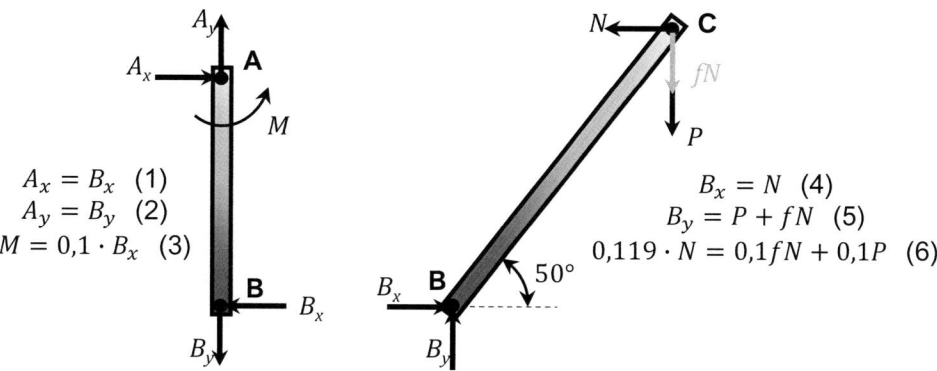

$$A_x = B_x \quad (1)$$
$$A_y = B_y \quad (2)$$
$$M = 0{,}1 \cdot B_x \quad (3)$$

$$B_x = N \quad (4)$$
$$B_y = P + fN \quad (5)$$
$$0{,}119 \cdot N = 0{,}1fN + 0{,}1P \quad (6)$$

2) C se desplaza hacia abajo (gana peso P) → fN hacia arriba

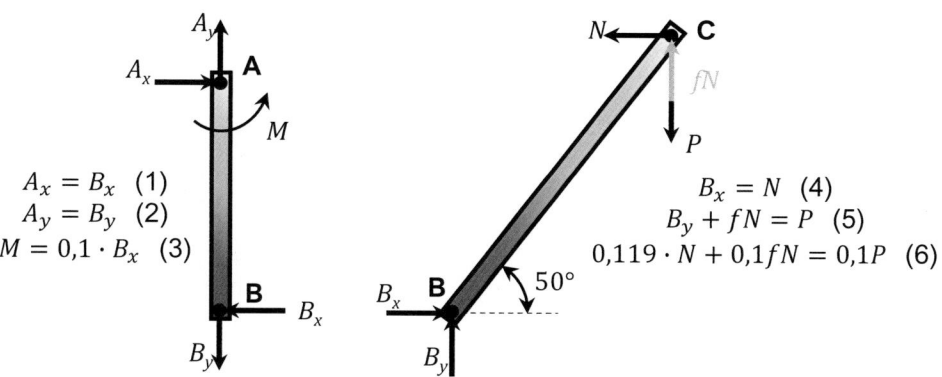

$$A_x = B_x \quad (1)$$
$$A_y = B_y \quad (2)$$
$$M = 0{,}1 \cdot B_x \quad (3)$$

$$B_x = N \quad (4)$$
$$B_y + fN = P \quad (5)$$
$$0{,}119 \cdot N + 0{,}1fN = 0{,}1P \quad (6)$$

Para la resolución, observar:

- (1) y (2) sirven para obtener A_x y A_y, en caso necesario (si podemos, evitaremos usarlas). Por ello, es conveniente tomar momentos respecto a A (para que no aparezcan A_x y A_y). Como M es conocido, directamente calculamos B_x.
- Con B_x calculado, calculamos N de forma directa con (4).
- De las 6 ecuaciones planteadas, no hemos necesitado usar (1)-(2)-(5).
- Los dos casos se resuelven de la misma manera **El equilibrio existe para todo P comprendido entre los dos valores calculados**.

1) C se desplaza hacia arriba (gana momento M) $\rightarrow fN$ **hacia abajo**

De (3) y (4): $B_x = \frac{M}{0,1} = \frac{20}{0,1} = 200\ N \rightarrow N = 200\ N$

De (6): $P = \frac{0,119 \cdot N}{0,1} - fN = \left(\frac{0,119}{0,1} - 0,3\right) \cdot 200 = \boxed{178\ N}$

2) C se desplaza hacia abajo (gana peso P) $\rightarrow fN$ **hacia arriba**

De (3) y (4): $B_x = \frac{M}{0,1} = \frac{20}{0,1} = 200\ N \rightarrow N = 200\ N$

De (6): $P = \frac{0,119 \cdot N}{0,1} + fN = \left(\frac{0,119}{0,1} + 0,3\right) \cdot 200 = \boxed{298\ N}$

Problema 4.4

a.

Se dispone de un sistema de cinco ecuaciones con seis incógnitas: $T, P, N_1, F_{r,1} N_2, F_{r,2}$. Hay que imponer la condición de deslizamiento mínimo. Existen dos posibilidades: o bien se llega al deslizamiento límite en el bloque (no habiendo alcanzado el disco el valor disponible de deslizamiento o bien se alcanza el valor de deslizamiento en el disco (y en este caso el valor de rozamiento en el bloque es desconocido e inferior al valor en el deslizamiento).

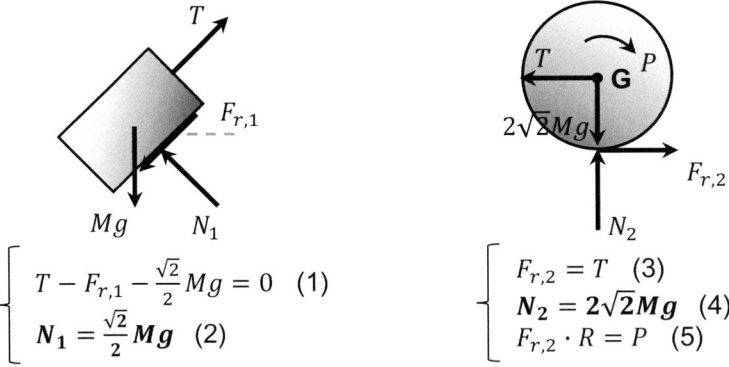

$$\begin{cases} T - F_{r,1} - \frac{\sqrt{2}}{2}Mg = 0 \quad (1) \\ N_1 = \frac{\sqrt{2}}{2}Mg \quad (2) \end{cases}$$

$$\begin{cases} F_{r,2} = T \quad (3) \\ N_2 = 2\sqrt{2}Mg \quad (4) \\ F_{r,2} \cdot R = P \quad (5) \end{cases}$$

1) Deslizamiento límite en el bloque $F_{r,1} = fN_1$ $(F_{r,2} < fN_2)$:

De (1)-(2): $T - f\frac{\sqrt{2}}{2}Mg - \frac{\sqrt{2}}{2}Mg = 0 \rightarrow T = \frac{\sqrt{2}Mg}{2}(1 + f)$

De (5)-(3): $P = F_{r,2} \cdot R = T \cdot R$ $\rightarrow P = \frac{\sqrt{2}MgR}{2}(1 + f)$

Sin embargo, hay que comprobar aún la condición de rodadura en el disco. Veámoslo:

$$F_{r,2} = T = \frac{\sqrt{2}Mg}{2}(1+f) = \frac{3\sqrt{2}Mg}{4} \leq f \cdot N_2 = \frac{1}{2}2\sqrt{2}Mg = \sqrt{2}Mg \rightarrow \text{Sí, se cumple}$$

$$\boxed{T = \frac{3\sqrt{2}Mg}{4}} \quad\longrightarrow\quad \boxed{P = \frac{3\sqrt{2}MgR}{4}}$$

Por tanto, no se estudia el segundo caso.

b.

Para que en el disco exista rodadura, precisamente tiene que cumplirse la condición expuesta en el apartado a.

$$F_{r,2} = \frac{\sqrt{2}Mg}{2}(1+f) \leq f \cdot N_2 = f \cdot 2\sqrt{2}Mg$$

$$\frac{1}{2}(1+f) \leq f \cdot 2$$

$$\longrightarrow \boxed{f \geq \frac{1}{3}}$$

En caso contrario, se produce deslizamiento en el disco.

Problema 4.5

a.

Planteando el diagrama de sólido libre para el disco se obtienen directamente T y F_{roz}:

$$\begin{cases} T = F_{roz} \quad (1) \\ N = Mg \quad (2) \\ T \cdot \frac{L}{2} + F_{roz} \cdot \frac{L}{2} = pL^2 \quad (3) \end{cases}$$

$$\rightarrow 2F_{roz} \cdot \frac{L}{2} = pL^2 \rightarrow \boldsymbol{F_{roz} = pL = T}$$

Las reacciones en J son: $\boxed{J_x = -pL, J_y = Mg}$

Y la tensión en el hilo: $\boxed{T = pL}$

b.

Con el disco resuelto, se puede acudir a la estructura. Se calculan las reacciones en el apoyo A junto a la carga desconocida q:

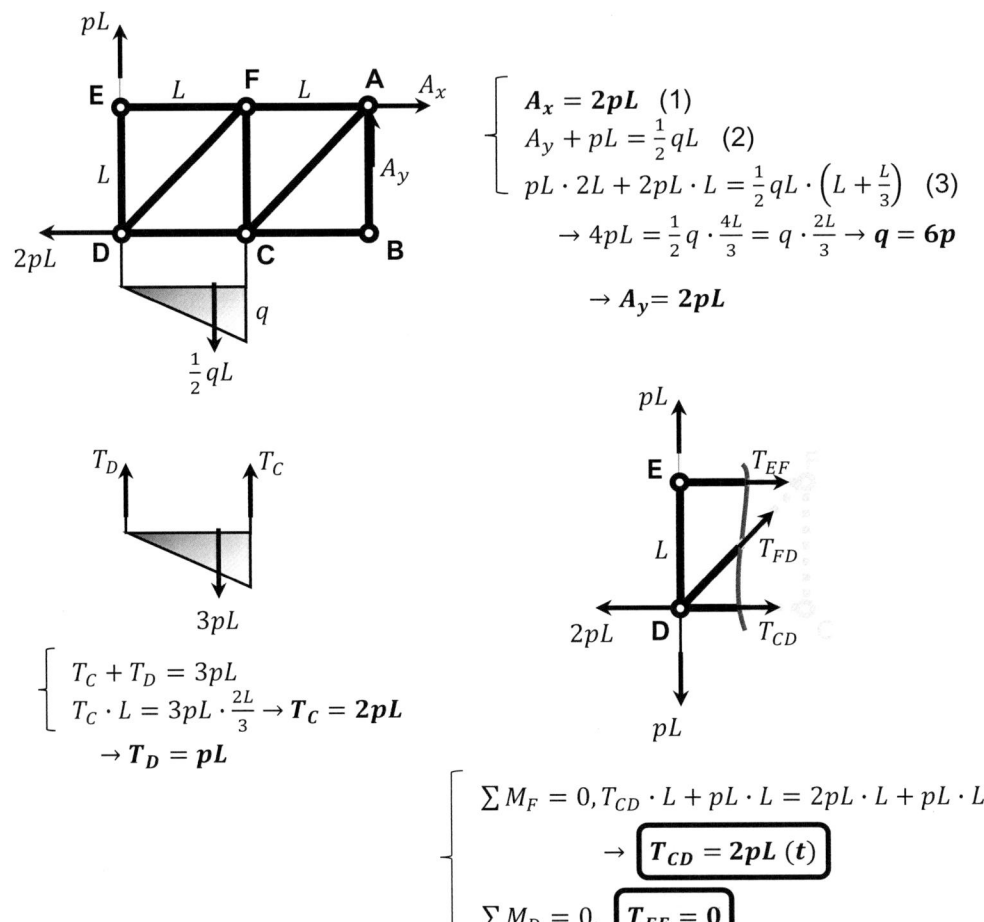

$A_x = 2pL$ (1)

$A_y + pL = \frac{1}{2}qL$ (2)

$pL \cdot 2L + 2pL \cdot L = \frac{1}{2}qL \cdot \left(L + \frac{L}{3}\right)$ (3)

$\rightarrow 4pL = \frac{1}{2}q \cdot \frac{4L}{3} = q \cdot \frac{2L}{3} \rightarrow q = 6p$

$\rightarrow A_y = 2pL$

$T_C + T_D = 3pL$

$T_C \cdot L = 3pL \cdot \frac{2L}{3} \rightarrow T_C = 2pL$

$\rightarrow T_D = pL$

$\sum M_F = 0, T_{CD} \cdot L + pL \cdot L = 2pL \cdot L + pL \cdot L$

$\rightarrow \boxed{T_{CD} = 2pL \ (t)}$

$\sum M_D = 0, \boxed{T_{EF} = 0}$

Finalmente, planteando el equilibrio en dirección vertical, se observa que:

$\boxed{T_{FD} = 0}$

Problema 4.6

a.

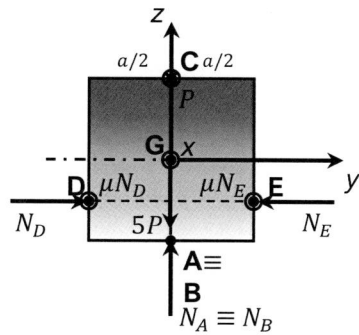

$$\begin{cases} \mu N_D + \mu N_E - P = 0 \quad (1) \\ N_D - N_E = 0 \quad (2) \quad \rightarrow \boldsymbol{N_D = N_E} \\ N_A + N_B - 5P = 0 \quad (3) \end{cases}$$

Número de incógnitas:

N_D, N_E, N_A, N_B

$$\begin{cases} N_D \dfrac{a}{4} - N_E \dfrac{a}{4} = 0 \quad (4) \quad \rightarrow \boldsymbol{N_D = N_E} \\ N_A \dfrac{a}{4} - N_B \dfrac{a}{4} - \mu N_D \dfrac{a}{4} - \mu N_E \dfrac{a}{4} - P \dfrac{a}{2} = 0 \quad (5) \\ \mu N_D \dfrac{a}{2} - \mu N_E \dfrac{a}{2} = 0 \quad (6) \quad \rightarrow \boldsymbol{N_D = N_E} \end{cases}$$

De (1) y (2): $2\mu N_D = P \rightarrow N_D = \dfrac{P}{2\mu} = \boldsymbol{2P}$ $\longrightarrow$ $\boxed{\boldsymbol{N_D = N_E = 2P}}$

Utilizando (3) y (5):

$$\begin{cases} N_A + N_B = 5P \\ N_A - N_B = 3P \end{cases}$$ $\longrightarrow$ $\boxed{\boldsymbol{N_A = 4P}}$ $\longrightarrow$ $\boxed{\boldsymbol{N_B = P}}$

Las componentes tangenciales de rozamiento en los puntos D y E: $\mu N_D = P/2$.

b.

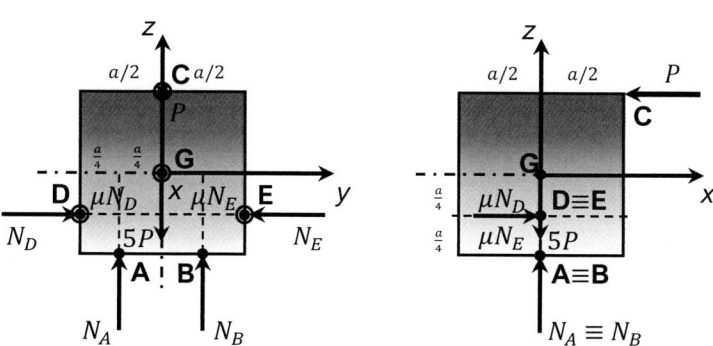

$$\left\{ \begin{array}{l} \mu N_D + \mu N_E - P = 0 \quad (1) \\ N_D - N_E = 0 \quad (2) \;\; \rightarrow \boldsymbol{N_D = N_E} \\ N_A + N_B - 5P = 0 \quad (3) \end{array} \right.$$

Número de incógnitas:

N_D, N_E, N_A, N_B

$$\left\{ \begin{array}{l} N_D \dfrac{a}{4} + N_B \dfrac{a}{4} - N_E \dfrac{a}{4} - N_A \dfrac{a}{4} = 0 \quad (4) \\[2mm] -\boldsymbol{\mu N_D} \dfrac{a}{4} - \boldsymbol{\mu N_E} \dfrac{a}{4} - \boldsymbol{P} \dfrac{a}{2} = \boldsymbol{0} \;\; \boldsymbol{(5)} \\[2mm] \mu N_D \dfrac{a}{2} - \mu N_E \dfrac{a}{2} = 0 \quad (6) \;\; \rightarrow \boldsymbol{N_D = N_E} \end{array} \right.$$

Utilizando (1) (2), (5) y (6), se deduce:

- Las normales N_D y N_E son de igual módulo y sentido contrario.
- Las fuerzas de rozamiento en D y E deben generar momentos opuestos e iguales en módulo. Además, se deberán oponer para contrarrestar la fuerza P (ver (1)).
- Bajo estas circunstancias, la ecuación (5) de balance de momentos alrededor del eje y no puede cumplirse, ya que los tres momentos son de signo negativo.

Con esta configuración, el sistema no puede estar en equilibrio.

Tema 5

Problema 5.1

a.

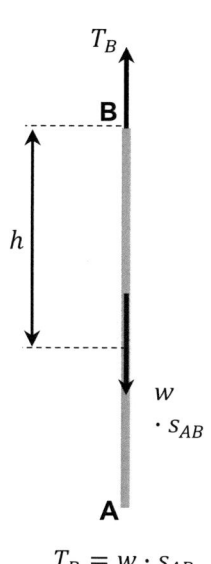

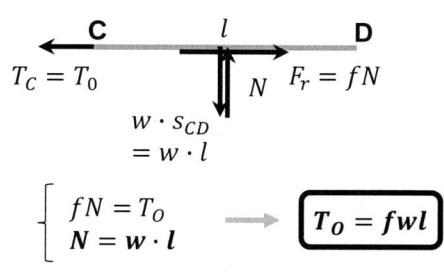

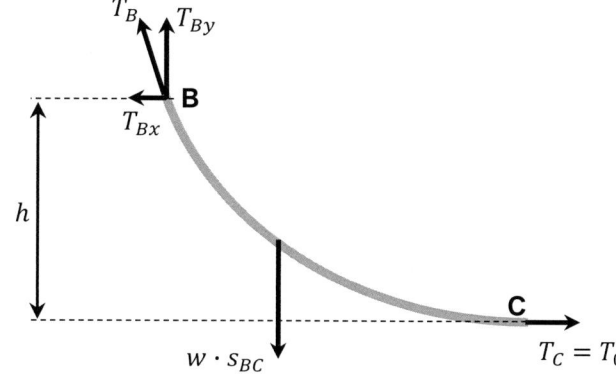

$$T_B = w \cdot s_{AB}$$

$$\begin{cases} T_C = T_O = w \cdot c \rightarrow w \cdot c = fwl & \boxed{c = fl} \\ T_B = w \cdot (c + h) \\ T_{By} = w \cdot s_{BC} \end{cases}$$

b.

$$T_B = w \cdot s_{AB} = w \cdot (c + h) \rightarrow s_{AB} = c + h = \boxed{fl + h}$$

c.

$$s_{ABCD} = s_{AB} + s_{BC} + s_{CD}$$

$$T_B^2 = T_{Bx}^2 + T_{By}^2 \rightarrow w^2 \cdot (fl + h)^2 = T_{Bx}^2 + w^2 \cdot s_{BC}^2 = w^2 \cdot c^2 + w^2 \cdot s_{BC}^2$$

$$(fl + h)^2 = c^2 + s_{BC}^2 \rightarrow s_{BC} = \sqrt{(fl + h)^2 - c^2}$$

$$\boxed{s_{ABCD} = (f + 1)l + h + \sqrt{(fl + h)^2 - c^2}}$$

Problema 5.2

a.

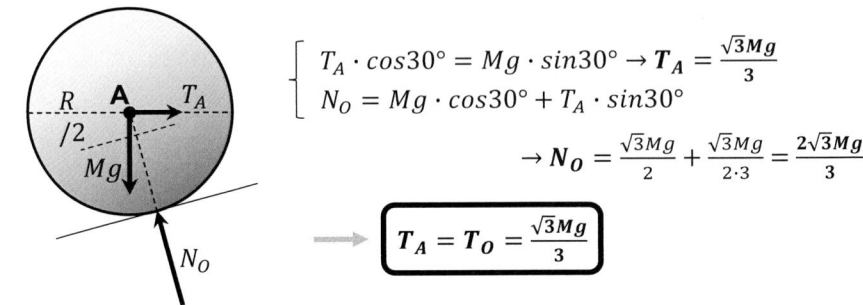

$$T_A \cdot cos30° = Mg \cdot sin30° \rightarrow \boldsymbol{T_A} = \frac{\sqrt{3}Mg}{3}$$
$$N_O = Mg \cdot cos30° + T_A \cdot sin30°$$

$$\rightarrow \boldsymbol{N_O} = \frac{\sqrt{3}Mg}{2} + \frac{\sqrt{3}Mg}{2\cdot3} = \frac{2\sqrt{3}Mg}{3}$$

$$\boxed{\boldsymbol{T_A = T_O} = \frac{\sqrt{3}Mg}{3}}$$

b.

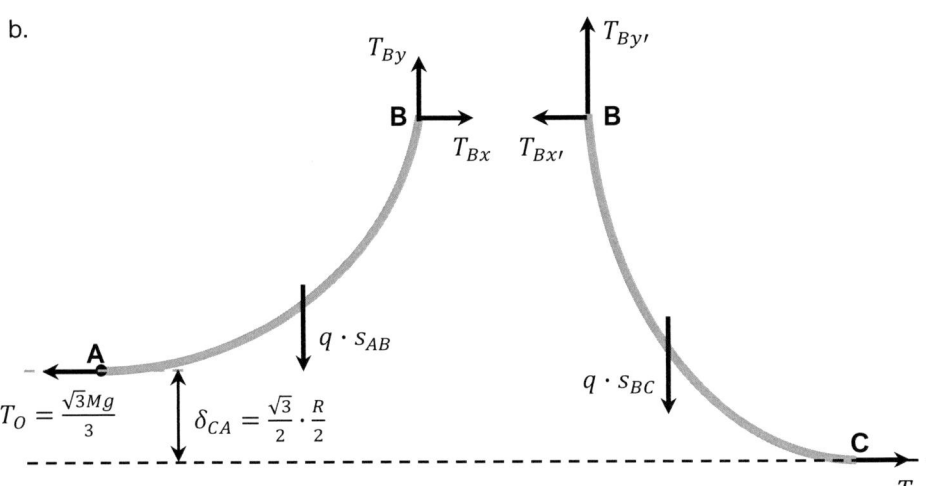

En primer lugar, se puede decir que:

$$T_O = q \cdot c_1 = \frac{Mg}{R} \cdot c_1 = \frac{\sqrt{3}Mg}{3} \rightarrow \boldsymbol{c_1} = \frac{\sqrt{3}R}{3}$$

Por otro lado, la tensión del cable en B debe ser igual por ambos lados luego:

$$T_B = q \cdot y_B = q \cdot (c_1 + \delta_{AB}) = q \cdot (c_2 + \delta_{CB})$$
$$c_1 + \delta_{AB} = c_2 + \delta_{CB}$$
$$\frac{\sqrt{3}R}{3} + \delta_{AB} = c_2 + \delta_{CA} + \delta_{AB} \rightarrow \boldsymbol{c_2} = \frac{\sqrt{3}R}{12}$$

Luego la tensión en C (mínima al ser la reacción horizontal en este punto) es:

$$\boldsymbol{T_C} = T_{O\prime} = q \cdot c_2 = \frac{Mg}{R} \cdot \frac{\sqrt{3}R}{12} = \boxed{\frac{\sqrt{3}Mg}{12}}$$

c.

Para ello, en primer lugar debe calcularse la tensión en B:

$$T_B = \sqrt{T_{Bx}^2 + T_{By}^2}$$

$$tan60° = \frac{T_{By}}{T_{Bx}} \rightarrow \frac{\sqrt{3}/2}{1/2} = \sqrt{3} = \frac{T_{By}}{T_O} = \frac{T_{By}}{\frac{\sqrt{3}Mg}{3}} \rightarrow T_{By} = Mg$$

$$\boldsymbol{T_B} = Mg\sqrt{\frac{3}{9} + 1} = \frac{2\sqrt{3}Mg}{3}$$

Y a continuación, se obtiene δ_{CB}:

$$T_B = \frac{2\sqrt{3}Mg}{3} = q \cdot (c_2 + \delta_{CB}) = \frac{Mg}{R} \cdot \left(\frac{\sqrt{3}R}{12} + \delta_{CB}\right)$$

$$\frac{2\sqrt{3}R}{3} = \frac{\sqrt{3}R}{12} + \delta_{CB}$$

$$\boxed{\delta_{CB} = \frac{7\sqrt{3}R}{12}}$$

d.

$$s_{ABC} = s_{AB} + s_{BC}$$

Por un lado s_{AB}:

$$T_{By} = Mg = q \cdot s_{AB} = \frac{Mg}{R} \cdot s_{AB} \rightarrow \boldsymbol{s_{AB} = R}$$

Por otro, s_{BC}:

$$T_B = \frac{2\sqrt{3}Mg}{3} = \sqrt{T_{Bx'}^2 + T_{By'}^2} = \sqrt{T_{O'}^2 + T_{By'}^2} = \sqrt{q^2 c_2^2 + T_{By'}^2}$$

$$\frac{4\cdot 3M^2 g^2}{9} = \frac{M^2 g^2}{R^2}\frac{3R^2}{144} + T_{By'}^2 \rightarrow T_{By'}^2 = \frac{48\cdot 4M^2 g^2}{48\cdot 3} - \frac{3M^2 g^2}{144} = \frac{189M^2 g^2}{144} \rightarrow T_{By'} = \frac{\sqrt{21}Mg}{4}$$

$$T_{By'} = \frac{\sqrt{21}Mg}{4} = q \cdot s_{BC} = \frac{Mg}{R} \cdot s_{BC} \rightarrow \boldsymbol{s_{BC} = \frac{\sqrt{21}R}{4}}$$

$$\boxed{s_{ABC} = \left(1 + \frac{\sqrt{21}}{4}\right)R}$$

Problema 5.3

a.

$$s_{OAB} = s_{OA} + s_{AB} = R\sqrt{3} + s_{AB}$$

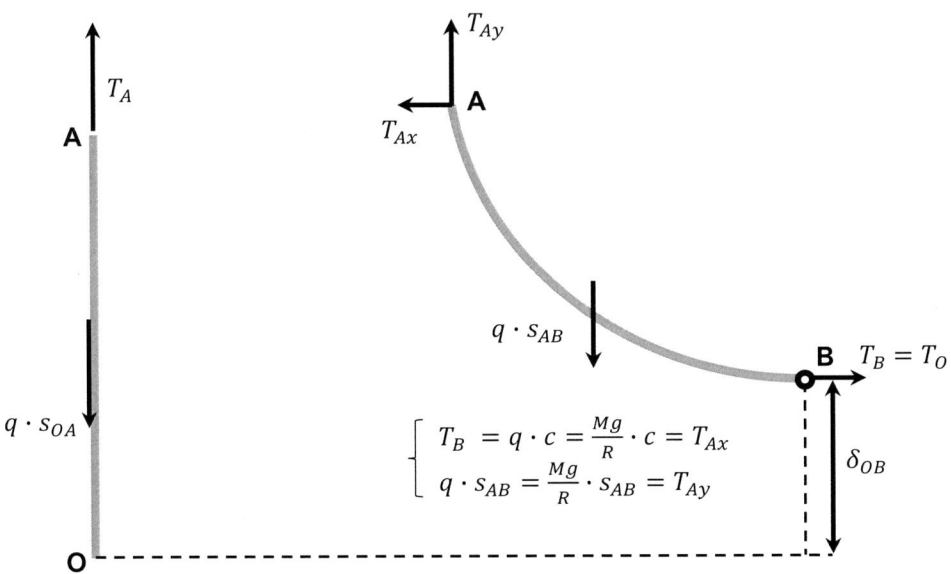

$$\boldsymbol{T_A} = q \cdot s_{OA} = \frac{Mg}{R} \cdot R\sqrt{3} = \sqrt{3}\boldsymbol{Mg}$$

Pero también puede decirse que: $T_A = q \cdot y_A$

Luego: $y_A = s_{OA}$

Y la altura entre los puntos B y O es el parámetro de catenaria c:

$$c = \delta_{OB} = R \cdot cos30° = \boxed{\frac{R\sqrt{3}}{2}}$$

$$\rightarrow \boldsymbol{T_{Ax}} = \frac{Mg}{R} \cdot \frac{R\sqrt{3}}{2} = \frac{\sqrt{3}\boldsymbol{Mg}}{2}$$

$$\rightarrow T_A^2 = T_{Ax}^2 + T_{Ay}^2 \rightarrow 3M^2g^2 = \frac{3M^2g^2}{4} + T_{Ay}^2 \rightarrow \boldsymbol{T_{Ay}} = \frac{3\boldsymbol{Mg}}{2}$$

$$\rightarrow T_{Ay} = \frac{3Mg}{2} = \frac{Mg}{R} \cdot s_{AB} \rightarrow s_{AB} = \frac{3R}{2}$$

$$\boxed{\boldsymbol{s_{OAB}} = \boldsymbol{R}\left(\sqrt{3} + \frac{3}{2}\right)}$$

b.

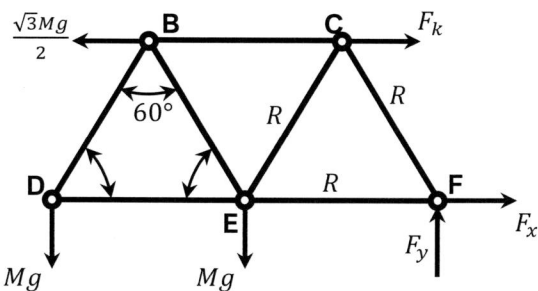

$$\left[\begin{array}{l} F_x + F_k = \frac{\sqrt{3}Mg}{2} \quad (1) \\[2mm] \boldsymbol{F_y = 2Mg} \quad (2) \\[2mm] \sum M_F = 0, \ Mg \cdot R + Mg \cdot 2R + \frac{\sqrt{3}Mg}{2} \cdot R\frac{\sqrt{3}}{2} = F_k \cdot R\frac{\sqrt{3}}{2} \quad (3) \end{array} \right.$$

$$\rightarrow \frac{15MgR}{4} = F_k \cdot R\frac{\sqrt{3}}{2} \rightarrow \boldsymbol{F_k = \frac{5\sqrt{3}Mg}{2}} = k\left(\frac{\sqrt{3}R}{2} - 0\right)$$

$$\boxed{\ k = \frac{5Mg}{R}\ }$$

$$\rightarrow \boldsymbol{F_x = \frac{\sqrt{3}Mg}{2} - \frac{5\sqrt{3}Mg}{2} = -2\sqrt{3}Mg}$$

c.

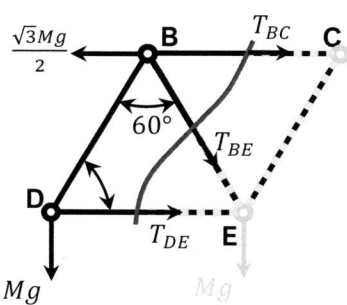

Atención: no debe incluirse la fuerza aplicada en el nudo E a la hora de tomar momentos, ya que queda fuera de la sección de corte realizada. Otra cosa diferente es que pueda elegirse cualquier punto del espacio para tomar momentos.

$$\left[\begin{array}{l} \sum M_E = 0, \frac{\sqrt{3}Mg}{2} \cdot R\frac{\sqrt{3}}{2} + Mg \cdot R = T_{BC} \cdot R\frac{\sqrt{3}}{2} \rightarrow \boxed{\boldsymbol{T_{BC} = \frac{7\sqrt{3}Mg}{6}}\ (t)} \\[4mm] \sum M_B = 0, Mg \cdot R\frac{1}{2} + T_{DE} \cdot R\frac{\sqrt{3}}{2} = 0 \rightarrow \boxed{\boldsymbol{T_{DE} = -\frac{\sqrt{3}Mg}{3}}\ (c)} \end{array} \right.$$

$$\rightarrow \sum F_y = 0, -Mg - T_{BE} \cdot \frac{\sqrt{3}}{2} = 0 \rightarrow \boxed{\boldsymbol{T_{BE} = -\frac{2\sqrt{3}Mg}{3}}\ (c)}$$

d.

Del equilibrio en el disco, se observa que la normal debe estar retrasada necesariamente respecto de la vertical para cumplir con la ecuación de momentos.

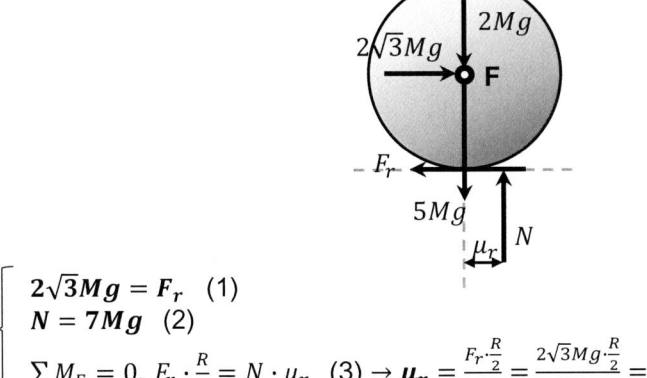

$$\begin{cases} 2\sqrt{3}Mg = F_r \quad (1) \\ N = 7Mg \quad (2) \\ \sum M_F = 0, \; F_r \cdot \dfrac{R}{2} = N \cdot \mu_r \quad (3) \rightarrow \mu_r = \dfrac{F_r \cdot \frac{R}{2}}{N} = \dfrac{2\sqrt{3}Mg \cdot \frac{R}{2}}{7Mg} = \boxed{\dfrac{R\sqrt{3}}{7}} \end{cases}$$

Problema 5.4

a.

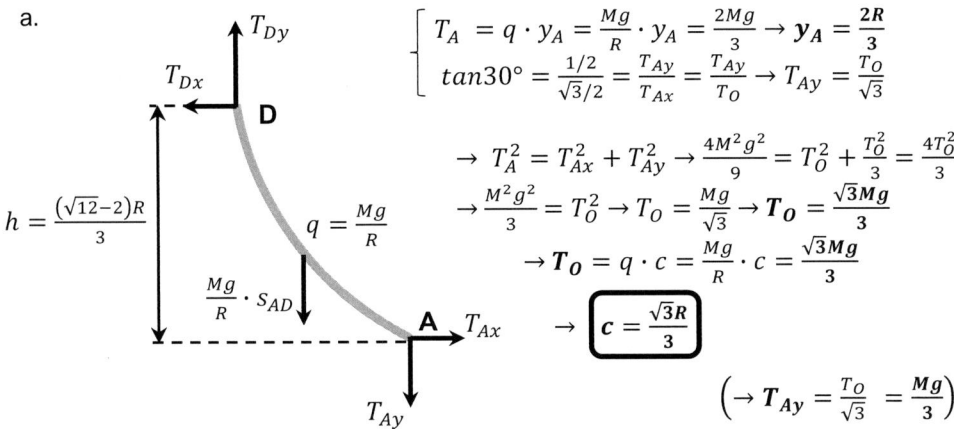

$$\begin{cases} T_A = q \cdot y_A = \dfrac{Mg}{R} \cdot y_A = \dfrac{2Mg}{3} \rightarrow y_A = \dfrac{2R}{3} \\ \tan 30° = \dfrac{1/2}{\sqrt{3}/2} = \dfrac{T_{Ay}}{T_{Ax}} = \dfrac{T_{Ay}}{T_O} \rightarrow T_{Ay} = \dfrac{T_O}{\sqrt{3}} \end{cases}$$

$$\rightarrow T_A^2 = T_{Ax}^2 + T_{Ay}^2 \rightarrow \dfrac{4M^2 g^2}{9} = T_O^2 + \dfrac{T_O^2}{3} = \dfrac{4T_O^2}{3}$$

$$\rightarrow \dfrac{M^2 g^2}{3} = T_O^2 \rightarrow T_O = \dfrac{Mg}{\sqrt{3}} \rightarrow \boldsymbol{T_O = \dfrac{\sqrt{3}Mg}{3}}$$

$$\rightarrow \boldsymbol{T_O} = q \cdot c = \dfrac{Mg}{R} \cdot c = \dfrac{\sqrt{3}Mg}{3}$$

$$\rightarrow \boxed{c = \dfrac{\sqrt{3}R}{3}}$$

$$\left(\rightarrow T_{Ay} = \dfrac{T_O}{\sqrt{3}} = \dfrac{Mg}{3} \right)$$

b.

$$\boldsymbol{T_D} = q \cdot y_D = \dfrac{Mg}{R} \cdot \left(y_A + \dfrac{(\sqrt{12}-2)R}{3} \right) = \dfrac{Mg}{R} \cdot \left(\dfrac{2R}{3} + \dfrac{(\sqrt{12}-2)R}{3} \right) = \boxed{\dfrac{\sqrt{12}Mg}{3}}$$

$$\rightarrow T_D^2 = T_{Dx}^2 + T_{Dy}^2 \rightarrow \dfrac{12M^2 g^2}{9} = \dfrac{3M^2 g^2}{9} + T_{Dy}^2 \rightarrow \boldsymbol{T_{Dy} = Mg}$$

$$\dfrac{Mg}{R} \cdot s_{AD} = T_{Dy} - T_{Ay} = Mg - \dfrac{Mg}{3} = \dfrac{2Mg}{3} \rightarrow \boxed{s_{AD} = \dfrac{2R}{3}}$$

c.

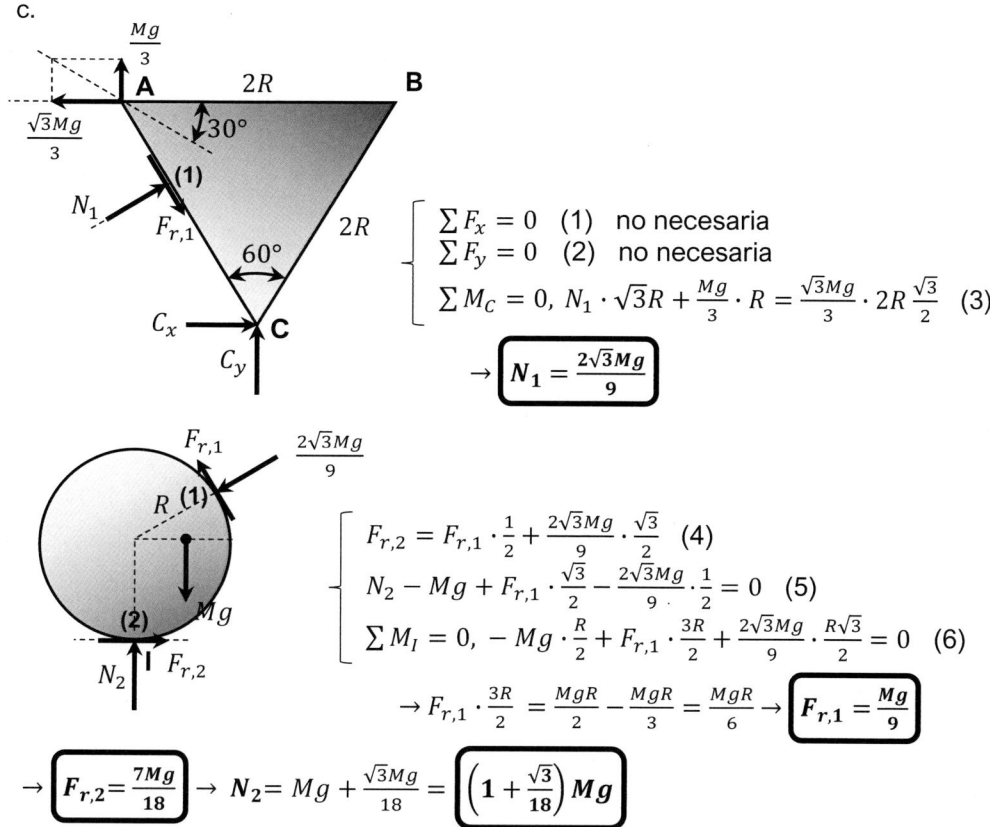

$$\sum F_x = 0 \quad (1) \quad \text{no necesaria}$$
$$\sum F_y = 0 \quad (2) \quad \text{no necesaria}$$

$$\sum M_C = 0, \ N_1 \cdot \sqrt{3}R + \frac{Mg}{3} \cdot R = \frac{\sqrt{3}Mg}{3} \cdot 2R \frac{\sqrt{3}}{2} \quad (3)$$

$$\rightarrow \boxed{N_1 = \frac{2\sqrt{3}Mg}{9}}$$

$$F_{r,2} = F_{r,1} \cdot \frac{1}{2} + \frac{2\sqrt{3}Mg}{9} \cdot \frac{\sqrt{3}}{2} \quad (4)$$

$$N_2 - Mg + F_{r,1} \cdot \frac{\sqrt{3}}{2} - \frac{2\sqrt{3}Mg}{9} \cdot \frac{1}{2} = 0 \quad (5)$$

$$\sum M_I = 0, \ -Mg \cdot \frac{R}{2} + F_{r,1} \cdot \frac{3R}{2} + \frac{2\sqrt{3}Mg}{9} \cdot \frac{R\sqrt{3}}{2} = 0 \quad (6)$$

$$\rightarrow F_{r,1} \cdot \frac{3R}{2} = \frac{MgR}{2} - \frac{MgR}{3} = \frac{MgR}{6} \rightarrow \boxed{F_{r,1} = \frac{Mg}{9}}$$

$$\rightarrow \boxed{F_{r,2} = \frac{7Mg}{18}} \rightarrow N_2 = Mg + \frac{\sqrt{3}Mg}{18} = \boxed{\left(1 + \frac{\sqrt{3}}{18}\right)Mg}$$

d.

Si está a punto de deslizar en (1) y de rodar en (2), se debe cumplir lo siguiente:

Deslizamiento inminente en (1) si:

$$F_{r,1} = f_1 N_1 \rightarrow \frac{Mg}{9} = f_1 \frac{2\sqrt{3}Mg}{9} \rightarrow \boldsymbol{f_1} = \frac{1}{2\sqrt{3}} = \boxed{\frac{\sqrt{3}}{6}}$$

Rodadura inminente en (2) si:

$$F_{r,2} \leq f_2 N_2 \rightarrow \frac{7Mg}{18} = f_2 \left(1 + \frac{\sqrt{3}}{18}\right)Mg \rightarrow \boxed{\boldsymbol{f_2} = \frac{7}{18 + \sqrt{3}}}$$

Problema 5.5

a.

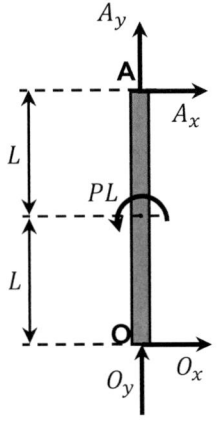

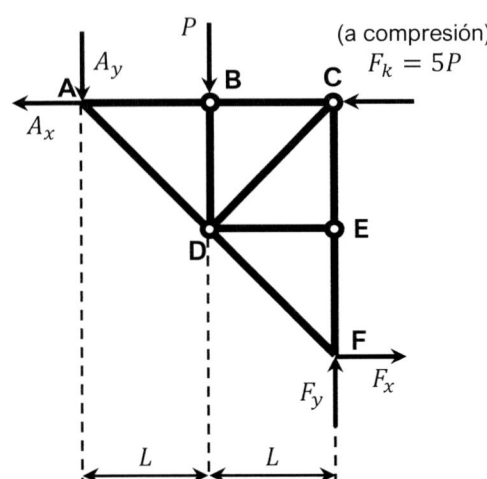

(a compresión)
$F_k = 5P$

$$\begin{cases} O_x + A_x = 0 \quad (1) \\ O_y + A_y = 0 \quad (2) \\ \sum M_O = 0, \ PL = A_x \cdot 2L \quad (3) \end{cases}$$

$$\rightarrow A_x = \frac{P}{2} \rightarrow \boxed{O_x = -\frac{P}{2}}$$

$(2) \rightarrow \boxed{O_y = 6P}$

$$\begin{cases} F_x = A_x + 5P \quad (4) \rightarrow \boxed{F_x = \frac{11P}{2}} \\ F_y = P + A_y \quad (5) \\ \sum M_A = 0, \ F_x \cdot 2L + F_y \cdot 2L = P \cdot L \quad (6) \end{cases}$$

$$\rightarrow \boxed{F_y = -5P} \rightarrow \boxed{A_y = -6P}$$

DSL resueltos

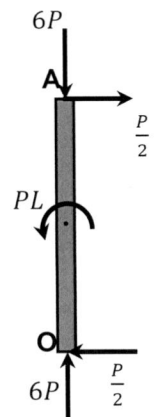

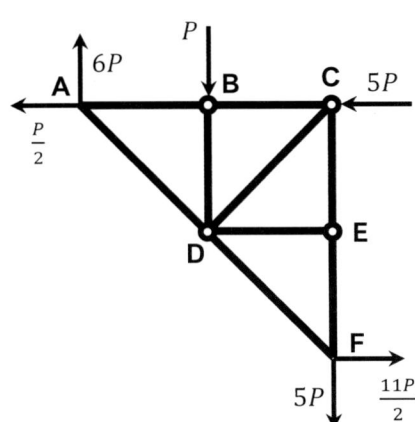

b.

Método de los nudos:

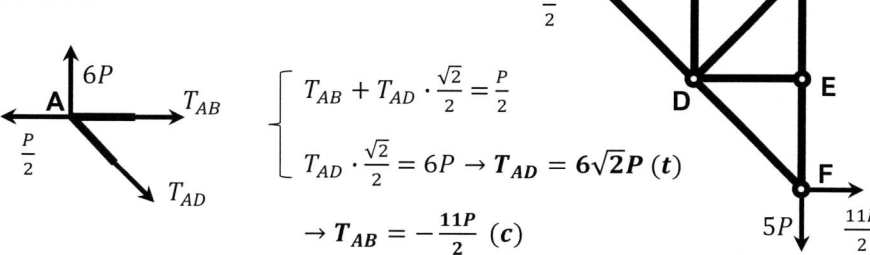

Nudo A:

$$T_{AB} + T_{AD} \cdot \frac{\sqrt{2}}{2} = \frac{P}{2}$$

$$T_{AD} \cdot \frac{\sqrt{2}}{2} = 6P \rightarrow \boldsymbol{T_{AD} = 6\sqrt{2}P \; (t)}$$

$$\rightarrow \boldsymbol{T_{AB} = -\frac{11P}{2} \; (c)}$$

Nudo B:

$$T_{BC} + \frac{11P}{2} = 0 \rightarrow \boxed{\boldsymbol{T_{BC} = -\frac{11P}{2} \; (c)}}$$

$$-P - T_{BD} = 0 \rightarrow \boldsymbol{T_{BD} = -P \; (c)}$$

Nudo C:

$$\frac{11P}{2} - 5P - T_{CD} \cdot \frac{\sqrt{2}}{2} = 0 \rightarrow \boxed{\boldsymbol{T_{CD} = \frac{\sqrt{2}P}{2} \; (t)}}$$

$$[\text{-}]$$

c.

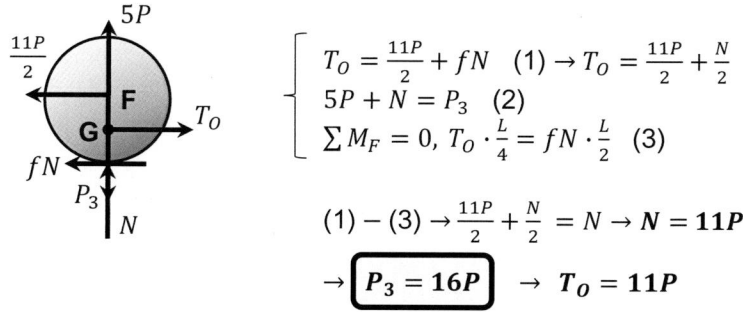

$$T_O = \frac{11P}{2} + fN \quad (1) \rightarrow T_O = \frac{11P}{2} + \frac{N}{2}$$

$$5P + N = P_3 \quad (2)$$

$$\sum M_F = 0, \; T_O \cdot \frac{L}{4} = fN \cdot \frac{L}{2} \quad (3)$$

$$(1) - (3) \rightarrow \frac{11P}{2} + \frac{N}{2} = N \rightarrow N = 11P$$

$$\rightarrow \boxed{\boldsymbol{P_3 = 16P}} \quad \rightarrow T_O = 11P$$

d.

Del apartado anterior, se deduce el parámetro c:

$$T_O = 11P = q \cdot c = \frac{P}{L} \cdot c \rightarrow \boldsymbol{c = 11L}$$

Además:

$$\left[\begin{array}{l} T_G = T_O = \boldsymbol{T_{Hx} = 11P} \\ T_{Hy} = \frac{P}{L} \cdot s_{GH} \end{array}\right.$$

$$\rightarrow \boldsymbol{T_H} = q \cdot y_H = \frac{P}{L} \cdot y_H = \frac{P}{L} \cdot (c + 2L) = \boldsymbol{13P}$$

Dos caminos:

$$\rightarrow T_H^2 = T_{Hx}^2 + T_{Hy}^2 \rightarrow 169P^2 = 121P^2 + T_{Hy}^2 \rightarrow T_{Hy} = 4\sqrt{3}P \rightarrow \frac{P}{L} \cdot s_{GH} = 4\sqrt{3}P$$

$$\boxed{s_{GH} = 4\sqrt{3}L}$$

O bien:

$$\rightarrow y_H^2 - s_{GH}^2 = c^2 \rightarrow (13L)^2 - s_{GH}^2 = (11L)^2 \rightarrow s_{GH}^2 = 169L^2 - 121L^2 = 48L^2$$

$$\boldsymbol{s_{GH} = 4\sqrt{3}L}$$

Tema 6

Problema 6.1

El sistema a estudiar equivale al siguiente:

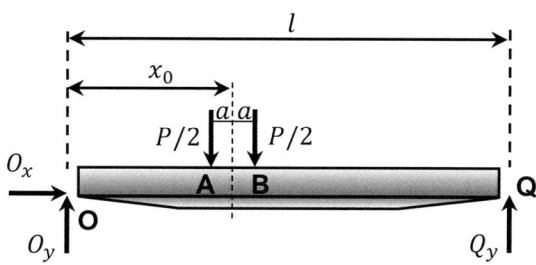

$$\begin{cases} O_x = 0 \quad (1) \\ O_y + Q_y = P \quad (2) \\ \sum M_O = 0, \; Q_y \cdot l = \frac{P}{2} \cdot (x_0 - a) + \frac{P}{2} \cdot (x_0 + a) \quad (3) \\ \quad \rightarrow Q_y \cdot l = 2\frac{P}{2} \cdot x_0 = P \cdot x_0 \rightarrow Q_y = \frac{Px_0}{l} \rightarrow O_y = P\left(1 - \frac{x_0}{l}\right) \end{cases}$$

Para los cortes, se distinguen tres zonas:

Corte 1 (OA): $0 \leq x \leq x_0 - a$

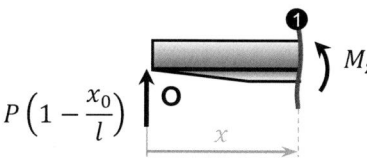

$$M_z = P\left(1 - \frac{x_0}{l}\right) \cdot x$$

$$\begin{cases} x = 0, M_z = 0 \\ x = x_0 - a, M_z \\ \quad = P\left(1 - \frac{x_0}{l}\right) \cdot (x_0 - a) \end{cases}$$

Corte 2 (AB): $x_0 - a \leq x \leq x_0 + a$

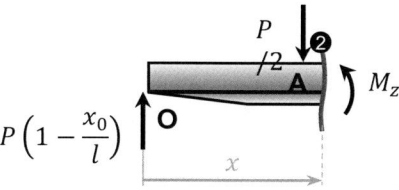

$$M_z = P\left(1 - \frac{x_0}{l}\right) \cdot x - \frac{P}{2}(x - x_0 + a)$$

$$\begin{cases} x = x_0 - a, M_z = P\left(1 - \frac{x_0}{l}\right) \cdot \\ \quad (x_0 - a) \\ x = x_0 + a, M_z = Px_0\left(1 - \frac{x_0 + a}{l}\right) \end{cases}$$

Corte 3 (QB): $0 \leq x \leq l - (x_0 + a)$

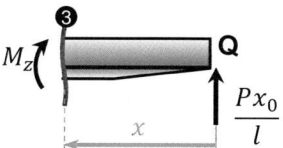

$$M_z = \frac{Px_0}{l} \cdot x$$

$$\begin{cases} x = 0, M_z = 0 \\ x = l - (x_0 + a), M_z = \frac{Px_0}{l} \cdot (l - (x_0 + a)) \end{cases}$$

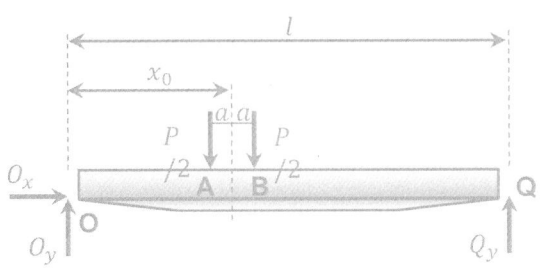

Corte 2: $\dfrac{dM_z}{dx} = P\left(1 - \dfrac{x_0}{l}\right) - \dfrac{P}{2} = 0 \rightarrow l - x_0 = \dfrac{l}{2} \rightarrow \boldsymbol{x_0 = \dfrac{l}{2}}$

Nota: para el tramo AB, la pendiente es horizontal (independiente de x) si $x_0 = \dfrac{l}{2}$

M_z

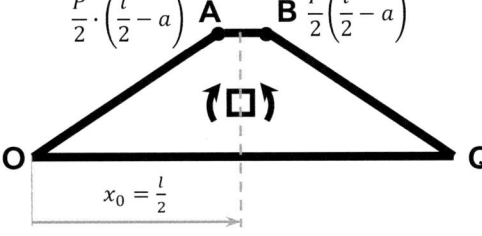

$\boxed{M_{z,max} = \dfrac{P}{2}\left(\dfrac{l}{2} - a\right)}$

Problema 6.2

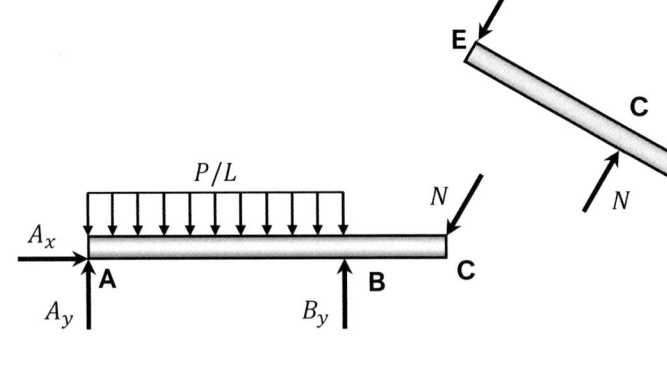

$$\begin{cases} A_x = N \cdot \dfrac{1}{2} \quad (1) \\[2mm] A_y + B_y = N \cdot \dfrac{\sqrt{3}}{2} + \dfrac{P}{L} \cdot \dfrac{3L}{4} \quad (2) \\[2mm] B_y \cdot \dfrac{3L}{4} = \dfrac{3P}{4} \cdot \dfrac{3L}{8} + N \cdot \dfrac{\sqrt{3}}{2} \cdot L \quad (3) \end{cases}$$

$$\begin{cases} \boldsymbol{D_x = 0} \quad (4) \\[2mm] D_y + N = P \quad (5) \rightarrow \boldsymbol{D_y = \dfrac{-3P}{2}} \\[2mm] P \cdot L + P \cdot \dfrac{3L}{2} = N \cdot L \quad (6) \rightarrow \boldsymbol{N = \dfrac{5P}{2}} \end{cases}$$

$$(1) \rightarrow A_x = \frac{5P}{4}$$

$$(3) \rightarrow B_y = \left(\frac{3}{8} + \frac{5\sqrt{3}}{3}\right)P$$

$$(2) \rightarrow A_y = \left(\frac{3}{8} - \frac{5\sqrt{3}}{12}\right)P$$

Para la aplicación numérica:

$$A_x = 1.250 \; kg, A_y = -347 \; kg, B_y = 3.262 \; kg, D_x = 0, D_y = -1.500 \; kg, N = 2.500 \; kg$$

DSLs resueltos

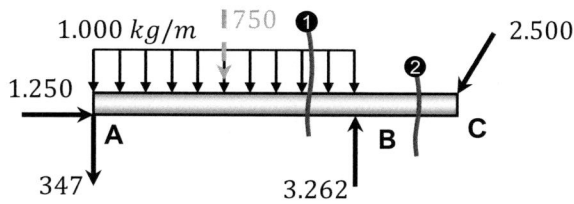

Corte 1 (AB): $0 \leq x \leq 3L/4$

$$N_x + 1.250 = 0 \rightarrow N_x = -1.250 \; kg$$

$$V_y = -347 - 1.000 \cdot x \begin{cases} x = 0, V_y = -347 \; kg \\ x = 0,75, V_y = -1.097 \; kg \end{cases}$$

$$M_z = -347 \cdot x - 1.000 \cdot x \cdot \frac{x}{2} \begin{cases} x = 0, M_z = 0 \\ x = 0,75, M_z = -541,3 \; kgm \end{cases}$$

Corte 2 (CB): $0 \leq x \leq L/4$

$$-N_x - 2.500 \cdot \frac{1}{2} = 0 \rightarrow N_x = -1.250 \; kg$$

$$V_y = 2.500 \cdot \frac{\sqrt{3}}{2} = 2.165 \; kg$$

$$M_z = -2.165 \cdot x \begin{cases} x = 0, M_z = 0 \\ x = 0,25, M_z = -541,3 \; kgm \end{cases}$$

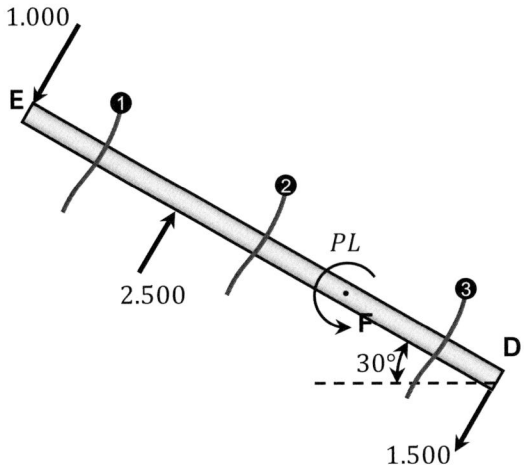

Corte 1 (EC): $0 \leq x \leq L/2$

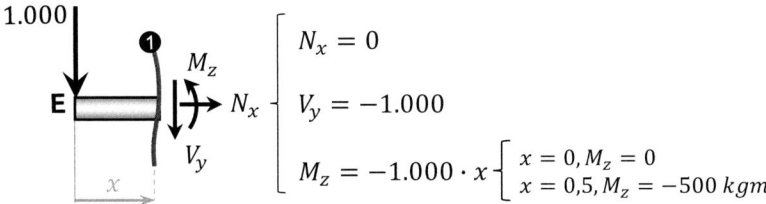

$$N_x = 0$$

$$V_y = -1.000$$

$$M_z = -1.000 \cdot x \begin{cases} x = 0, M_z = 0 \\ x = 0,5, M_z = -500 \, kgm \end{cases}$$

Corte 2 (CF): $\frac{L}{2} \leq x \leq L$

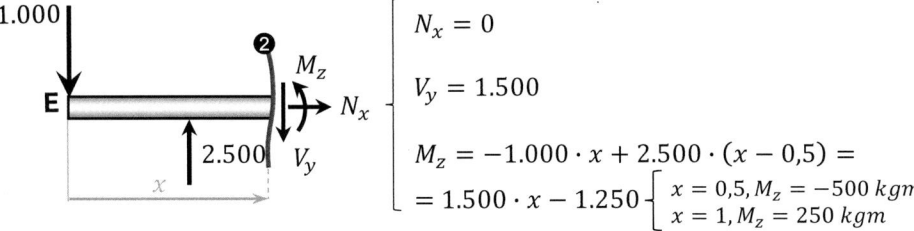

$$N_x = 0$$

$$V_y = 1.500$$

$$M_z = -1.000 \cdot x + 2.500 \cdot (x - 0,5) =$$
$$= 1.500 \cdot x - 1.250 \begin{cases} x = 0,5, M_z = -500 \, kgm \\ x = 1, M_z = 250 \, kgm \end{cases}$$

Corte 3 (DF): $0 \leq x \leq L/2$

$$N_x = 0$$

$$V_y = 1.500$$

$$M_z = -1.500 \cdot x \begin{cases} x = 0, M_z = 0 \\ x = 0,5, M_z = -750 \, kgm \end{cases}$$

ABC

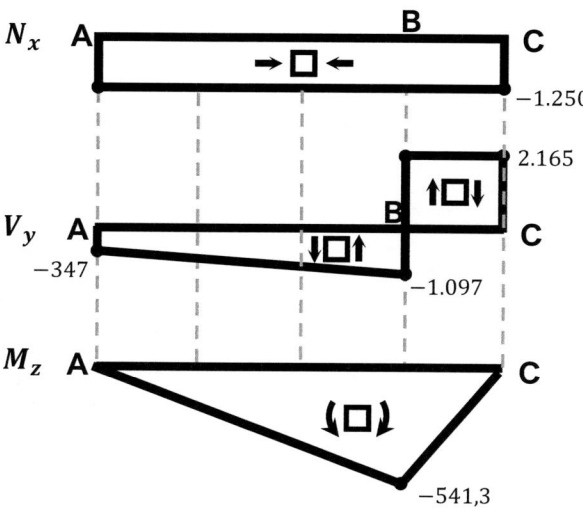

ECFD

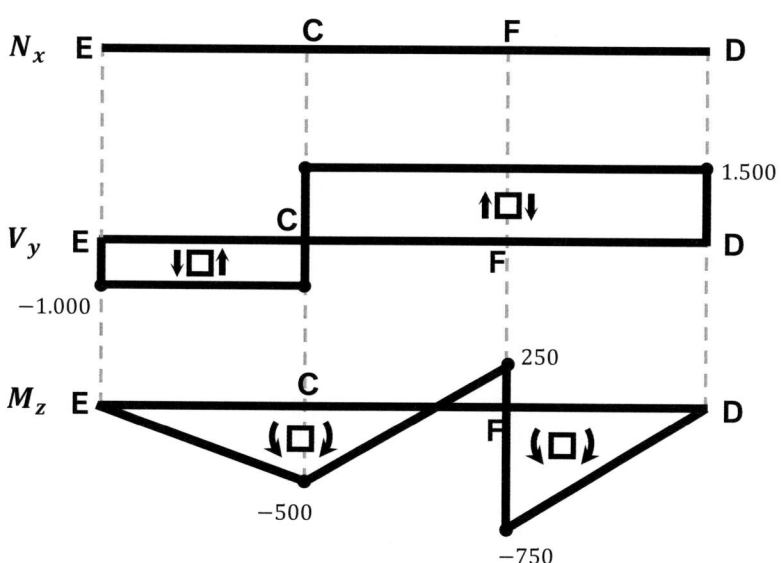

Problema 6.3

Se aplica el equilibrio de fuerzas horizontales y verticales sobre la estructura completa y la ecuación de momentos en cada subestructura por separado. De esta manera, se evita el cálculo de las reacciones en la rótula C.

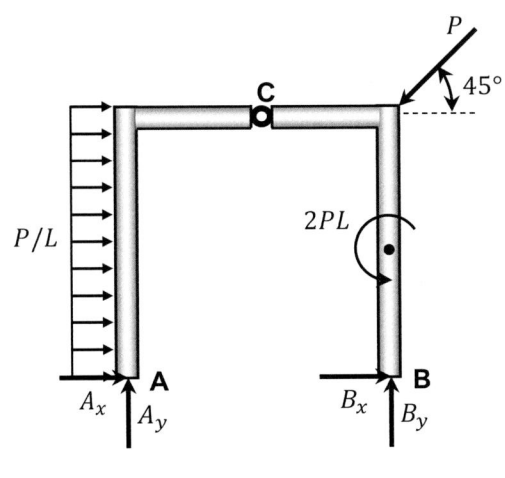

$$\left[\begin{array}{l} A_x + B_x + 2P = P \cdot \frac{\sqrt{2}}{2} \quad (1) \\ A_y + B_y = P \cdot \frac{\sqrt{2}}{2} \quad (2) \end{array} \right.$$

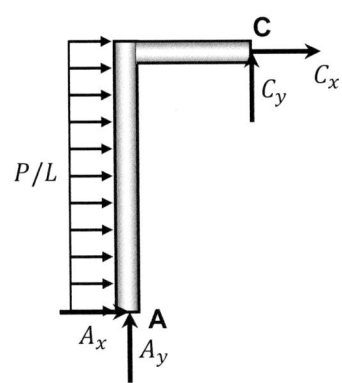

$\sum M_C = 0,$
$A_x \cdot 2L + 2P \cdot L = A_y \cdot L \quad (3)$

$\sum M_C = 0,$
$B_x \cdot 2L + B_y \cdot L + 2PL = P \frac{\sqrt{2}}{2} \cdot L$
(4)

(1) $A_x + B_x + 2P = P \cdot \frac{\sqrt{2}}{2}$

(2) $2P + 2A_x + P\frac{\sqrt{2}}{2} - 2P - 2B_x = P \cdot \frac{\sqrt{2}}{2} \rightarrow A_x = B_x$

$\rightarrow A_x = P \cdot \frac{\sqrt{2}}{4} - P = -\left(1 - \frac{\sqrt{2}}{4}\right)P$

$\rightarrow A_y = 2P - 2\left(1 - \frac{\sqrt{2}}{4}\right)P = \frac{\sqrt{2}}{2}P$

$\rightarrow B_y = 0$

DSL resuelto

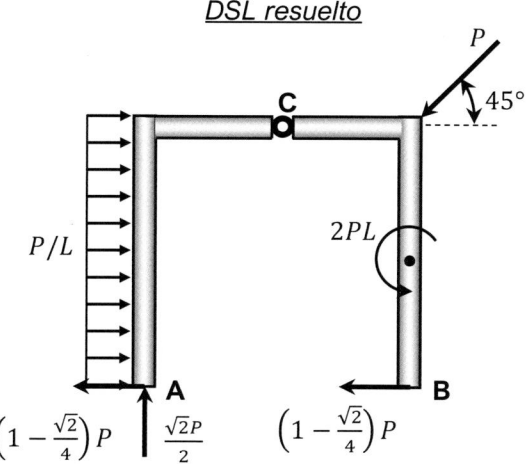

En este caso, para la obtención de los diagramas, es recomendable obtener las reacciones en la rótula:

$$C_x = \left(1 + \frac{\sqrt{2}}{4}\right)P, \quad C_y = \frac{\sqrt{2}P}{2}$$

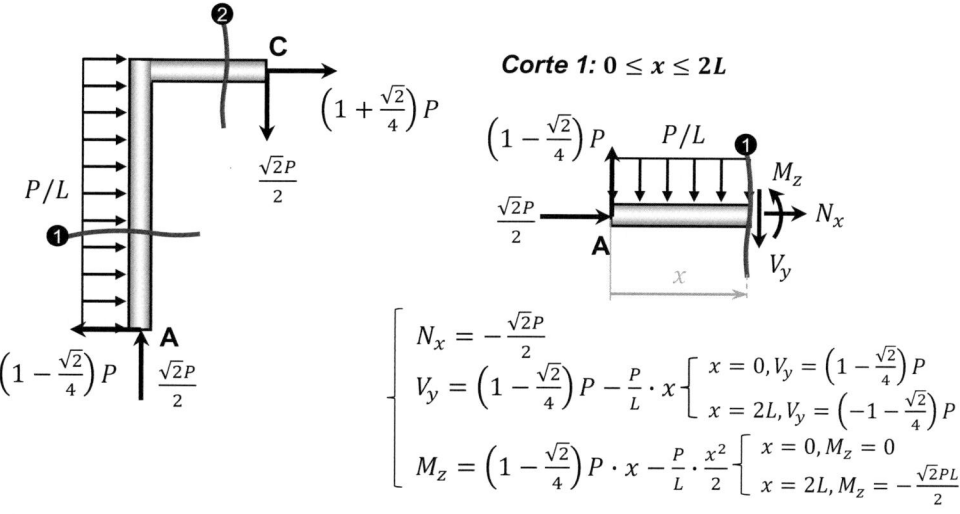

Corte 1: $0 \leq x \leq 2L$

$$
\left[
\begin{array}{l}
N_x = -\dfrac{\sqrt{2}P}{2} \\[2mm]
V_y = \left(1 - \dfrac{\sqrt{2}}{4}\right)P - \dfrac{P}{L} \cdot x \left[\begin{array}{l} x = 0, V_y = \left(1 - \dfrac{\sqrt{2}}{4}\right)P \\[2mm] x = 2L, V_y = \left(-1 - \dfrac{\sqrt{2}}{4}\right)P \end{array} \right. \\[5mm]
M_z = \left(1 - \dfrac{\sqrt{2}}{4}\right)P \cdot x - \dfrac{P}{L} \cdot \dfrac{x^2}{2} \left[\begin{array}{l} x = 0, M_z = 0 \\[2mm] x = 2L, M_z = -\dfrac{\sqrt{2}PL}{2} \end{array} \right.
\end{array}
\right.
$$

Corte 2: $0 \leq x \leq L$

$$
\left[
\begin{array}{l}
N_x = \left(1 + \dfrac{\sqrt{2}}{4}\right)P \\[2mm]
V_y = \dfrac{\sqrt{2}P}{2} \\[2mm]
M_z = -\dfrac{\sqrt{2}P}{2} \cdot x \left[\begin{array}{l} x = 0, M_z = 0 \\[2mm] x = L, M_z = -\dfrac{\sqrt{2}PL}{2} \end{array} \right.
\end{array}
\right.
$$

Desde el lado derecho de la rótula, deben realizarse tres cortes:

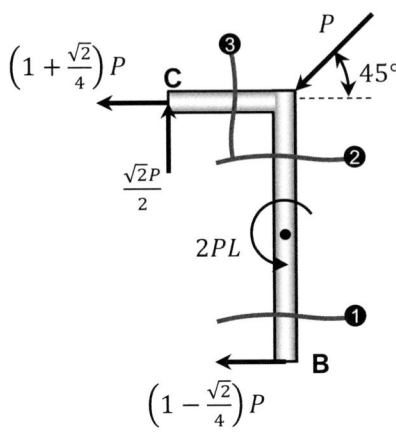

Corte 1: $0 \leq x \leq L$

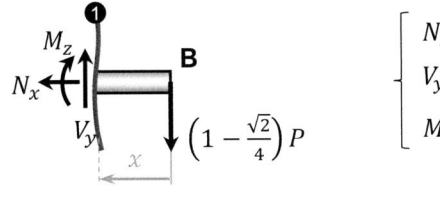

$$\left[\begin{array}{l} N_x = 0 \\ V_y = \left(1 - \frac{\sqrt{2}}{4}\right) P \\ M_z = -\left(1 - \frac{\sqrt{2}}{4}\right) P \cdot x \end{array} \right.$$

$$\left\{ \begin{array}{l} x = 0, M_z = 0 \\ x = L, M_z = -\left(1 - \frac{\sqrt{2}}{4}\right) PL \end{array} \right.$$

Corte 2: $L \leq x \leq 2L$

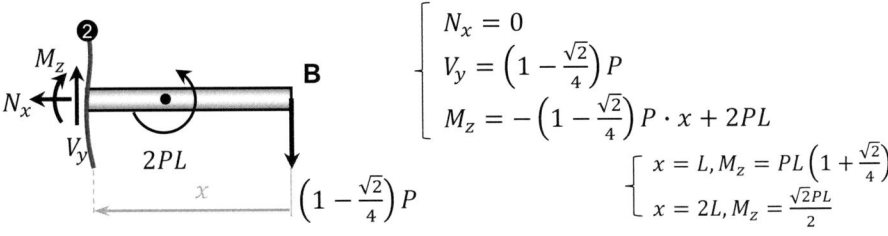

$$\left[\begin{array}{l} N_x = 0 \\ V_y = \left(1 - \frac{\sqrt{2}}{4}\right) P \\ M_z = -\left(1 - \frac{\sqrt{2}}{4}\right) P \cdot x + 2PL \end{array} \right.$$

$$\left\{ \begin{array}{l} x = L, M_z = PL\left(1 + \frac{\sqrt{2}}{4}\right) \\ x = 2L, M_z = \frac{\sqrt{2}PL}{2} \end{array} \right.$$

Corte 3: $0 \leq x \leq L$

$$\left[\begin{array}{l} N_x = \left(1 + \frac{\sqrt{2}}{4}\right) P \\ V_y = \frac{\sqrt{2}P}{2} \\ M_z = \frac{\sqrt{2}P}{2} \cdot x \end{array} \right.$$

$$\left\{ \begin{array}{l} x = 0, M_z = 0 \\ x = L, M_z = \frac{\sqrt{2}PL}{2} \end{array} \right.$$

N_x

V_y

M_z

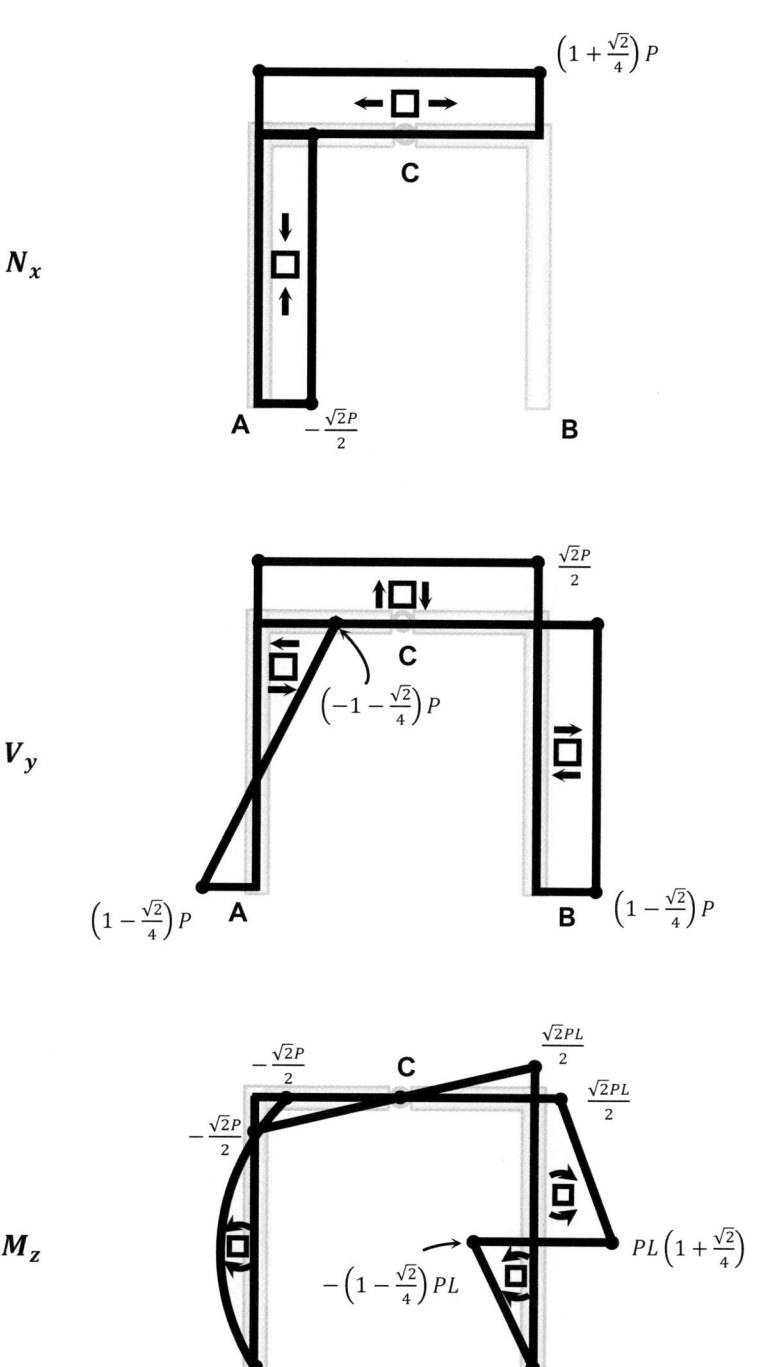

Problema 6.4

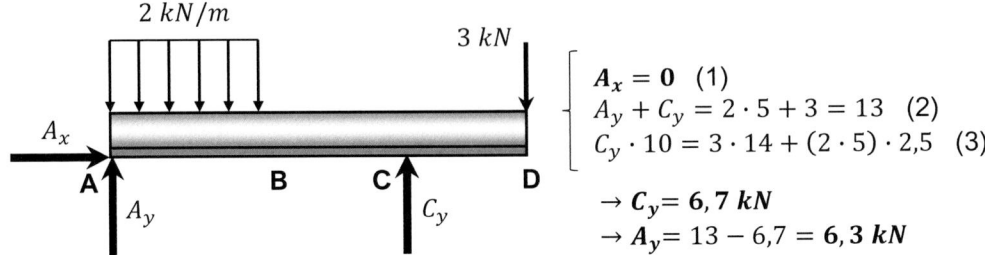

$$A_x = 0 \quad (1)$$
$$A_y + C_y = 2 \cdot 5 + 3 = 13 \quad (2)$$
$$C_y \cdot 10 = 3 \cdot 14 + (2 \cdot 5) \cdot 2,5 \quad (3)$$

$$\rightarrow C_y = 6,7 \; kN$$
$$\rightarrow A_y = 13 - 6,7 = 6,3 \; kN$$

DSL resuelto

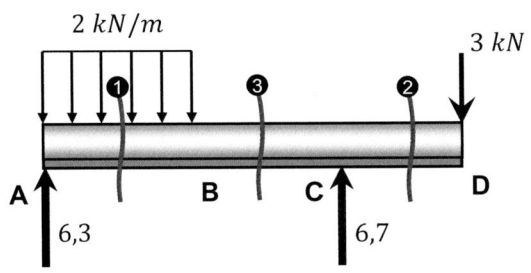

Corte 1: $0 \leq x \leq 5 \; m$ **Corte 2:** $0 \leq x \leq 4 \; m$ **Corte 3:** $4 \leq x \leq 9 \; m$

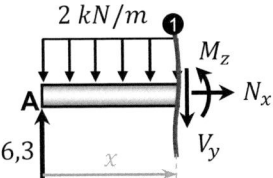   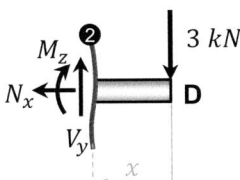   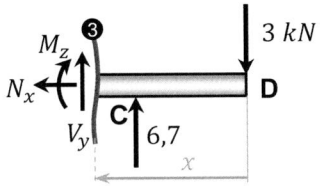

$$V_y = 6,3 - 2x$$

$$M_z = 6,3x - (2 \cdot x)\frac{x}{2} = 6,3x - x^2$$

$$V_y = 3 \; (cte)$$

$$M_z = -3x$$

$$V_y = 3 - 6,7 = -3,7 \; (cte)$$

$$M_z = -3x + 6,7\,(x - 4) = = 3,7x - 26,8$$

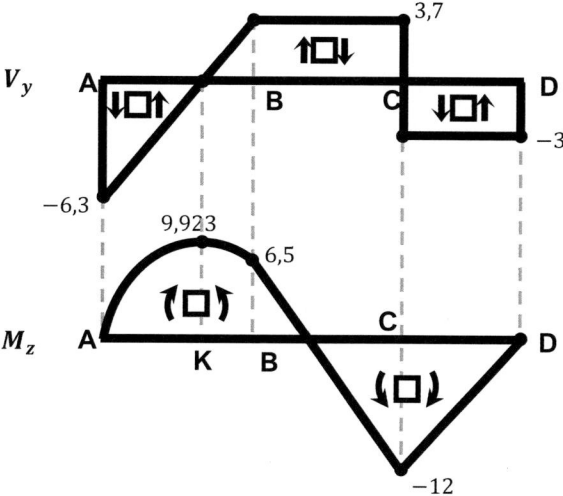

V_y

A B C D

3,7

−3

−6,3

9,923

6,5

M_z A K B C D

−12

Para las tensiones, en primer lugar hay que calcular el centro de gravedad de la sección y el momento de inercia:

$$(150 \cdot 30 + 30 \cdot 150)\, y_G = (150 \cdot 30) \cdot 15 + (30 \cdot 150) \cdot (30 + 75)$$

$$\rightarrow y_G = 60\ mm$$

$\sigma_{1,C}$ $\sigma_{2,K}$

30 mm

G_2

150 mm −120 mm

G

z

G_1

30 mm 60 mm

y

150 mm

$$I_z = \frac{1}{12}(150 \cdot 30^3) + (150 \cdot 30) \cdot (60 - 15)^2 +$$
$$\frac{1}{12}(30 \cdot 150^3) + (30 \cdot 150) \cdot (30 + 75 - 60)^2 =$$
$$= 27{,}0 \cdot 10^6\ mm^4 = \mathbf{27{,}0 \cdot 10^{-6}\ m^4}$$

Tensión normal máxima a tracción:
(para ver las dos opciones en las secciones K y C)

$$\sigma_{1,K} = \frac{9{,}923 \cdot 10^3 \cdot (60 \cdot 10^{-3})}{27{,}0 \cdot 10^{-6}} = \ldots$$

$$\sigma_{1,C} = \frac{-12 \cdot 10^3 \cdot \left(-120 \cdot 10^{-3}\right)}{27{,}0 \cdot 10^{-6}} = \boxed{53{,}3\ MPa}$$

Tensión normal máxima a compresión:
(para ver las dos opciones en las secciones K y C)

$$\sigma_{2,K} = \frac{9{,}923 \cdot 10^3 \cdot \left(-120 \cdot 10^{-3}\right)}{27{,}0 \cdot 10^{-6}} = \boxed{-44{,}1\ MPa}$$

$$\sigma_{2,C} = \frac{-12 \cdot 10^3 \cdot (60 \cdot 10^{-3})}{27{,}0 \cdot 10^{-6}} = \ldots$$

La tensión máxima de tracción ocurre en la sección C y la máxima de compresión ocurre en la sección K. Ambos son los dos puntos de mayor cota ($y = -120\ mm$).

Problema 6.5

a.

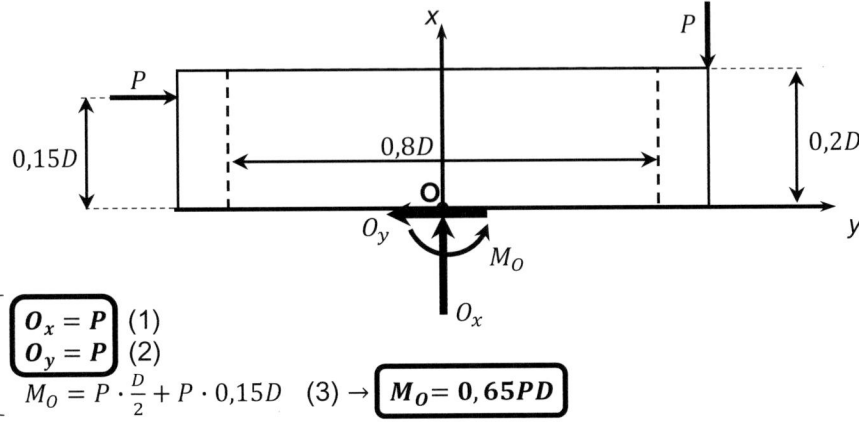

$$\left[\begin{array}{l} \boxed{O_x = P} \ (1) \\ \boxed{O_y = P} \ (2) \\ M_O = P \cdot \dfrac{D}{2} + P \cdot 0{,}15D \quad (3) \rightarrow \boxed{M_O = 0{,}65PD} \end{array} \right.$$

b.

DSL resuelto

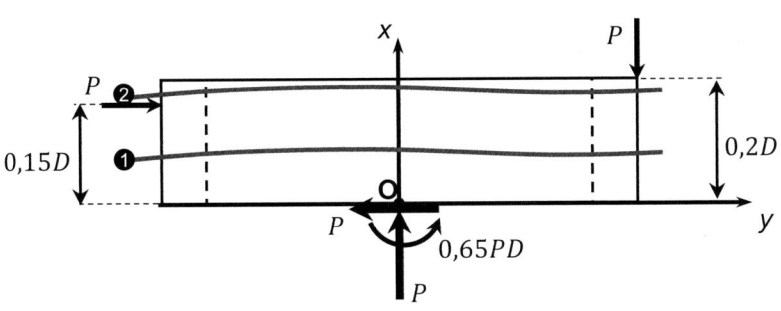

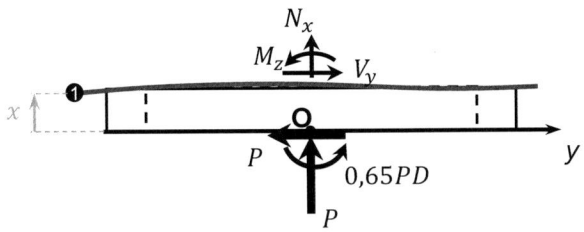

Corte 1: $0 \le x \le 0{,}15D$

$$\left[\begin{array}{l} N_x = -P \\ V_y = P \\ M_z = Px - 0{,}65PD \end{array} \right.$$

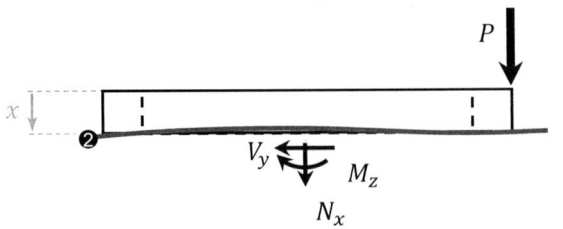

Corte 2: $0 \le x \le 0{,}05D$

$$\left[\begin{array}{l} N_x = -P \\ V_y = 0 \\ M_z = 0{,}5PD \end{array} \right.$$

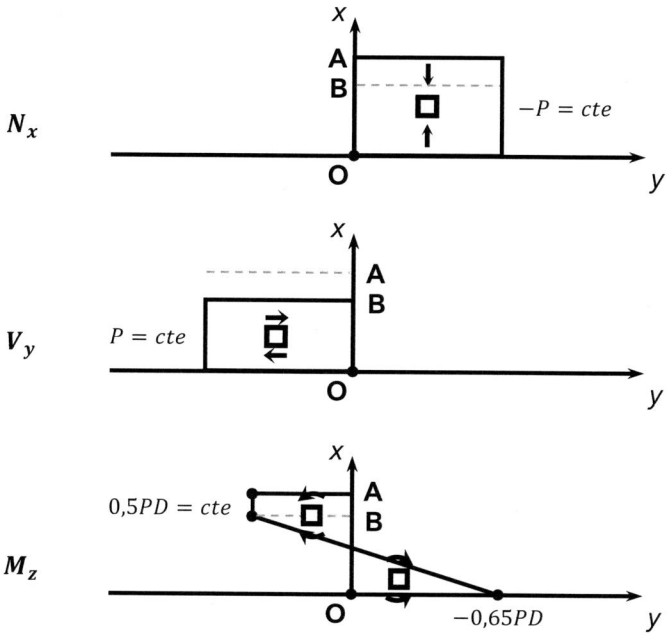

c.

$$\sigma_x = \frac{N_x}{A} + \frac{M_z \cdot y}{I_z}$$

La peor condición ocurre en la sección O:
$$\left\{\begin{array}{l} N_x = -P \text{ (compresión)} \\ M_z = -0{,}65PD \text{ (compresión en el punto} \\ \text{más bajo de la sección, } y_{max} = D/2) \end{array}\right.$$

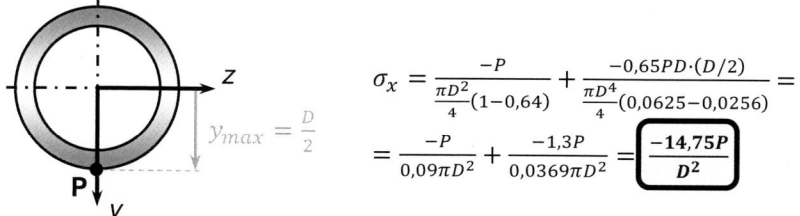

$$\sigma_x = \frac{-P}{\frac{\pi D^2}{4}(1-0{,}64)} + \frac{-0{,}65PD \cdot (D/2)}{\frac{\pi D^4}{4}(0{,}0625-0{,}0256)} =$$

$$= \frac{-P}{0{,}09\pi D^2} + \frac{-1{,}3P}{0{,}0369\pi D^2} = \boxed{\frac{-14{,}75P}{D^2}}$$

La peor condición ocurre en la sección de amarre (O) en el punto más bajo de la sección (P), siendo la tensión normal máxima de compresión, ya que el esfuerzo axial es de compresión en toda la longitud de la pieza.

Problema 6.6

Nota: la fuerza interna en D (valor absoluto) es igual por la derecha y por la izquierda, pero tienen direcciones diferentes

a.

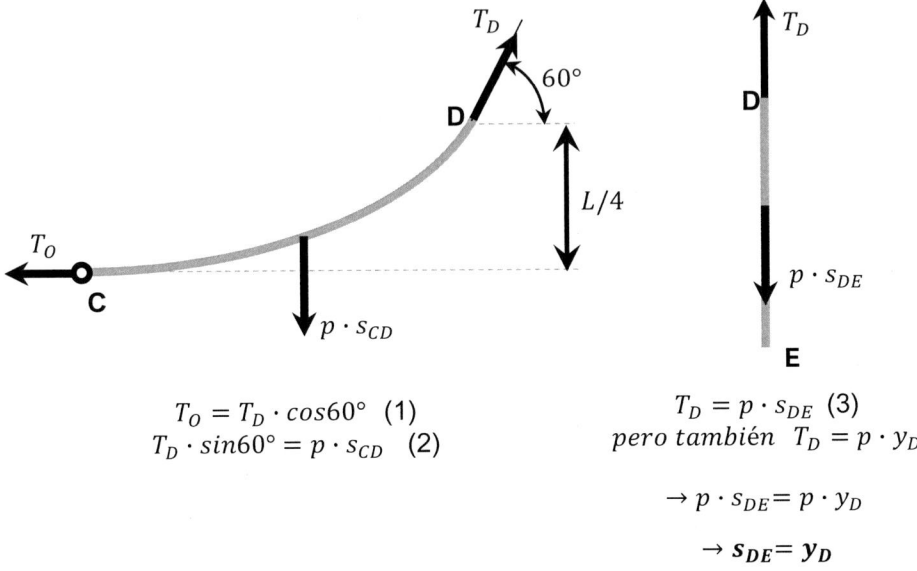

$$T_O = T_D \cdot cos60° \quad (1)$$
$$T_D \cdot sin60° = p \cdot s_{CD} \quad (2)$$

$$T_D = p \cdot s_{DE} \quad (3)$$
$$pero\ también\ \ T_D = p \cdot y_D$$

$$\rightarrow p \cdot s_{DE} = p \cdot y_D$$

$$\rightarrow s_{DE} = y_D$$

El punto E marca la ubicación de la referencia para el eje de x. **Esto quiere decir que la altura vertical entre E y C es precisamente el parámetro de catenaria c.** Por tanto, tenemos:

$$T_C = T_O = p \cdot c$$
$$T_D = p \cdot y_D = p \cdot \left(y_C + \frac{L}{4}\right) = p \cdot \left(c + \frac{L}{4}\right)$$

$$(1) \rightarrow p \cdot c = p \cdot \left(c + \frac{L}{4}\right) \cdot cos60°$$

$$\boxed{c = \frac{L}{4}} \quad \boxed{T_O = \frac{pL}{4}}$$

b.

$$s_{CDE} = s_{CD} + s_{DE}$$

$$tan60° = \frac{\sqrt{3}/2}{1/2} = \frac{p \cdot s_{CD}}{\frac{pL}{4}} = \frac{s_{CD}}{\frac{L}{4}} = \sqrt{3} \rightarrow s_{CD} = \frac{\sqrt{3}L}{4}$$

$$s_{CDE} = \frac{\sqrt{3}L}{4} + \left(\frac{L}{4} + \frac{L}{4}\right) = \boxed{\frac{L(\sqrt{3}+2)}{4}}$$

C.

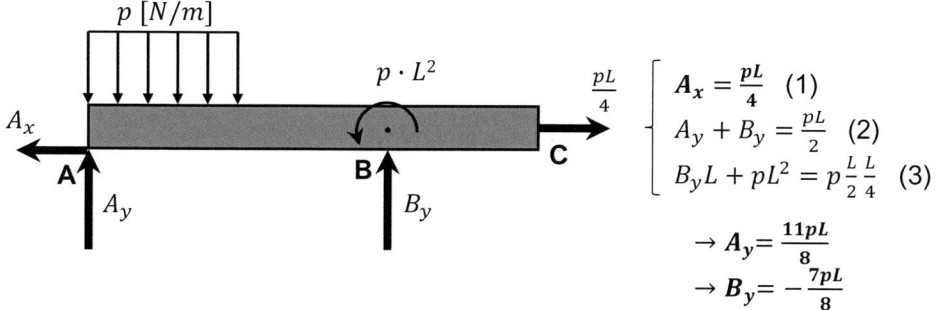

$$A_x = \frac{pL}{4} \quad (1)$$

$$A_y + B_y = \frac{pL}{2} \quad (2)$$

$$B_y L + pL^2 = p\frac{L}{2}\frac{L}{4} \quad (3)$$

$$\rightarrow A_y = \frac{11pL}{8}$$

$$\rightarrow B_y = -\frac{7pL}{8}$$

DSL resuelto

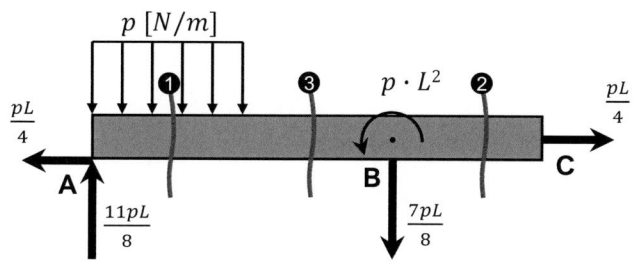

Corte 1: $0 \leq x \leq \frac{L}{2}$ **Corte 2:** $0 \leq x \leq \frac{L}{2}$ **Corte 3:** $\frac{L}{2} \leq x \leq L$

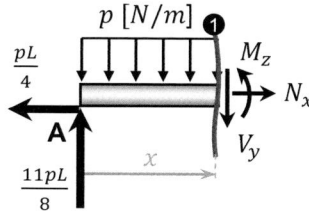   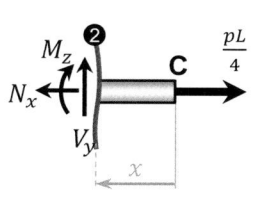   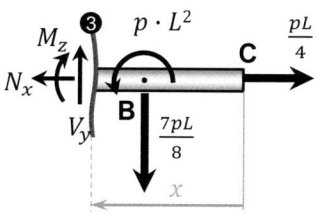

$$\begin{bmatrix} N_x = \frac{pL}{4} \\ V_y = \frac{11pL}{8} - px \\ M_z = \frac{11pL}{8}x - p\frac{x^2}{2} \end{bmatrix}$$

$$\begin{bmatrix} N_x = \frac{pL}{4} \\ V_y = 0 \\ M_z = 0 \end{bmatrix}$$

$$\begin{bmatrix} N_x = \frac{pL}{4} \\ V_y = \frac{7pL}{8} \\ M_z = pL^2 - \frac{7pL}{8}(x - {}^L/_2) \\ = \frac{23}{16}pL^2 - \frac{7pL}{8}x \end{bmatrix}$$

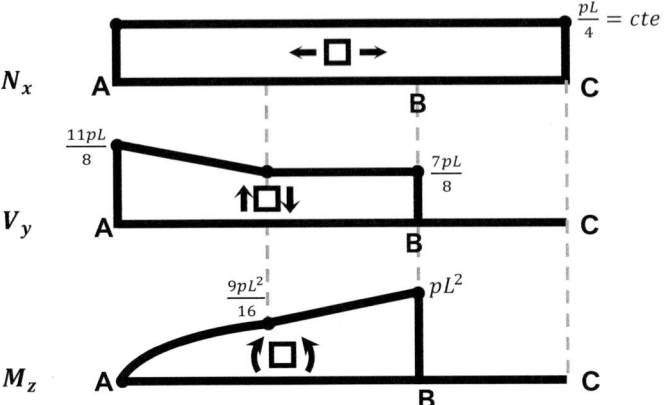

N_x

V_y

M_z

$\dfrac{pL}{4} = cte$

$\dfrac{11pL}{8}$ $\dfrac{7pL}{8}$

$\dfrac{9pL^2}{16}$ pL^2

d.

$$\sigma_x = \frac{N_x}{A} + \frac{M_z \cdot y}{I_z}$$

La peor condición ocurre en la sección B:
$$\left\{ \begin{array}{l} N_x = \frac{pL}{4} \ (\text{tracción}) \\ M_z = pL^2 \ (\text{tracción en el punto más bajo} \\ \text{de la sección, } y_{max} = H/2) \end{array} \right.$$

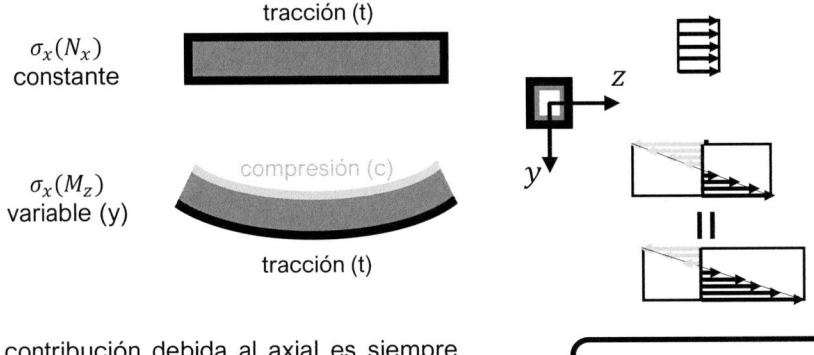

$\sigma_x(N_x)$
constante

tracción (t)

$\sigma_x(M_z)$
variable (y)

compresión (c)

tracción (t)

z

y

$\parallel$

La contribución debida al axial es siempre positiva (t). La del flector puede ser positiva o negativa. La tensión normal máxima se produce cuando ambas se refuerzan.

$$\boxed{\sigma_x = \frac{pL/4}{BH - bh} + \frac{pL^2 \cdot (H/2)}{\frac{1}{12}(BH^3 - bh^3)}}$$

e.

$$\sigma_{x,max} \leq 250 \ kg/cm^2$$

$$\frac{p \cdot 500/4}{30 \cdot 60 - 20 \cdot 50} + \frac{p \cdot 500^2 \cdot (60/2) \cdot 12}{(30 \cdot 60^3 - 20 \cdot 50^3)} = 250 \ kg/cm^2$$

$$\rightarrow 0{,}156 \cdot p + 22{,}61 \cdot p = 250 \ N/cm^2 \quad \longrightarrow \quad \boxed{p \approx 11 \ kg/cm}$$

Problema 6.7

a.

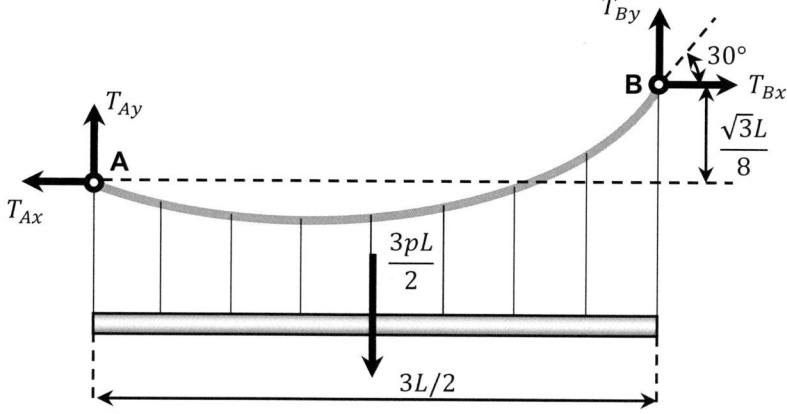

$$tan30° = \frac{T_{By}}{T_{Bx}} = \frac{1}{\sqrt{3}}$$

$$T_{Bx} = \sqrt{3}T_{By} \quad (4)$$

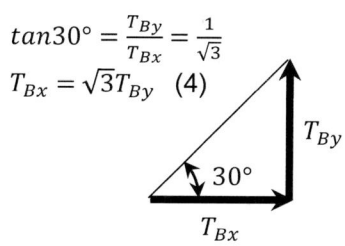

Estática en el cable:

$$\begin{cases} T_{Ax} = T_{Bx} = T_0 \quad (1) \\ T_{Ay} + T_{By} = \frac{3pL}{2} \quad (2) \\ \sum M_A = 0; \; \frac{3pL}{2} \cdot \frac{3L}{4} + T_{Bx} \cdot \frac{\sqrt{3}L}{8} = T_{By} \cdot \frac{3L}{2} \quad (3) \end{cases}$$

3 + 1 = 4 ecuaciones con 4 incógnitas:
$$T_{Ax}, T_{Ay}, T_{Bx}, T_{By}$$

$$\rightarrow (3) \quad \frac{9pL^2}{8} = \frac{3L}{2}T_{By} - \frac{3L}{8}T_{By} = \frac{9L}{8}T_{By} \rightarrow \boxed{\mathbf{T_{By} = pL}} \rightarrow (2) \boxed{\mathbf{T_{Ay} = \frac{pL}{2}}}$$

$$\rightarrow (4) \boxed{\mathbf{T_{Bx} = \sqrt{3}pL}} \rightarrow (1) \boxed{\mathbf{T_{Ax} = \sqrt{3}pL}} = T_0$$

b.

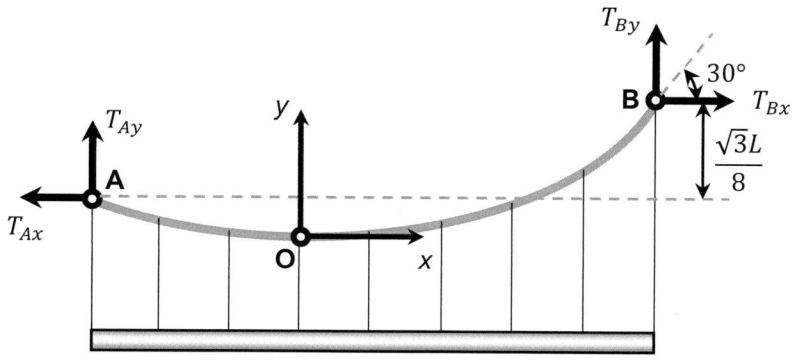

Ecuación diferencial del cable (particularizada para cable parabólico $q(x) = p$):

$$\frac{d^2y}{dx^2} = \frac{p}{T_0}$$

$$\frac{dy}{dx} = \frac{p}{T_0}x + C_1$$

$$y(x) = \frac{p}{T_0}\frac{x^2}{2} + C_1 x + C_2$$

Con el origen de referencia colocado en O: $C_1 = C_2 = 0$

$$y(0) = 0 = 0 + C_2$$
$$y'(0) = 0 = 0 + C_1$$

$$\boxed{y(x) = \frac{x^2}{2\sqrt{3}L}}$$

c.

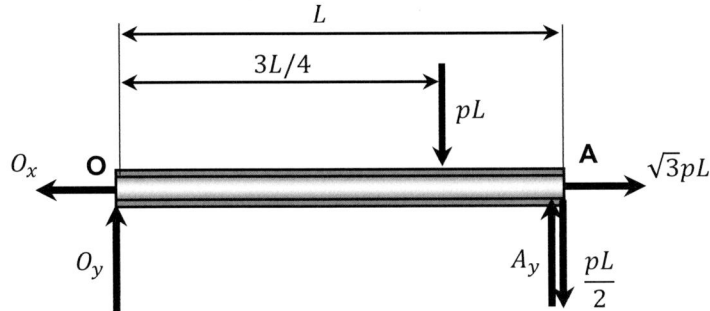

$$
\left\{
\begin{array}{l}
\boldsymbol{O_x = \sqrt{3}pL} \quad (1) \\[4pt]
O_y + A_y = pL + \dfrac{pL}{2} = \dfrac{3pL}{2} \quad (2) \\[8pt]
\sum M_O = 0; \; pL \cdot \dfrac{3L}{4} + \dfrac{pL}{2} \cdot L = A_y \cdot L \quad (3)
\end{array}
\right.
\qquad \rightarrow \boldsymbol{O_y = \dfrac{pL}{4}}
$$

$$\rightarrow \boldsymbol{A_y = \dfrac{5pL}{4}}$$

DSL resuelto

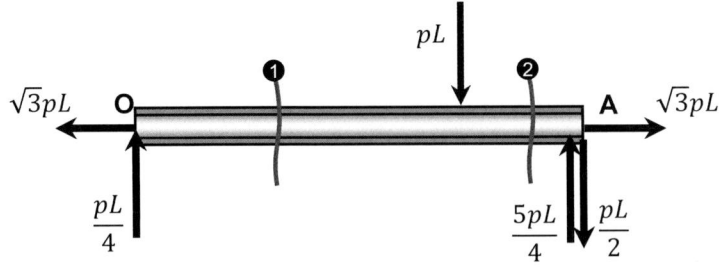

Corte 1: $0 \leq x \leq \frac{3L}{4}$

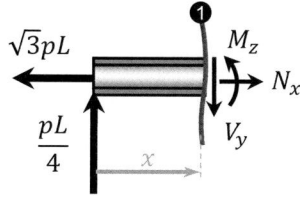

$$\begin{cases} N_x = \sqrt{3}pL = cte \\ V_y = \frac{pL}{4} = cte \\ M_z = \frac{pL}{4}x \end{cases}$$

Corte 2: $0 \leq x \leq \frac{L}{4}$

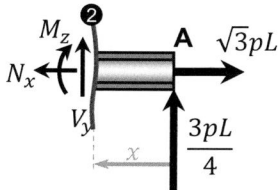

$$\begin{cases} N_x = \sqrt{3}pL = cte \\ V_y = \frac{-3pL}{4} = cte \\ M_z = \frac{3pL}{4}x \end{cases}$$

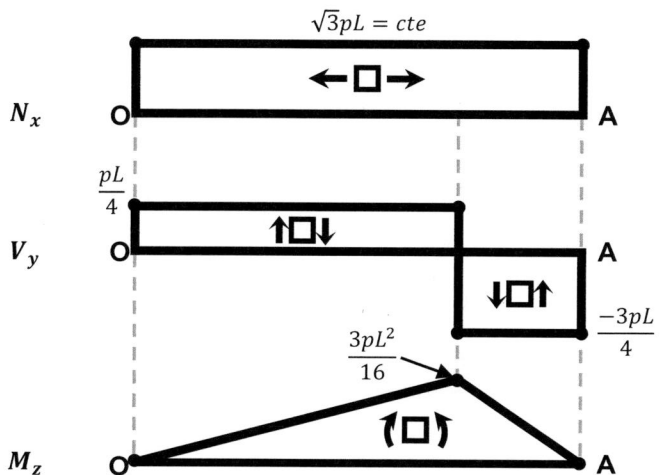

d.

$$\sigma_x = \frac{N_x}{A} + \frac{M_z \cdot y}{I_z}$$

La peor condición ocurre en la sección $x = \frac{3L}{4}$ y en el punto más bajo de la sección (dibujado como punto P, en realidad cualquiera de la línea más baja) donde:

$\sigma_x(N_x)$
constante

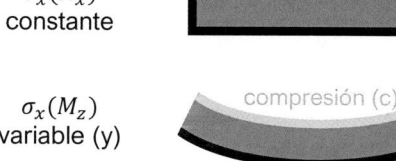

$N_x = \sqrt{3}pL$ (tracción)

$\sigma_x(M_z)$
variable (y)

$M_z = \frac{3pL^2}{16}$ (tracción en el punto más bajo de la sección, fibra más baja, $y_{max} = 30 \; cm$)

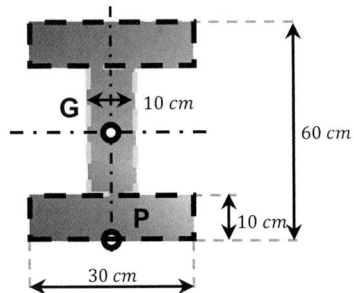

Sección viga OA

G ↔ 10 cm

60 cm

P

10 cm

30 cm

Momento de inercia sección compuesta y simétrica:

$$I_z = \frac{1}{12} \cdot 10 \cdot 40^3 + \left(\frac{1}{12} \cdot 30 \cdot 10^3 + (30 \cdot 10) \cdot 25^2\right) \cdot 2$$
$$= 433.333,33 \ cm^4$$

Y la tensión máxima (punto P) se plantea como:

$$\sigma_x = \frac{\sqrt{3}p \cdot 100}{(30 \cdot 10) \cdot 2 + 40 \cdot 10} + \frac{\dfrac{3p \cdot 100^2}{16} \cdot 30}{433.333,33} =$$

$$= 0,1732p + 0,1298p = 0,30p \leq 2.700 \ kg/cm^2$$

$\rightarrow 0,30p = 2.700$ ⟹ $\boxed{p = 9.000 \ kg/cm}$

Problema 6.8

a.

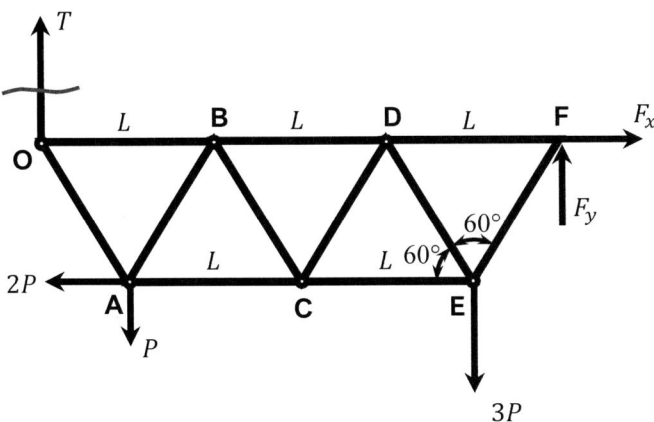

Estática en la estructura articulada:

$$\begin{cases} F_x = 2P \quad (1) \\ F_y + T = 4P \quad (2) \qquad \rightarrow F_y = \frac{\sqrt{3}}{3}P \\ \sum M_F = 0; \ 3P \cdot \frac{L}{2} + P \cdot \frac{5L}{2} = T \cdot 3L + 2P \cdot \frac{\sqrt{3}L}{2} \quad (3) \rightarrow \boxed{T = \frac{4-\sqrt{3}}{3}P} \end{cases}$$

b.

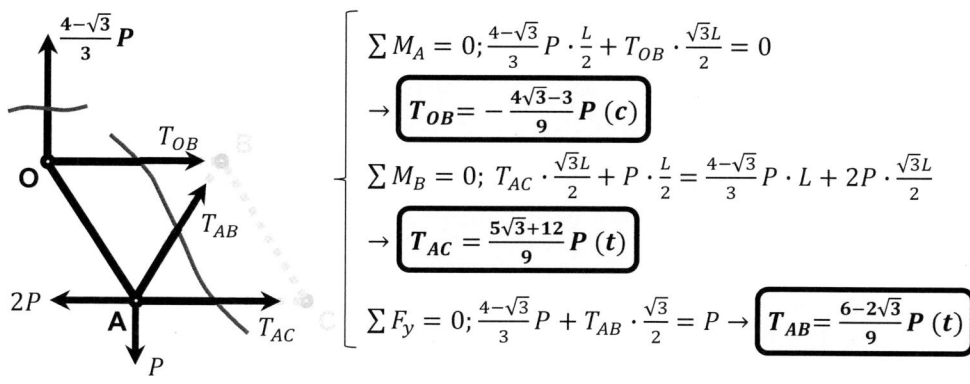

$$\sum M_A = 0; \frac{4-\sqrt{3}}{3}P \cdot \frac{L}{2} + T_{OB} \cdot \frac{\sqrt{3}L}{2} = 0$$

$$\rightarrow \boxed{T_{OB} = -\frac{4\sqrt{3}-3}{9}P \ (c)}$$

$$\sum M_B = 0; \ T_{AC} \cdot \frac{\sqrt{3}L}{2} + P \cdot \frac{L}{2} = \frac{4-\sqrt{3}}{3}P \cdot L + 2P \cdot \frac{\sqrt{3}L}{2}$$

$$\rightarrow \boxed{T_{AC} = \frac{5\sqrt{3}+12}{9}P \ (t)}$$

$$\sum F_y = 0; \frac{4-\sqrt{3}}{3}P + T_{AB} \cdot \frac{\sqrt{3}}{2} = P \rightarrow \boxed{T_{AB} = \frac{6-2\sqrt{3}}{9}P \ (t)}$$

c.

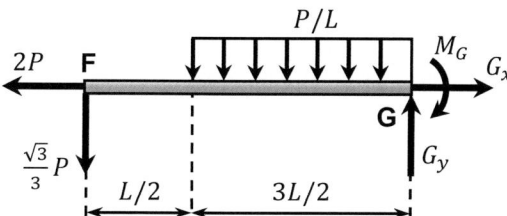

$$\boxed{G_x = 2P} \ (1)$$

$$G_y = \frac{\sqrt{3}}{3}P + \frac{P}{L} \cdot \frac{3L}{2} \quad (2) \rightarrow \boxed{G_y = \left(\frac{\sqrt{3}}{3} + \frac{3}{2}\right)P}$$

$$\sum M_O = 0; \ M_G = \frac{\sqrt{3}}{3}P \cdot 2L + \frac{P}{L} \cdot \frac{3L}{2} \cdot \frac{3L}{4} \quad (3) \rightarrow \boxed{M_G = \left(\frac{2\sqrt{3}}{3} + \frac{9}{8}\right)PL}$$

d.

DSL resuelto

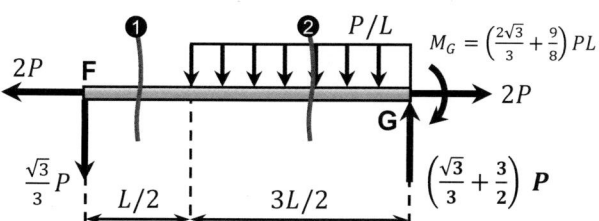

$$M_G = \left(\frac{2\sqrt{3}}{3} + \frac{9}{8}\right)PL$$

$$\left(\frac{\sqrt{3}}{3} + \frac{3}{2}\right)P$$

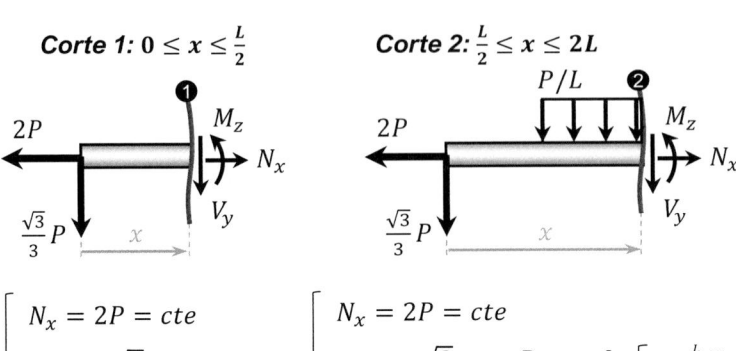

Corte 1: $0 \leq x \leq \frac{L}{2}$

Corte 2: $\frac{L}{2} \leq x \leq 2L$

$$N_x = 2P = cte$$
$$V_y = -\frac{\sqrt{3}}{3}P = cte$$
$$M_z = -\frac{\sqrt{3}}{3}Px$$

$$N_x = 2P = cte$$
$$V_y = -\frac{\sqrt{3}}{3}P - \frac{P}{L}\left(x - \frac{L}{2}\right)$$
$$M_z = -\frac{\sqrt{3}}{3}Px - \frac{P}{2L}\left(x - \frac{L}{2}\right)^2$$

$x = \frac{L}{2}, V_y = -\frac{\sqrt{3}}{3}P$

$x = 2L, V_y = -\left(\frac{\sqrt{3}}{3} + \frac{3}{2}\right)P$

$x = \frac{L}{2}, M_z = -\frac{\sqrt{3}PL}{6}$

$x = 2L, M_z = -\left(\frac{2\sqrt{3}}{3} + \frac{9}{8}\right)PL$

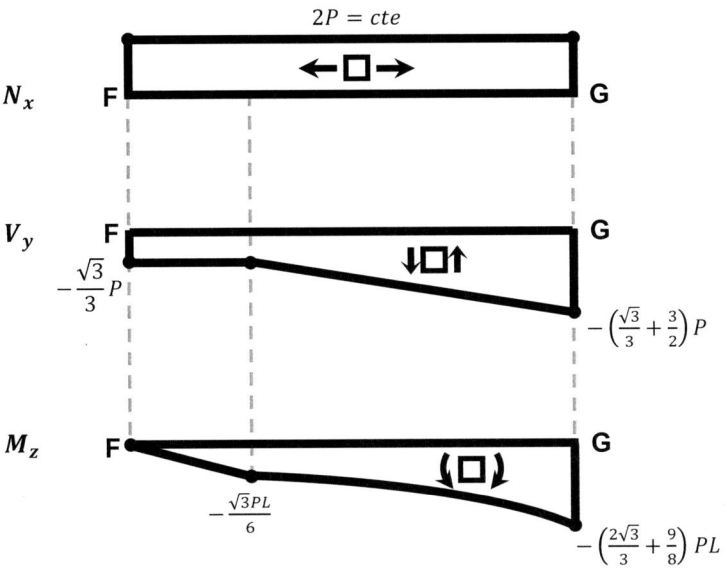

N_x — $2P = cte$

V_y — $-\frac{\sqrt{3}}{3}P$; $-\left(\frac{\sqrt{3}}{3} + \frac{3}{2}\right)P$

M_z — $-\frac{\sqrt{3}PL}{6}$; $-\left(\frac{2\sqrt{3}}{3} + \frac{9}{8}\right)PL$

e.

La peor condición ocurre en la sección del empotramiento $x = 2L$ para $y = -\frac{h}{2}$:

$$\sigma_{x,max} = \frac{N_{x,max}}{A} + \frac{M_{z,max} \cdot y_{max}}{I_z} = \boxed{\frac{2P}{bh} + \frac{-\left(\frac{2\sqrt{3}}{3} + \frac{9}{8}\right)PL \cdot \left(-\frac{h}{2}\right)}{\frac{1}{12}bh^3}}$$

Problema 6.9

a.

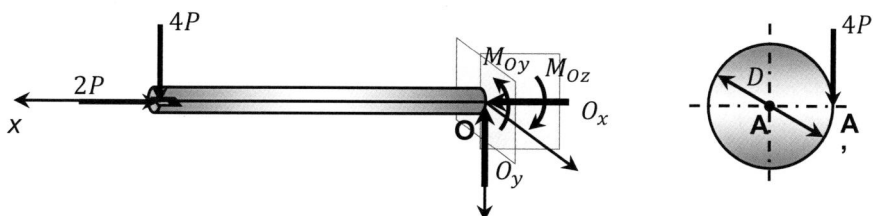

Estática en la viga (barra de mandrinar) empotrada:

$$
\begin{cases}
O_x = 2P \quad (1) \\
O_y = 4P \quad (2) \\
\sum M_{O\_z} = 0;\ 4P \cdot 8D = M_{Oz} \quad (3) \rightarrow M_{Oz} = 32PD \\
\sum M_{O\_y} = 0;\ 4P \cdot \dfrac{D}{2} = M_{Oy} \quad (4) \rightarrow M_{Oy} = 2PD
\end{cases}
$$

DSL resuelto

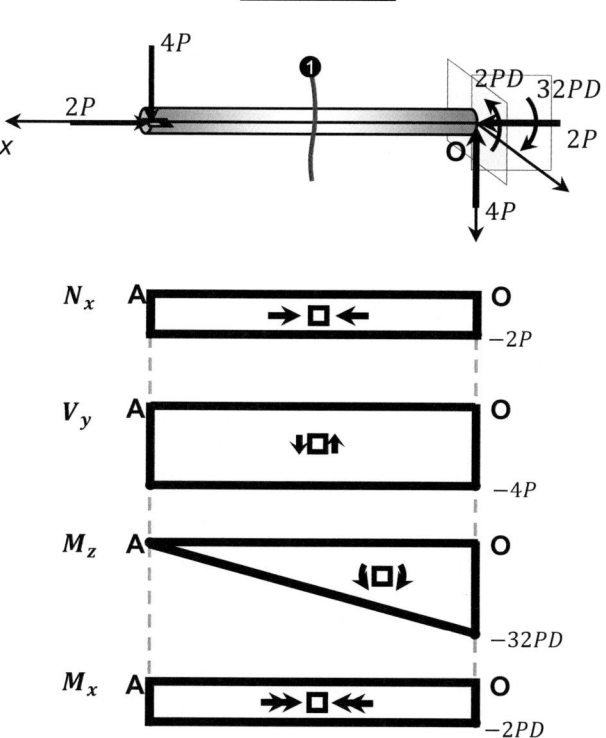

b.

La peor tensión normal debe ser de compresión, por ser el esfuerzo axial negativo en toda la longitud de la viga:

$$\sigma_{x,max} = \frac{N_{x,max}}{A} + \frac{M_{z,max}\cdot y_{max}}{I_z} = \frac{-2P}{\frac{\pi D^2}{4}} + \frac{-32PD\cdot\left(\frac{D}{2}\right)}{\frac{\pi D^4}{64}} =$$

$$= \frac{-8P}{\pi D^2} + \frac{-32\cdot 32P}{\pi D^2} = \boxed{\frac{-1.032P}{\pi D^2}}$$

$y_{min} = \frac{-D}{2}$

$y_{max} = \frac{D}{2}$

Ocurre en el empotramiento, en el punto más bajo de la sección.

La tensión cortante máxima debida al torsor se calcula como:

$$\tau_{xy,max} = \frac{M_{x,max}\cdot D/2}{I_O} = \frac{16 M_{x,max}}{\pi D^3} = \left|\frac{-32PD}{\pi D^3}\right| = \boxed{\frac{32P}{\pi D^2}}$$

$M_{x,max}$

$y_{max} = \frac{D}{2}$

$\tau_{xy,max}$

c.

Debe cumplirse que $\sigma_{x,max} < \sigma_{adm}$ luego:

$$\frac{1.032\cdot 3.000}{\pi D^2} \le 1.500\cdot 10^6 \rightarrow D = \sqrt{\frac{1.032\cdot 3.000}{\pi 1.500\cdot 10^6}} = 0,025\ m = \boxed{25\ mm}$$

El diámetro mínimo de la barra de mandrinar debe ser de $25\ mm$.

Problema 6.10

a.

En el empotramiento O, se produce únicamente un momento de torsión para contrarrestar los dos momentos de torsión aplicados en las secciones AA y BB.

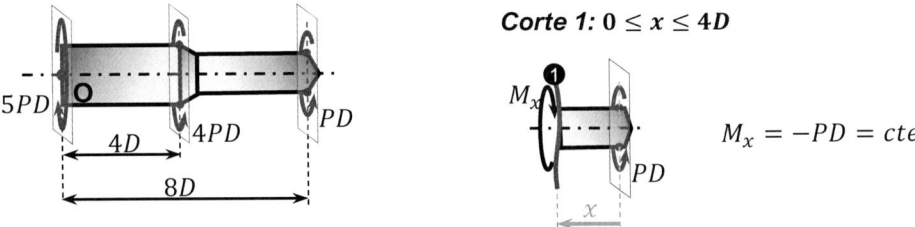

Corte 1: $0 \le x \le 4D$

$5PD$ O $4PD$ PD

$4D$

$8D$

M_x

PD

x

$M_x = -PD = cte$

Corte 2: $0 \leq x \leq 4D$

$M_x = -5PD =$
cte

b.

La tensión cortante máxima se produce en el punto de sección mas alejado del eje y con el mayor valor de momento torsor y el menor diámetro de sección. En este caso, se produce una singularidad en la sección BB. Así, la tensión cortante máxima desde el tramo izquierdo es:

$$\tau_{xy,max,I} = \left| \frac{M_x \cdot D}{\frac{\pi(2D)^4}{32}} \right| = \left| \frac{32M_x}{16\pi D^3} \right| = \left| \frac{-2 \cdot 5PD}{\pi D^3} \right| = \frac{10P}{\pi D^2}$$

Y la tensión cortante máxima desde el tramo derecho es:

$$\tau_{xy,max,D} = \left| \frac{M_x \cdot D/2}{I_O} \right| = \left| \frac{16M_x}{\pi D^3} \right| = \left| \frac{-16 \cdot PD}{\pi D^3} \right| = \boxed{\frac{16P}{\pi D^2}}$$

Por tanto, el peor caso se produce en cualquier sección del tramo entre las secciones BB y AA, siendo el valor de la tensión cortante máxima $\frac{16P}{\pi D^2}$.

c.

La rotura se producirá estrictamente en el momento en que:

$$\tau_{xy,max,D} = \tau_{adm}$$

$$\frac{16P}{\pi D^2} = \tau$$

Añadiendo el factor de seguridad:

$$1,5 \cdot \frac{16P}{\pi D^2} = \tau \rightarrow \boxed{D = \sqrt{\frac{24P}{\pi \tau}} = 2\sqrt{\frac{6P}{\pi \tau}}}$$

Referencias

[1] F. Wittenbauer, F. (1958). *Problemas de Mecánica General y Aplicada Vol. 1.* Ed. Labor S.A., Barcelona-Madrid.

[2] Bath, M., Dzhanelidze, G., Kelzón,A. (1985). *Mecánica teórica en ejercicios y problemas, tomo 1.* Ed. Mir, Moscú.

[3] Vázquez, M., López, E. (1995). *Mecánica para ingenieros, estática y dinámica.* Ed. Noela, Madrid.

[4] Hibbeler, R.C. (1996). *Estática.* Ed. Pearson (Prentice Hall), México.

[5] Meriam,J.L., Kraige, L.G. (1997). *Mecánica para ingenieros, Estática.* Ed. Reverté, Barcelona.

[6] Chèze, C., Bronsard, F. (1999). *Actions mécaniques, Statique, Inertie.* Ed. Ellipses, Paris.

[7] Bilbao, A., Amezua, E. (2008). *Mecánica Aplicada: Estática y Cinemática.* Ed. Síntesis, Madrid.

[8] Mujika, F. (2011). *Mecánica Aplicada.* Ed. Kopiak S.A., Bilbao.

[9] Chèze, C. (2013). *Mécanique génerale.* Ed. Ellipses, Paris.

[10] Beer, F.P., Russell Johnston, E. (2013). *Estática.* Ed. Mc-Graw-Hill, México.

[11] Berthaud, Y., Baron, C., Bouchelaghem, F., Le Carrou, J.L., Daunay, B., Sultan, E. (2014). *Mécanique des solides.* Ed. Dunod, Paris.

Sobre el autor

Gorka Urbikain Pelayo es profesor titular de la Universidad del País Vasco (UPV/EHU), Escuela de Ingeniería de Gipuzkoa. Imparte las asignaturas de Sistemas de Producción y Fabricación y de Mecánica Aplicada, dentro del grado en Ingeniería Mecánica. Está adscrito al Centro de Fabricación Avanzada en Aeronáutica (CFAA), centro de investigación dentro de la Universidad ligado a la mejora de procesos de fabricación de piezas para el sector aeronáutico. Lidera y participa en proyectos de investigación europeos y nacionales asociados a estas temáticas. Es autor de más de 40 artículos indexados en revistas de máximo prestigio (cuartiles Q1-Q2). Pertenece al grupo de investigadores entre los más influyentes del mundo (2 % más citado), según la lista elaborada por la Universidad de Stanford.